计算机系列教材

杨卫明 李晓虹 主编

C++程序设计案例教程

（线上线下混合版）

清華大学出版社
北京

内容简介

本书全面介绍C++基础知识、面向过程和面向对象编程思想和理论。全书共12章，主要内容包括C++入门，基本数据类型、运算符与表达式，程序控制结构，数组，函数，指针与引用，结构体与共同体，类与对象，静态与友元，继承与多态，模板与标准模板库，输入输出流与文件。

本书是作者总结近20年的教学与实践经验，结合工程教育认证、课程思政、STEM教学理念和一流课程建设经验编写的。课程内容以问题为导向，结合案例实战，通过简洁、通俗的语言，深入浅出、循序渐进地进行讲解。书中实例丰富，案例经典，代表性强，注重基础知识与典型应用相结合，具有较强的系统性、实用型和可操作性。书中所有代码均在Visual Studio 2022环境下运行通过。

本书适合高等院校、高职院校各专业学生使用，可以作为C语言程序设计、C++程序设计和面向对象程序设计课程的教材，也可以供编程爱好者学习程序设计使用。

图书在版编目(CIP)数据

C++程序设计案例教程：线上线下混合版/杨卫明，李晓虹主编. — 北京：清华大学出版社，2023.9
计算机系列教材
ISBN 978-7-302-64265-7

Ⅰ.①C… Ⅱ.①杨… ②李… Ⅲ.①C++语言－程序设计－教材 Ⅳ.①TP312.8

中国国家版本馆CIP数据核字(2023)第138658号

责任编辑：白立军　战晓雷
封面设计：常雪影
责任校对：胡伟民
责任印制：杨　艳

出版发行：清华大学出版社
网　　址：http://www.tup.com.cn，http://www.wqbook.com
地　　址：北京清华大学学研大厦A座　**邮　　编：**100084
社 总 机：010-83470000　**邮　　购：**010-62786544
投稿与读者服务：010-62776969，c-service@tup.tsinghua.edu.cn
质量反馈：010-62772015，zhiliang@tup.tsinghua.edu.cn
课件下载：http://www.tup.com.cn，010-83470236
印 装 者：三河市铭诚印务有限公司
经　　销：全国新华书店
开　　本：185mm×260mm　**印　　张：**19.5　**字　　数：**490千字
版　　次：2023年9月第1版　**印　　次：**2023年9月第1次印刷
定　　价：69.00元

产品编号：101049-01

前　言

C++ 是在 C 语言的基础上发展起来的一门集面向过程编程、面向对象编程和泛型编程于一体的编程语言。C++ 完全兼容 C 语言，具有灵活高效、可移植重用，代码性能高等优点。它广泛应用于科学计算、网络软件、操作系统、游戏、教育与科研等多个领域，被誉为“最经典的编程语言”。人们上网使用的浏览器、操作系统、Meta 公司的后台代码、腾讯公司的 QQ 和微信、阿里云及百度云等网络软件的底层架构都是用 C++ 编写的。

本书是作者总结近 20 年的教学与实践经验，结合工程教育认证标准、课程思政、STEM 教学理念和一流课程建设而编写的。全书共 12 章，主要内容包括 C++ 入门，基本数据类型、运算符和表达式，程序控制结构，数组，函数，指针与引用，结构体与共用体，类与对象，静态与友元，继承与多态，模板与标准模板库，输入输出流与文件。本书以问题为导向，结合经典案例，通过简洁、通俗的语言，深入浅出、循序渐进地进行讲解。本书适合高校各专业作为 C 语言程序设计、C++ 程序设计和面向对象程序设计课程的教材，不要求学习者有 C 语言编程经验。

本书特点如下：

(1) 以问题为导向，采用案例驱动，结合工程教育认证标准，融合课程思政和 STEM 教学理念，开发了特色鲜明的教学课件、教学视频、面试问答、技术讨论、案例实战和章节测试等内容，建设了丰富的线上线下混合教学资源。

(2) 注重知识的逻辑性、系统性、科学性和教学的实用性。语言通俗易懂，内容深入浅出、循序渐进，符合教学规律，方便教师组织教学。

(3) 实例丰富，案例经典，代表性强，融课程理论、实验实训和综合应用于一体，解决了资源分散问题，方便教师教学和学生学习使用。

(4) 采用 Visual Studio 2022 集成开发环境，并讲解了它的安装与使用，所有例题均在开发环境中调试通过，有利于培养学生软件项目开发能力。

本书由杨卫明、李晓虹主编，负责全书的规划、统稿和审核工作。本书编写分工如下：杨卫明编写了第 1 章、第 3 章、第 8 章、第 9 章和第 11 章，何丽编写了第 2 章，余平编写了第 4 章，先强编写了第 5 章，张万里编写了第 7 章，李晓虹编写了第 10 章，肖颗编写了第 6 章和第 12 章。感谢王鹏、赵家琪、郑文溢、金洪洲、周盈盈等同学在本书编写过程中提供的帮助与支持。

我们向使用本书的教师免费提供教学课件、教学视频、教学大纲、教学案例和源代码等教学资源。本课程在超星和学银在线平台开设了线上线下混合式课程，欢迎广大教师使用。

线上学习
平台

杨卫明

2023 年 2 月于重庆

目　　录

第1章　C++ 入门

引言

C++ 是在 C 语言的基础上发展起来的，是应用最广泛的面向对象程序设计语言。C++ 完全兼容 C 语言，具有灵活高效、可移植重用、代码性能高等优点。它广泛应用于科学计算、网络软件、操作系统、游戏、教育与科研等多个领域，被誉为“最经典的编程语言”。本章主要介绍 C++ 的基本知识，包括如何编写 C++ 程序，以及如何写好 C++ 程序和 C++ 程序上机实现等内容。

学习目标

- 了解：C++ 发展历史和特点。
- 熟悉：Visual Studio 2022 集成开发环境。
- 掌握：C++ 程序结构和书写规范。

课程思政

科技强国：通过中美两国编程语言、操作系统和芯片技术的对比，进行科技强国教育，让学生明确自己肩负的重任，鼓励学生坚定理想和信念，努力学习，报效国家。

1.1　C++ 语言概述

C++ 是在 C 语言的基础上开发的一种面向对象编程语言。它支持过程化编程、面向对象编程和泛型编程，是应用领域非常广泛的主流编程语言。

1.1.1　C++ 的发展

C++ 简介

1967 年，第一个面向对象语言 Simula 问世了，随后相继出现了一系列面向对象语言，其中就包括 C++ 。C++ 从问世到现在一共经历了 3 个阶段。

第一阶段，从 20 世纪 80 年代到 1995 年，C++ 基本上是传统的面向对象程序设计语言。C++ 之父本贾尼博士在此期间完成了他经典著作 *The C++ Programming Language* 的第一版，C++ 逐渐成为主流编程语言。

第二阶段，1995—2000 年，由于泛型编程越来越被重视以及 Java、C# 等语言的出现，C++ 受到了一定的冲击。1997 年，ANSI C++ 标准发布，于 1998 年被国际标准化组织(ISO)批准为国际标准(ISO/IEC 14882：1998)，历经多年修改和完善，已经发展成为一个统一、完整的系统。

第三阶段，从 2000 年至今，由于产生式编程和模板元编程的出现，以及容器类、智能指针和多线程技术与 C++ 的融合，C++ 迎来了发展史上的又一个高峰，这也使它成为当今主流程序设计语言中最强大、最复杂的编程语言。

1.1.2 C++ 的特点

C++ 作为主流的程序设计语言，主要具有以下特点。

1. 支持面向对象编程

C++ 引入了面向对象的概念，使得开发人机交互类型的应用程序更加简单、快捷。C++ 通过类的层级关系进行编程，实现功能可扩展和增强的接口，具有 Java、PHP 等面向对象编程语言的特性。

2. 拥有丰富的库

C++ 拥有丰富的开源库，包括标准库和 Web、人工智能、数据库、图片处理、机器学习、日志、代码分析等方面的框架和库，例如 STL 标准模板库、Qt 跨平台的应用程序和用户界面框架、Neu 人工智能应用程序框架、OpenCV 开源计算机视觉库、Cppcheck 静态 C/C++ 代码分析工具等。丰富的第三方库为企业的项目开发提供了非常大的支持，使它成为主流的编程语言。

3. 支持嵌入式开发

随着信息技术的发展，智能设备随处可见，这得益于嵌入式软件技术的支持。嵌入式软件跟其他软件一样，也是通过程序员编写代码实现，然后嵌入硬件中执行。C 语言和 C++ 作为重要的嵌入式编程语言占据绝对主导地位。从 C++ 11 标准开始增加了许多新特性，一直发展到今天的 C++ 20 标准，使得 C++ 能够更加紧密地与硬件结合。

4. 增强了类型安全

类型安全很大程度上等价于内存安全，类型安全的代码不会试图访问自己未被授权的内存区域。C++ 与 C 语言都属于强类型语言。相比 C 语言，C++ 提供了一些新的机制，增强了类型安全。例如，使用 new 运算符指针类型严格与对象匹配，函数模板支持类型检查，引入 const 代替 #define 定义符号常量，可以进行类型和作用域检查，等等。

5. 智能指针实现内存管理

使用智能指针管理内存资源，也就是将申请的内存资源交由智能指针管理，实现了内存资源的自动管理，避免了内存泄漏。例如，通过智能指针对象在声明周期结束时自动调用析构函数，在析构函数中完成对内存资源的释放，即自动调用内存资源的释放代码，避免了因为程序员忘记对内存资源的释放导致的内存泄漏。

1.1.3 C++ 的应用领域

C++ 语言凭借自己的特性和优势，广泛应用于多个领域。下面简要介绍 C++ 在科学计算、操作系统、教育与科研、游戏、网络软件 5 个领域的应用。

1. 科学计算

在科学计算领域，以前 FORTRAN 是使用最多的语言之一。但是近年来，C++ 凭借先进的数值计算库、泛型编程等优势在这一领域的应用越来越多。

2. 操作系统

操作系统底层的驱动程序和一些软件是采用 C++ 完成的，例如 Linux 底层驱动程序。另外，很多基础支持软件和工具软件，例如音视频和图片处理软件、软件开发的编译器和解释器等，都是采用 C++ 开发的。

3. 教育与科研

C++ 语言擅长面向对象程序设计，支持基于过程的程序设计，在教育和科研领域也得到了广泛应用。

4. 游戏

C++ 语言程序执行效率比较高，并且具有大量的库，使得与硬件的交互更加容易。目前很多游戏客户端都是采用 C++ 开发的，如 PC 游戏、大型手游、嵌入式游戏等。

5. 网络软件

C++ 拥有很多成熟的用于网络通信的库，其中最具有代表性的是跨平台、重量级的 ACE 库，在许多重要的企业、部门甚至军事领域都有应用。例如，谷歌浏览器、腾讯的 QQ 和微信、阿里云、百度云等网络软件的底层架构基本上都是采用 C++ 搭建的。

1.2 第一个 C++ 程序

C++ 作为 C 语言的扩展版，其源程序扩展名.cpp 意为 C plus plus，而 C 语言源程序的扩展名是.c。

下面看一个实例。

【例 1.1】 第一个 C++ 程序。

第一个 C++ 程序

```
1  #include <iostream>
2  using namespace std;
3  int main()
4  {
5      cout << "hello C++" << endl;
6      return 1;
7  }
```

在上面这段代码中，第 1 行代码 #include <iostream> 包含了输入输出头文件 iostream，它是 C++ 标准库头文件；第 2 行代码引用了标准命名空间 std；第 3～7 行代码定义了 main 函数，完成相应功能。在 main() 函数中，第 5 行是一个输出语句，会在屏幕上输出“hello C++”；第 6 行代码通过 return 返回 1。下面详细讲解其中的知识点。

1.2.1 预编译指令

预编译指令以＃开头，表示在编译之前需要预先处理。预编译指令主要有宏定义指令、文件包含指令和条件编译指令。

＃include 是最常见的文件包含指令。该指令本质上是把指定的头文件中的函数、变量、宏等全部导入。include 指令可以用使用双引号和尖括号，区别在于双引号表示优先在要编译的文件中找头文件，没找到时才会调用标准库里的头文件。因此，用户自己定义的头文件要使用双引号，系统的头文件要使用尖括号。

尖括号中的 iostream 是标准输入输出流头文件，包含了系统预定义的标准输入输出流对象，例如 cin 和 cout。C 语言的标准输入输出头文件为 stdio.h。C 语言的头文件要加扩展名.h，C++ 的头文件不加扩展名。头文件可以自定义，自定义的头文件要加.h。

#include <bits/stdc++.h>包含所有 C++ 的头文件。在 Dev C++ 开发环境中可以直接使用 C++ 的标准头文件，优点是减少了头文件的编辑工作量；缺点是每次编译时都要读取和分析头文件，会大大增加编译时间。在 Visual Studio 中需要手动添加 C++ 的标准头文件。

1.2.2 命名空间

命名空间是 C++ 的新特性，它能够解决命名冲突问题。当自定义函数与标准程序库中的函数同名时，为了区分调用的是哪个函数，可以通过命名空间进行标识。

std 是 C++ 标准命名空间，C++ 标准库定义在 std 命名空间中。编写 C++ 语言程序需要声明引用的标准命名空间，声明方式如下：

```
using namespace std;
```

用户还可以使用 namespace 自定义命名空间，格式如下：

```
namespace 空间名
{
    … //可以是函数、变量、类或其他命名空间
}
```

其中，namespace 是命名空间的关键字，空间名由程序员自己定义，花括号里面就是自定义命名空间包含的内容，如函数、变量、类等。

命名空间主要有 3 种使用方式。第一种方式是在命名空间名后面加上作用域标识符::标识要使用的实体。例如，使用标准命名空间的标准输出和换行符，示例代码如下：

```
std::cout<<"C++"<<std::endl;
```

第二种方式是在要使用命名空间的实体的上面使用 using 关键字引入要使用的命名空间变量。例如，使用标准命名空间的标准输出，示例代码如下：

```
using std::cout;
cout<<"C++";
```

这种情况下，只能使用 using 引入的标识符。其他标识符可以通过第一种方式使用。

第三种方式是使用 namespace 关键字引入变量所属的命名空间。例如，像下面这样引入 std 命名空间后，std 中定义的所有实体都可以被使用了。

```
using namespace std;
```

但在这种情况下，如果引用多个命名空间往往容易出错。例如，程序中有自定义 swap 函数，标准库中也有 swap 函数，调用 swap 函数就会出现二义性错误。

对于命名空间的使用，第三种方式最简单方便，使用最广泛。使用 using 引入命名空间，后面就可以直接使用该命名空间中的内容了。

1.2.3 函数

C++ 程序由若干文件组成，每个文件又由若干函数组成。每个函数由函数首部和函数体组成。其中，函数首部由函数返回值类型、函数名和形参类型说明表组成；函数体由语句

组成,语句以分号作为结束标志。函数基本结构的格式如下：

```
函数类型 函数名(形参类型说明表)
{
    声明部分;
    执行部分;
}
```

一个程序中可以有多个函数,但其中有且仅有一个主函数。程序执行时,从主函数开始执行,函数体的左花括号"{"表示函数的开始,右花括号"}"表示函数的结束。主函数格式如下：

```
int  main()
{
    声明部分
    执行部分
    return 1;
}
```

其中 return 1;表示返回整数值 1,同时结束本函数,即本程序。主函数返回操作系统,即运行界面,返回值没有保存下来。

1.2.4 变量

数据有常量和变量之分。程序运行过程中不改变的数据称为常量,如 12、1.23;可以改变的数据称为变量。C++ 是一种强类型语言,变量需要先声明类型和名称。例如：

```
int a,b;
```

其中,int 为系统提供的基本数据类型,代表整型;a、b 为定义的整型变量。变量相当于一个容器,里面只能放入指定数据类型的数据。C++ 程序中每个变量都要指定数据类型。定义了变量,就为变量分配了内存空间,这个内存空间里面只能存放指定数据类型的数据。变量遵循先定义后使用的原则。

C++ 内嵌的基本数据类型有整型(int)、浮点型(float)、字符型(char)和布尔型(bool),后面会逐一介绍。

1.2.5 注释

注释是程序中很重要的一部分。注释的目的是提高程序的可读性和可理解性,其内容本身不会被编译和执行。注释应简练易懂、含义准确,避免二义性。

C++ 支持单行注释和多行注释。单行注释以//开始,后面是注释的内容,//只作用于该行。例如：

```
#include <iostream>                    //头文件包含命令
float a,b;                             //定义了单精度浮点型变量 a、b
```

多行注释也叫块注释,以/* 开头,以 */结尾,中间是注释的内容。/* 和 */能作用于多行甚至整个程序文件。例如：

```
/*   char c;
     cin>>c;    */
```

1.2.6 输入输出

程序要有输入输出，没有输入输出的程序是没有价值的。C++ 程序的输入是通过标准输入流对象 cin 实现的，输出是通过标准输出流对象 cout 实现的，使用它们时必须包含头文件 iostream，其作用类似于 C 语言中的 scanf 函数和 printf 函数。

标准输入流对象 cin 与提取运算符>>结合使用，用于读入用户输入，以空白（包括空格、换行符和制表符）为分隔符。标准输入流对象主要是键盘或者鼠标。

使用 cin 对象读入单个变量，例如：

```
char c1,c2;
cin>>c1;
cin>>c2;
```

上面定义了两个字符变量 c1 和 c2，从键盘输入一个字符放到变量 c1 中，再从键盘输入一个字符放到变量 c2 中。也可以使用 cin 对象一次读入多个变量的值，例如：

```
string s,y;
float f;
cin>>s>>y;                           //一次读入多个相同类型的变量的值
cin>>s>>f;                           //一次读入多个不同类型的变量的值
```

上面定义了字符串变量 s 和 y 以及浮点型变量 f，使用 cin 对象读入 s 和 y，再使用 cin 读入 s 和 f。

注意 提取运算符>>只作用于一个对象，连续输入多个值时要使用多个提取运算符。

例如，以下是>>的错误使用方法：

```
cin>>x,y;                            //改为 cin>>x>>y;
```

标准输出流对象 cout 与插入运算符<<结合使用，用于向控制台输出信息。标准输出流对象主要是屏幕。例如：

```
cout<<10<<endl;
cout<<'a'<<endl;
cout<<"C++"<<endl;
```

上面的代码实现输出整数 10、字符 a 和字符串 C++，其中 endl 表示换行。

使用 cout 也可以输出变量中的内容，例如：

```
int a =10;
cout<<a<<endl;
int a = 10;
string str = "abc";
cout<<a<<","<<str<<endl;
```

同提取运算符>>一样，插入运算符<<也只作用于一个对象，连续输出多个值时也要使用多个插入运算符。

注意 一个完整的C++语言程序包括预处理命令、引用命名空间、主函数,变量的定义,还包括数据的输入、处理、输出。熟悉和理解它们的用途,才能熟练地编写C++程序。

1.2.7 代码编写规范

C++程序的书写格式自由度高,灵活性强,随意性大。一行可以写一条语句,也可以写几条语句;一条语句可以写成几行。为了提高程序的可读性,遵循代码编写规范是非常重要和必要的。下面介绍几个常用的C++代码编写规范。

(1) 一般情况下一行写一条语句。

```
int a,b;
cin>>a>>b;
```

(2) 程序结构要清晰,要合理利用制表符(Tab键)缩进,同一层次的语句要对齐。例如:

```
if(a<b)
    max=b;
cout<<max;
```

max=b;缩进,表示它是在a<b成立的情况下要执行的语句,属于if语句的一部分。if与cout对齐,表示两者属于同层一次的语句,是并列关系。

(3) 合理使用花括号。花括号作为一条语句独占一行,并与使用花括号的语句(一般是上一行)对齐,花括号内的语句要缩进。

```
int main()
{
    int a,b;
    …
}
```

(4) 加上必要的注释,以增强程序的可读性。可以在文件头部、关键变量和语句处加上必要的注释,以方便修改和维护程序。

例如,在程序开头一般要加上必要的注释语句,通常包括程序版权、编写者、编写时间、程序描述等信息。

```
/*******************************************
Copyright:xxx
Author:xxx
Date:2021-11-11
Description:描述主要实现的功能
*******************************************/
```

1.3 C++程序的上机实现

一个C++程序的运行可能只需要几秒甚至更短的时间,但它在运行之前需要做很多工作。下面介绍C++程序的开发过程和开发环境。

1.3.1 程序开发过程

一个 C++ 程序的开发过程包括编辑、预处理、编译、连接和运行 5 个环节，如图 1.1 所示。

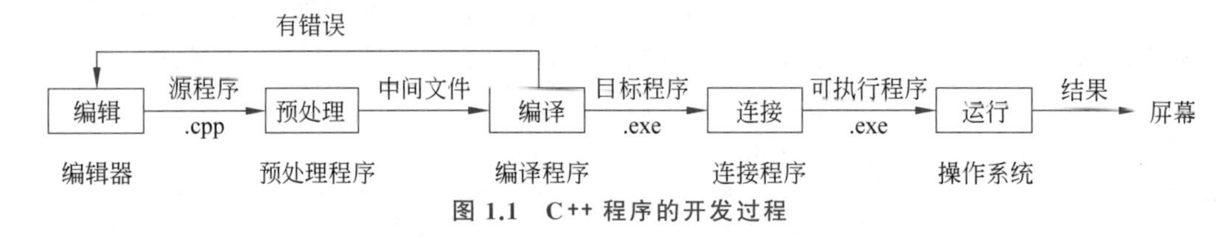

图 1.1 C++ 程序的开发过程

1. 编辑

编辑是指用户把源程序输入到计算机中，并对其进行修改，最后以文件的形式保存在磁盘中的过程。C++ 源程序文件扩展名为.cpp。

源程序的编辑操作是在程序编辑器中进行的。集成式开发环境除了具有复制、剪切、粘贴等一般编辑功能外，还具有代码自动补全和自动语法检查功能，编辑程序非常方便。

2. 预处理

预处理是指程序在正式编译前由编译器自动调用预处理程序对源程序进行的预处理操作。C++ 提供了多种预处理功能，主要处理以 # 开始的预编译指令，例如将源程序中以 # include 指令包含的文件复制到要编译的源文件中，用实际值替换用 # define 定义的字符串，根据 # if 后面的条件决定需要编译的代码。

3. 编译

编译是指由编译程序将预处理过的中间文件转换为二进制代码，生成目标文件(扩展名为.obj)的过程。编译程序除了基本的编译功能外，还具有语法检查、目标程序优化等功能。如果在编译阶段发现有语法错误，会及时地将错误的地方和原因报告给用户。

4. 连接

连接是指利用连接程序将多个目标文件的代码和程序需要的库文件组合成一个可直接运行的文件。连接生成的可直接运行的文件默认扩展名为.exe。编译是对程序中的每个源程序文件进行编译。如果一个程序有多个源程序文件，编译后会生成多个目标文件。因此，需要把编译后的多个目标文件和程序需要的库文件连接在一起，同时进行地址转换，以便进行正确的装载和运行。

5. 运行

运行是指将连接后的可执行文件代码装入内存并开始执行。运行程序时，可以在 Windows 环境下双击可执行文件，也可以在集成式开发环境中运行。程序运行后，将在屏幕上显示运行结果。如果程序有输入语句，用户就要根据提示输入数据。用户根据运行结果分析程序是否有算法错误。如果有算法错误，用户还需要重新编辑修改源程序。

1.3.2 开发环境

C++ 开发环境主要有以下 3 种：一是轻量级的 C/C++ 集成开发环境，如 Dev C++ 。程序设计竞赛一般采用 Dev C++ 开发环境；二是 Windows C/C++ 集成开发环境 Visual

Studio,它支持代码自动补全和语法检查功能,适合软件项目的开发;三是跨平台开发环境Qt,它支持跨平台开发,采用图形界面,移植性好。编程时可以根据自己的需求选择适合的开发环境。

本书采用 Visual Studio 2022 集成开发环境。下面介绍 Visual Studio 2022 的安装和运行过程。

1. 安装 Visual Studio 2022

安装 Visual Studio 2022 的步骤如下:

(1) Visual Studio 由微软公司开发。进入微软公司官方网站,单击页面左上角的"所有 Microsoft",单击"开发人员与 IT",单击 Visual Studio,如图 1.2 所示。

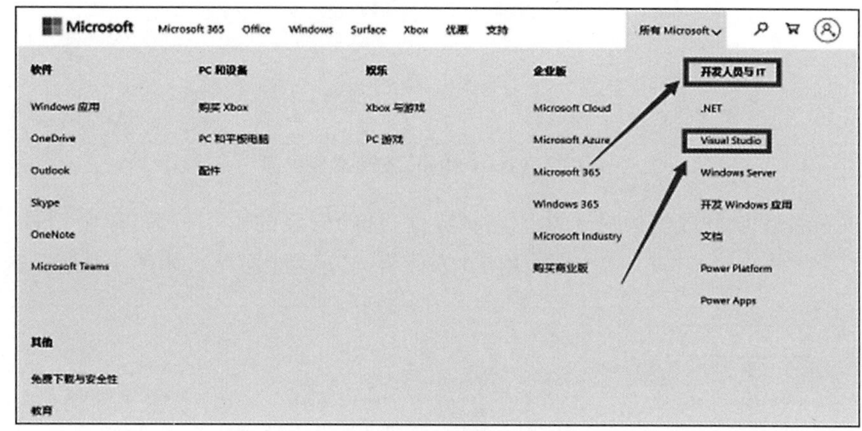

图 1.2 微软公司软件下载页面

(2) 进入 Visual Studio 产品介绍页面,选取相应的软件版本下载。Community(社区版)适用于学生、开源软件开发者和个人;Professional(专业版)适用于中小团队开发;Enterprise(企业版)适用于大中型团队开发。版本选择页面如图 1.3 所示。

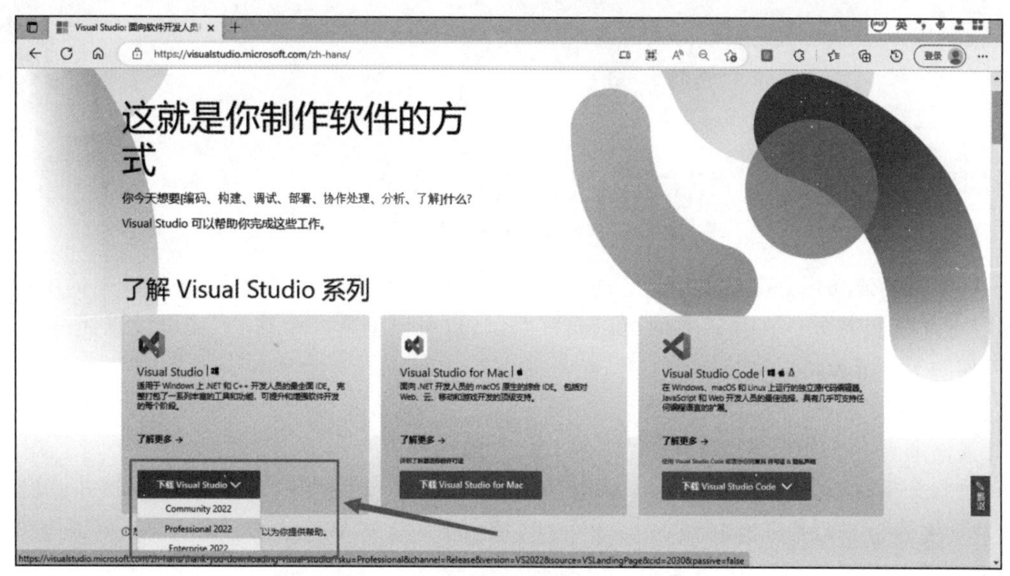

图 1.3 Visual Studio 版本选择页面

（3）下载得到一个名为 VisualStudioSetup.exe 的文件。打开该文件后，单击“运行”按钮进入 Visual Studio 安装准备界面，如图 1.4 所示。

图 1.4 Visual Studio 安装准备界面

（4）安装程序加载数据后进入功能选择界面，选择安装的工作负荷、单个组件、语言包，设置安装位置，最后单击“安装”按钮，如图 1.5 所示。安装过程界面如图 1.6 所示。

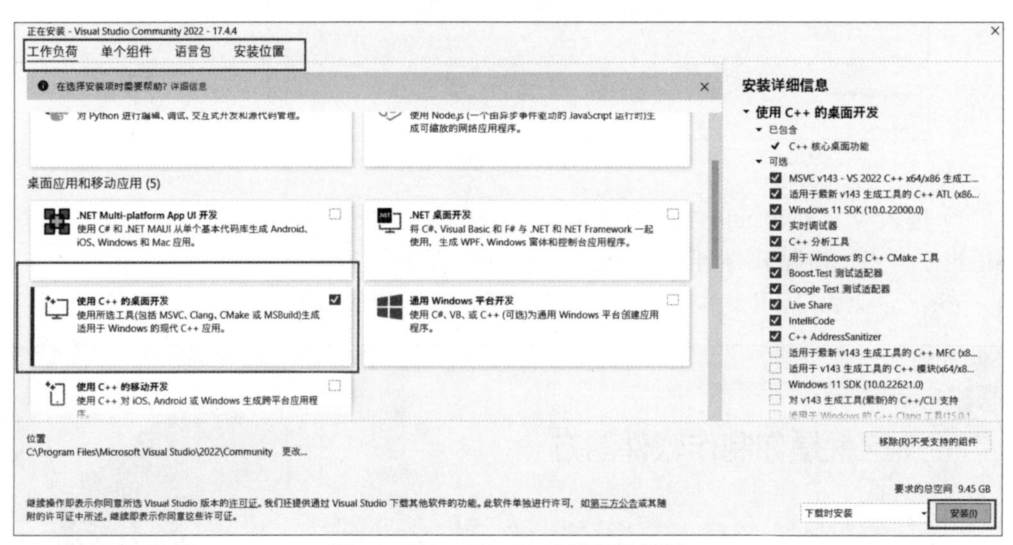

图 1.5 Visual Studio 功能选择界面

（5）安装成功后，系统会自动启动 Visual Studio，弹出登录对话框，然后根据提示设置样式，至此安装完成。在登录界面可以直接登录，也可以创建一个账户，还可以选择“以后再说”，如图 1.7 所示。

2. 上机实现

开发环境 (Visual Studio)

下面通过一个例子说明 C++ 程序的上机实现过程。

（1）启动 Visual Studio 2022。单击“开始”菜单，选择“程序”→Visual Studio 2022 命令，或者在桌面上双击 Visual Studio 2022 快捷方式，进入 Visual Studio 2022 集成开发环境，如图 1.8 所示。

（2）可以通过起始页的“新建项目”或者“文件”菜单的“新建”命令新建一个项目。以

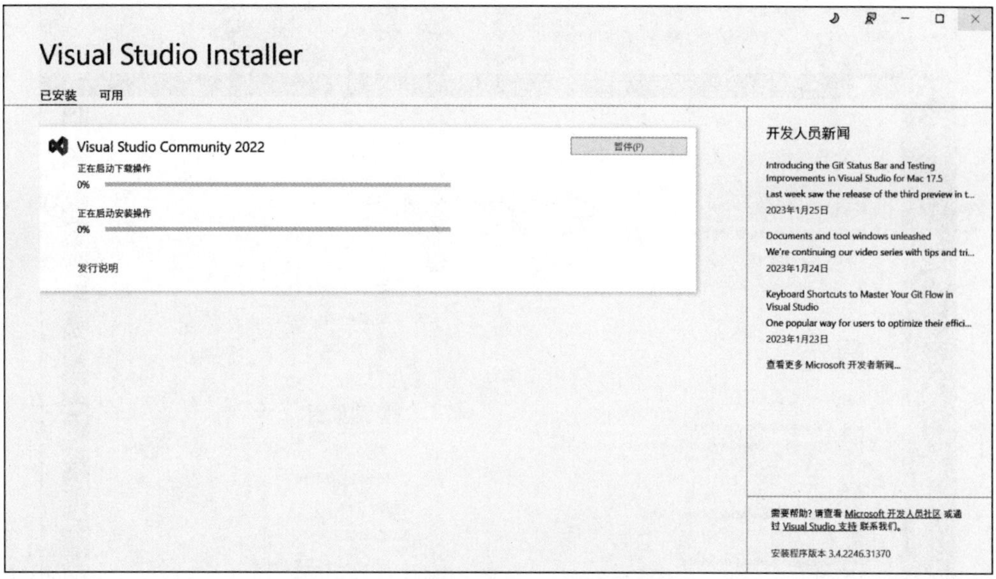

图 1.6 Visual Studio 安装过程界面

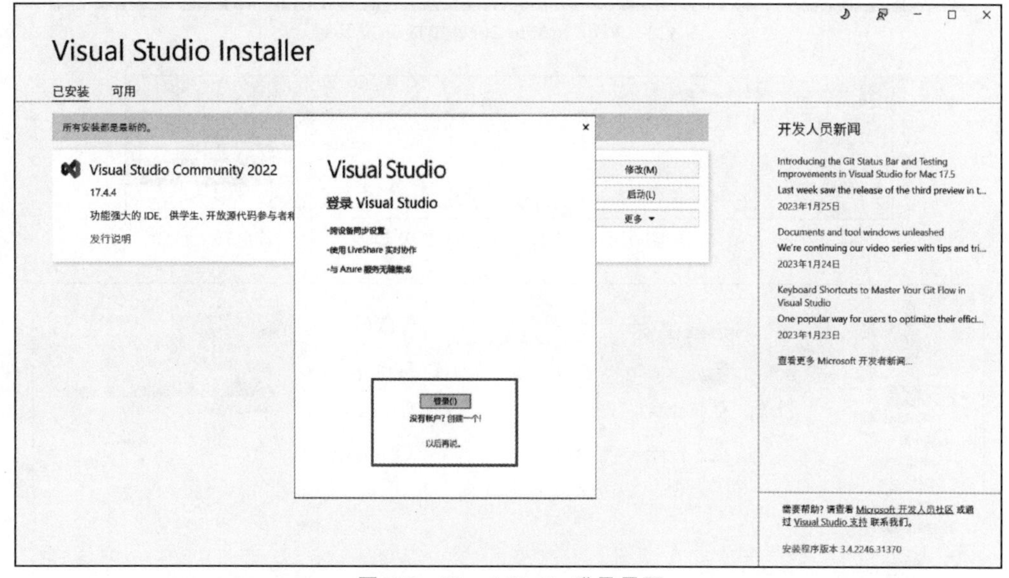

图 1.7 Visual Studio 登录界面

“文件”菜单下的“新建”命令为例进行说明，如图 1.9 所示。在“新建”命令的二级菜单中选择“项目”命令，弹出“新建项目”对话框，如图 1.10 所示。

(3) 在“新建项目”对话框中选择“已安装”→Visual C++，在右侧选择“控制台应用”，然后设置项目名称、位置和解决方案名称，最后单击“确定”按钮。随后进入“正在创建项目”滚动条界面，稍等片刻进入 Visual Studio 2022 集成开发环境，出现一个带主函数基础性代码的源程序，如图 1.11 所示。

用户如果在“新建项目”对话框中选择“空项目”，需要在“解决方案资源管理器”界面中右击“源文件”，在弹出的快捷菜单中选择“添加”→“新建项”命令，如图 1.12 所示，再在“添

图 1.8　Visio Studio 2022 集成开发环境

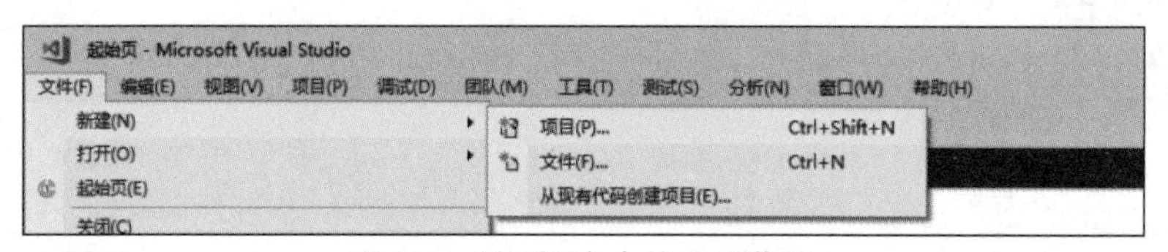

图 1.9　“新建”命令的二级菜单

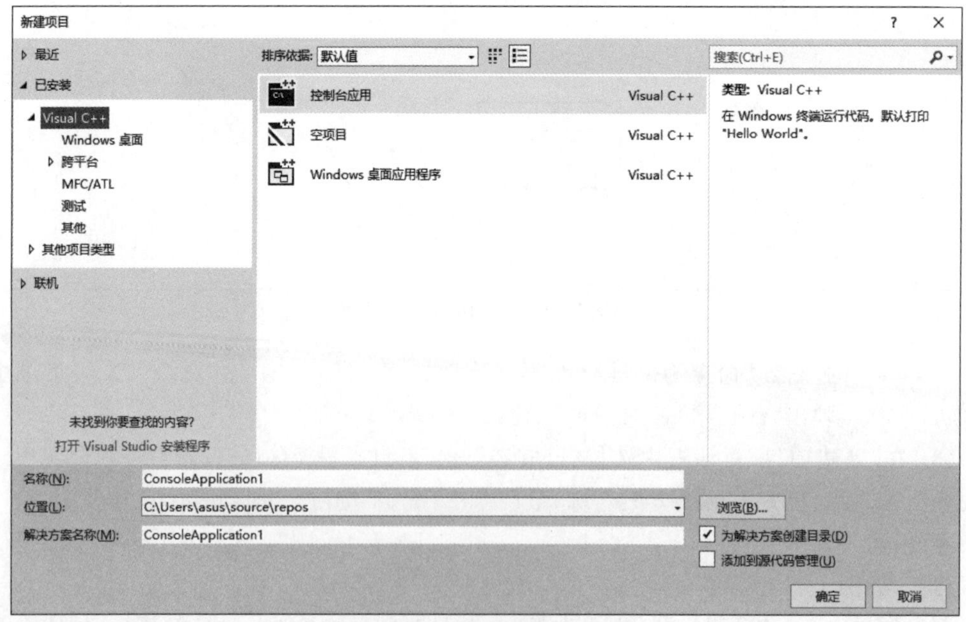

图 1.10　“新建项目”对话框

```
// sum.cpp : 此文件包含 "main" 函数。程序执行将在此处开始并结束。
//

#include <iostream>

int main()
{
    std::cout << "Hello World!\n";
}

// 运行程序: Ctrl + F5 或调试 >"开始执行(不调试)" 菜单
// 调试程序: F5 或调试 >"开始调试" 菜单

// 入门使用技巧:
//   1. 使用解决方案资源管理器窗口添加/管理文件
//   2. 使用团队资源管理器窗口连接到源代码管理
//   3. 使用输出窗口查看生成输出和其他消息
//   4. 使用错误列表窗口查看错误
//   5. 转到"项目">"添加新项"以创建新的代码文件，或转到"项目">"添加现有项"以将现有代码文件添加到项目
//   6. 将来，若要再次打开此项目，请转到"文件">"打开">"项目"并选择 .sln 文件
```

图 1.11 Visual Studio 2022 集成开发环境

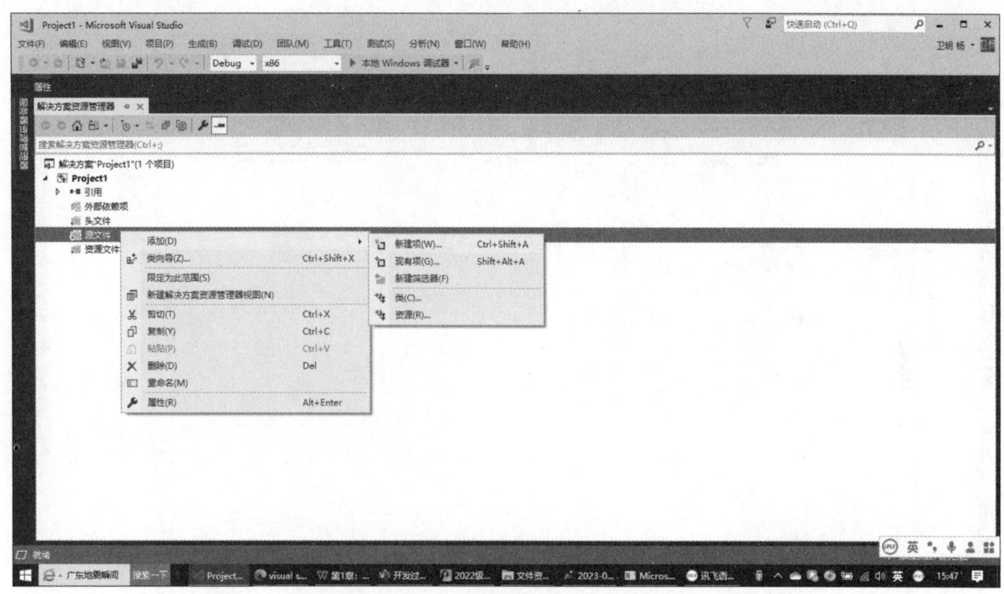

图 1.12 "解决方案资源管理器"界面中"源文件"的快捷菜单

加新项"对话框中选择"C++文件(.cpp)"，添加一个空的源程序文件进行编辑，如图 1.13 所示。

(4) 在源程序编辑窗口中编写代码，如图 1.14 所示。代码输入完毕，选择"文件"→"保存"命令保存源程序，或者单击工具栏上的"保存"工具按钮，保存 C++源程序为 sum.cpp。

(5) 单击工具栏中的"本地 Windows 调试器"对 C++源程序进行编译，如图 1.15 所示。如果编译有错误，会弹出错误列表窗口。根据错误信息提示回到源程序编辑窗口对代码进行编辑修改，直到没有错误为止；如果编译没有错误，系统会自动将源程序 sum.cpp 编译成名为 sum.obj 的目标文件，通过连接生成可执行文件 sum.exe。此时可以执行 sum.exe 文

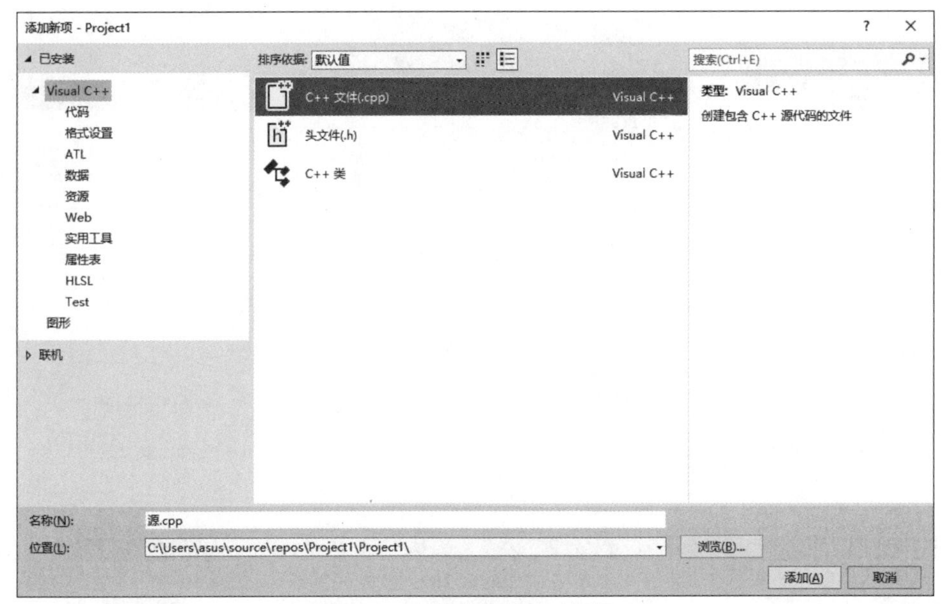

图 1.13 “添加新项”对话框

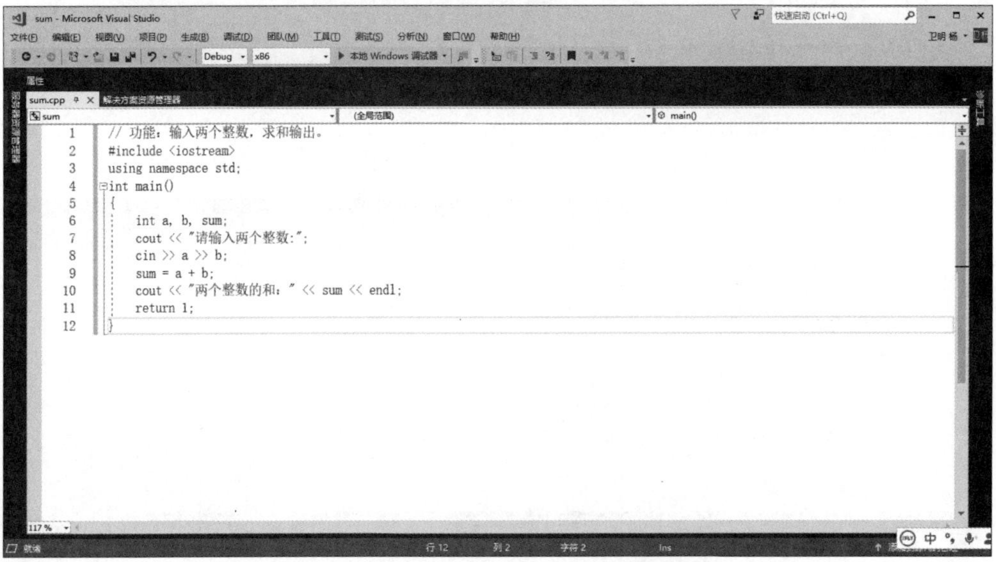

```
1  // 功能：输入两个整数，求和输出。
2  #include <iostream>
3  using namespace std;
4  int main()
5  {
6      int a, b, sum;
7      cout << "请输入两个整数:";
8      cin >> a >> b;
9      sum = a + b;
10     cout << "两个整数的和：" << sum << endl;
11     return 1;
12 }
```

图 1.14 Visual Studio 2022 源程序编辑窗口

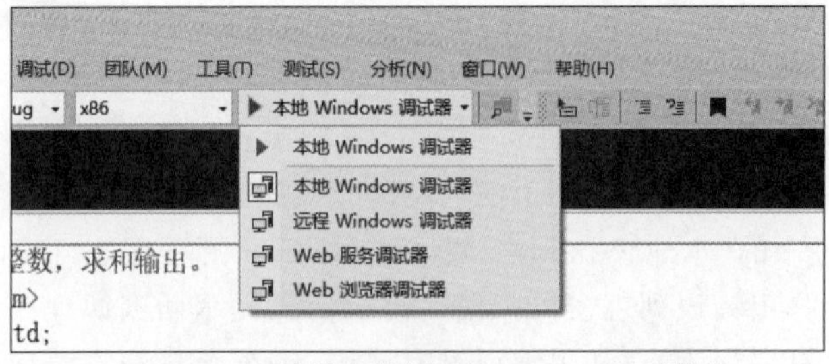

图 1.15 工具栏中的“本地 Windows 调试器”

件。或者选择"调试"菜单中的"开始调试"命令进行调试，如图 1.16 所示。

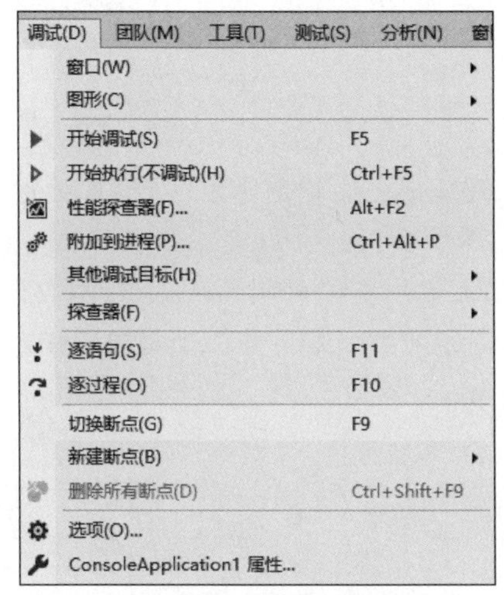

图 1.16　"调试"菜单

（6）程序运行后，弹出"Microsoft Visual Studio 调试控制台"窗口，窗口中提示"请输入两个整数："，用户根据提示输入"10 25"并按 Enter 键，两个整数之间用空格或者回车符作为间隔。程序运行结果如图 1.17 所示。用户也可以在 Windows 环境下双击 sum.exe 文件运行该程序。

图 1.17　程序运行结果

注意　一个项目可以有多个源程序，但是有且仅有一个包含 main 函数的主程序。一个项目程序运行和调试完毕后，需要新建一个项目编写其他程序。

使用 Dev C++ 开发 C 语言程序请扫描右侧二维码观看。

第一个 C 语言程序（Dev）

1.4　案例实战与实训

1.4.1　案例实战

在屏幕上输入两个整数，输出这两个整数相加的竖式和计算结果。

例如，输入

```
237  1870
```

输出

```
  237
+ 1870
------
 2107
```

【案例分析】

(1) 两个整数相加的竖式计算中，有输入的两个整数和求和的结果，因此定义 3 个整型变量：

```
int a,b,sum;                                  //a、b 为输入的两个数,sum 表示和
```

(2) 竖式输出 4 行，可以理解成各行输出宽度一致，右对齐，左补空格，因此要对输出宽度进行控制。输出一个对象，然后换行。

(3) 知识点：C++ 语言输入输出宽度可用 setw(int) 函数设置，括号里面的整数表示宽度。setw(int) 函数在流运算符序列中只对后面一个对象起作用，而且 setw(int) 函数包含在 iomanip 头文件中。

【程序代码】

```
#include<iostream>
#include<iomanip>                                  //输入输出格式控制头文件
using namespace std;
int main()
{
    int a,b,sum;                                   //a、b 为输入的两个数,sum 表示和
    cout<< "请输入两个整数:";
    cin >> a >> b;
    sum= a + b;
    cout << setw(10) << a << endl;                 //每行输出宽度为 10,输出 a 并换行
    cout << setw(4) << " + " << setw(6) << b << endl;  //输出加号和 b 并换行
    cout << setw(10) << "____________" << endl;      //输出竖式的横线并换行
    cout << setw(10) << sum << endl;               //输出两数之和并换行
    return 1;
}
```

1.4.2 案例实训

实训 1：图形问题。几何图形是从实物中抽象出来的，可帮助人们有效地刻画错综复杂的世界。平面图形是几何图形的一种，指所有点都在同一平面内的图形。例如，直线、三角形、平行四边形等都是基本的平面图形。编写一个程序，输出以下平面图形。

```
   *
  * * *
 * * * * *
* * * * * * *
 * * * * *
  * * *
   *
```

实训 2：唐诗输出。唐诗是中华民族珍贵的文化遗产之一，是中华文化宝库中的瑰宝，同时也对世界上许多国家的文化发展产生了很大影响。编写一个程序，实现一首唐诗的输出，注意输出格式。

习题 1

1. 填空题

(1) C++ 源程序包含头文件的格式有两种,即________和________。

(2) C++ 源程序要经过编辑、________、________和运行 4 个环节,才能在屏幕上显示结果。

(3) 每个 C++ 源程序都从________函数开始执行。

(4) C++ 源程序的扩展名为________,目标程序的扩展名为________,可执行程序的扩展名为________。

(5) 在 C++ 源程序中使用标准 I/O 流需包含的头文件是________,应放在程序的开始部分。

(6) C++ 源程序中的 endl 在输出语句中起________作用。

2. 单项选择题

(1) 把高级语言程序转换为目标程序需要使用(　　)。

A. 编辑程序　　B. 编译程序　　C. 调试程序　　D. 运行程序

(2) C++ 源程序的扩展名是(　　)。

A. .cpp　　B. .c　　C. .dll　　D. .exe

(3) C++ 与 C 语言相比最大的改进是(　　)。

A. 安全性　　B. 复用性　　C. 面向对象　　D. 面向过程

(4) C++ 可以对程序块进行注释,注释部分必须用(　　)括起来。

A. {　}　　B. [　]　　C. /*　　*/　　D. */　　/*

(5) C++ 中,预编译指令以(　　)开头。

A. ¥　　B. #　　C. @　　D. ◇

(6) 一个完整的 C++ 源程序的基本组成包含预编译指令和(　　)。

A. 函数　　B. 语句　　C. 输入输出　　D. 头文件

(7) 下列关于 cin 和 cout 的说法中错误的是(　　)。

A. cin 用于读入用户输入的数据　　B. cout 用于输出数据

C. cin 可以读取空格　　D. cout 通常与<<运算符结合

(8) 下列关于命名空间的描述中错误的是(　　)。

A. 程序员可以自定义命名空间

B. 定义命名空间的关键字是 namespace

C. C++ 标准库也定义了一个命名空间,名为 std

D. 定义命名空间时必须给它起一个名字

(9) 下列关于 iostream 的描述中错误的是(　　)。

A. 它是标准的 C++ 头文件

B. 它与 iostream.h 是两个不同的文件

C. C++ 标准不再支持 iostream.h 文件

D. iostream 与 iostream.h 文件形式不同,但其内容实现是一样的

（10）下列关于 C++ 的描述中错误的是（　　）。

A. C++ 保持了与 C 语言的兼容

B. C++ 支持面向对象的机制

C. C++ 的可重用性和可靠性都较 C 语言有所提高

D. C++ 是所有计算机语言的起源

3. 程序设计题

（1）编写程序，在屏幕上显示字符串“欢迎大家学习 C++ 语言!”。

（2）编写程序，输出个人基本信息，注意输出格式控制。

第2章 基本数据类型、运算符与表达式

引言

计算机解决各种实际问题是通过对反映问题的数据进行处理实现的，数据处理是程序的基本功能。数据的类型、表示与存储是数据的基本知识。C++ 是一种强数据类型语言，进行运算处理的数据都要先声明数据类型，不同类型的数据有不同的运算符和运算规则。本章主要学习基本数据类型、运算符与表达式，这是程序语句的基本构成要素，应重点掌握。

学习目标

- 了解：字符集；运算符在数学和程序中的区别。
- 熟悉：数据类型；运算符优先级和结合性。
- 掌握：标识符命名规则；变量定义与初始化；运算符和表达式的运用。

课程思政

职业教育：通过 C++ 语法基础（如标识符和运算符语法规则）引入法制规范，培养学生遵守法制规范的意识，使学生养成遵纪守法的正确观念。

2.1 词法符号

词法符号是程序设计语言中由若干字符组成的有意义的最小语法单位，它是程序设计的基础。词法符号按照其在程序中的作用可以分为标识符、关键字、运算符和分隔符。

2.1.1 C++ 字符集

词法符号

词法符号是由字符组成的，C++ 字符集是由 ASCII 码字符组成的。ASCII 码是美国信息交换标准代码。ASCII 码字符集共有 128 个字符，具体包括 32 个通用控制符、10 个数字字符、26 个大写字母、26 个小写字母和 34 个专用符号。

字符在内部是以二进制形式存储的，占 1 字节。其中小写字母'a'对应的 ASCII 码值（十进制）为 97，大写字母'A'为 65，字母位置是连续的，后面的字母的 ASCII 码值依次增加 1。小写字母的 ASCII 码值比大写字母大 32。数字字符'0'是 48，后面的数字字符的 ASCII 码值也依次增加 1。

字符的 ASCII 码值还有如下规律：控制字符＜数字字符＜大写字母＜小写字母。大家要掌握字符的 ASCII 码值及其变化的规律，这是编程的基础。具体请参考附录 A 给出的 ASCII 码表。

用 ASCII 码字符可以构造各种词法符号，具体包括标识符、关键字、运算符和分隔符等，下面逐一介绍。

2.1.2 标识符

标识符是程序员为命名程序中的一些实体而定义的词法符号。标识符有具体的命名规则，C++ 中标识符的命名规则主要有以下几个：

(1) 标识符由大小写英文字母、数字和下画线组成，只能以字母或下画线开始，不能以数字开始，其后跟零个或多个字母、数字或下画线，例如 sum、s_a、s1。

(2) 标识符中大写字母和小写字母是有区别的。同一个单词的不同大小写形式是两个不同的标识符，例如 a 和 A。

(3) 标识符的长度是任意的，但自定义的标识符不要太长。有的编译系统仅能识别前 32 个字符。自定义的标识符要有一定的含义，要见名知义。

以下是合法的标识符：

```
Day,month_year,Teacher_name,SUM,_average,hours,in_line_1_2
```

以下是不合法的标识符：

```
￥456,#44,4abc,X.John,a>b
```

注意 自定义标识符不能和 C++ 的关键字同名，因为每个关键字都有特殊的含义。

2.1.3 关键字

关键字是一种有特殊用途的词法符号，是 C++ 预定义的保留字，不能再用于其他用途。C++ 中总共有 95 个关键字，常用的有下面 30 个，例如，int 表示整型，return 为返回语句，class 表示类，while 则表示循环语句。其他的关键字在后面的内容中会逐一介绍。

```
auto      bool      break     case      catch     class
const     continue  default   define    delete    do
double    else      enum      extern    float     for
friend    goto      if        inline    int       long
new       string    struct    switch    void      while
```

2.1.4 运算符

运算符是 C++ 中对数据对象进行运算的符号，例如数学中的加号、减号、乘号、除号。根据参与运算的数据对象个数的不同，运算符可分为单目运算符、双目运算符和三目运算符。

单目运算符又称一元运算符，它只能对一个操作数进行操作，例如数学中的正号和负号。

双目运算符又称二元运算符，它可以对两个数据对象进行操作，例如算术运算中的加、减、乘、除运算符。

三目运算符又称三元运算符，它可以对三个数据对象进行操作。C++ 中只有一个三目运算符，即“?:”，称为条件运算符，它连接三个运算对象。

运算符是有优先级的，通常单目运算符的优先级最高，接下来是双目运算符，最后是三目运算符。

2.1.5 分隔符

分隔符是用来分隔单词或程序正文的。在 C++ 中，常用的分隔符有空格、逗号、分号、冒号等。

(1) 空格符常用来作为单词之间的分隔符。例如：

```
int sum;
```

int 和 sum 之间的空格为分隔符。

(2) 逗号用来作为多个变量之间的分隔符，或用来作为函数多个参数之间的分隔符。例如：

```
int a,b,c;
```

变量 a、b、c 之间的逗号为分隔符。

(3) 分号用来作为分隔 for 循环的 3 个表达式的分隔符，或用作语句结束的标志。例如：

```
for(i=0;i<10;i++)
    sum=sum+i;
```

(4) 冒号用来作为语句标号与语句之间的分隔符，或 switch 语句中关键字 case<整型常量>与语句序列之间的分隔符。

注意 标识符的概念和规则、关键字的含义、字符集的组成、ASCII 码表的规律、标识符的命名规则、运算符和分隔符是学习程序设计的基础。

2.2 基本数据类型

C++ 是一种强数据类型语言，任何数据都有类型。数据类型决定了数据在计算机内部的存储表示、表示数据的范围以及该数据能够进行的运算。C++ 提供了多种数据类型，用来表示和存储现实中不同类型的数据，满足程序处理的需要。

2.2.1 数据类型分类

C++ 的数据类型可分为基本数据类型和非基本数据类型。其中，基本数据类型包括整型、浮点型、字符型和布尔型。

非基本数据类型主要包括指针类型、数组类型、结构体类型、共用体类型、函数类型、空类型和枚举类型。C++ 的数据类型分类如图 2.1 所示。

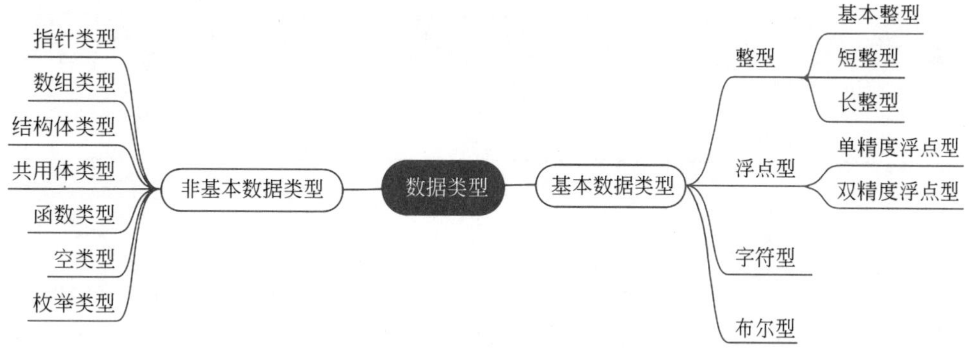

图 2.1 C++ 的数据类型分类

2.2.2 整型

整型数据为整数,具体包括基本整型(int)、短整型(short int 或者 short)和长整型(long int 或者 long)。整型又分有符号(signed)整型和无符号(unsigned)整型。各种整型的字节数和取值范围如表 2.1 所示。

表 2.1 各种整型的字节数和取值范围

数 据 类 型	字节数	取 值 范 围
int	4	−2 147 483 648～2 147 483 647
unsigned int	4	0～4 294 967 295
short	2	−32 768～32 767
unsigned short	2	0～65 535
long	4	−2 147 483 648～2 147 483 647
unsigned long	4	0～4 294 967 295

基本整型、短整型和长整型数据在内存中所占的存储空间不同,表示数范围不一样。存储空间跟机器字长有关系,用所占的字节数衡量,1 字节为 8 位二进制数。数据在计算机内部都是以二进制补码的形式存储的。一般情况下,对于 64 位机器字长,短整型存储空间字节数为 2,整型为 4,长整型为 4。

有符号数是指带符号的正数、负数,无符号数是指省略了符号的正数。例如,+3、−3 是有符号数,3 是无符号数。它们的区别是数据在内存中的二进制位的第一位是符号位还是数值位。例如:

```
int a;                              //定义 a 为一个整型变量,存放一个有符号整数
unsigned int b;                     //定义 b 为一个无符号整型变量,存放一个无符号整数
```

2.2.3 字符型

字符型的关键字为 char, 存储 ASCII 码字符。字符在内存中的存储空间为 1 字节。字符型数据可以当成整型数据使用,其对应的整数值为−128～127。字符型也分有符号和无符号两种类型,默认情况下为 char,即有符号类型。字符型存储空间和取值范围见表 2.2。

表 2.2 字符型的字节数和取值范围

数 据 类 型	字 节 数	取 值 范 围
signed char	1	−128～127
unsigned char	1	0～255

2.2.4 浮点型

浮点型也称实型,包括单精度浮点型(float)和双精度浮点型(double)。单精度浮点型和双精度浮点型数据所占的字节数不一样,取值范围和有效位数也不一样。对于 64 位机器

字长，单精度浮点型字节数为4，双精度浮点型的字节数为8。浮点型的字节数、有效位数和取值范围如表2.3所示。

表2.3 浮点型数据的取值范围

数据类型	字节数	有效位数	取值范围(绝对值)
float	4	6	0以及$1.2\times10^{-38}\sim3.4\times10^{38}$
double	8	15	0以及$2.3\times10^{-308}\sim1.7\times10^{308}$
long double	8	15	0以及$2.3\times10^{-308}\sim1.7\times10^{38}$
	16	19	0以及$3.4\times10^{-4932}\sim1.1\times10^{4932}$

2.2.5 sizeof运算符

数据类型决定了数据在内存中所占的空间大小和数的取值范围。那么，如何知道数据所占的存储空间大小呢？用求字节运算符sizeof计算，返回值为整数，表示字节。小括号内可以是数据类型关键字、变量、常量或者表达式。例如：

```
int  a=3;
cout <<sizeof(int)<<sizeof(a)<<sizeof(3);
```

程序输出都为4，表示基本整型(int)、整型变量a和整型常量3在内存中的字节数相等。

注意

(1) 同一种数据类型在不同的编译系统中所占存储空间不一定相同。

(2) C++是一种强数据类型语言，不同的数据类型运算规则不一样。

2.3 常量和变量

在数学中，常量与变量是反映事物量的一对范畴。常量也称常数，是反映事物相对静止状态的量；变量也称变数，是反映事物运动变化状态的量。在C++程序中，数据以常量或者变量的形式表示，每个常量或者变量都有确定的数据类型。

2.3.1 常量

常量与变量

在C++中，常量是指在程序运行过程中其值不能被改变的量。常量分为整型常量、浮点型常量、字符常量、字符串常量、逻辑常量和符号常量。

1. 整型常量

整型常量即整型常数，可以用十进制、八进制和十六进制3种形式表示。

(1) 十进制整型常量由0～9组成，没有前缀，不能以0开始。

(2) 八进制整型常量以0为前缀，后跟由0～7组成的数。

(3) 十六进制整型常量以0X或0x为前缀，后跟由0～9和A～F(大小写都可)组成的数。

例如，12、−34、45.7为合法的十进制整型常量，0134、−076为合法的八进制整型常量，

0x2F、0xA3B4 为合法的十六进制整型常量。

注意

(1) 整型常量中的长整型用 L 或 l 作后缀表示，例如 123L。

(2) 无符号整型常量用 U 或 u 作后缀表示，例如 123U。

2. 浮点型常量

浮点型常量又称实型常量，由整数部分和小数部分组成，只能用十进制表示。浮点型常量有两种表示方法：小数表示法和科学记数法。

(1) 小数表示法由符号、数字和小数点组成，例如 9.12、0.123。

(2) 科学记数法用指数形式表示浮点数，即在小数表示法后面加上 E 或 e 表示指数。例如，3.2E-5 表示 3.2×10^{-5}，7e10 表示 7.0×10^{10}。

注意

(1) 小数表示法必须有小数点，例如 1.、1.23。

(2) 科学记数法的 E 或者 e 前面必须有数字，可以是整数或小数，整数被看成定点小数；指数为整数，可正可负。例如 1.23E+3、1E-3。

3. 字符常量

C++ 中有两种字符常量，分别是一般字符常量和转义字符常量。

1) 一般字符

一般字符常量是用一对单引号括起来的一个字符，以 ASCII 码值存储，用整数表示，存储时占一字节的长度。例如，小写字母'a'的 ASCII 码值为 97，数字字符'0'的 ASCII 码值为 48。

注意

(1) 字符常量区分大小写。例如，'a'和'A'是不同的字符常量。

(2) 一个字符常量只能包含一个字符。例如，'ab'是错误的。

(3) 单引号是字符的界定符，不是字符的一部分，在输入输出时不加单引号。

2) 转义字符

转义字符是一个以“\”开头的特定字符，表示其后的字符具有特殊意义。例如，\n 中的 n 不是代表字符 n，而是代表换行。

常见转义字符及其含义如表 2.4 所示。

表 2.4　常见转义字符及其含义

转义字符	字符值	输出结果
\'	一个单引号(')	输出单引号字符
\"	一个双引号(")	输出双引号字符
\?	一个问号(?)	输出问号字符
\\	一个反斜线(\)	输出反斜线字符
\a	警告	产生声音或视觉信号
\b	退格	将光标当前位置后退一个字符
\f	换页	将光标当前位置移到下一页的开头

续表

转义字符	字符值	输出结果
\n	换行	将光标当前位置移到下一行的开头
\r	回车	将光标当前位置移到本行的开头
\t	水平制表符	将光标当前位置移到下一个制表符的起始位置
\v	垂直制表符	将光标当前位置移到下一个垂直制表符的起始位置
\o、\oo、\ooo 其中 o 代表一个八进制数字	与该八进制数对应的 ASCII 码	与该八进制码对应的字符
\xh[h…]其中 h 代表一个十六进制数字	与该十六进制数对应的 ASCII 码	与该十六进制码对应的字符

注意

(1) 回车符是回到本行的开头,换行符是移到下一行的开头。

(2) 转义字符代表一个字符。例如,\n 表示换行,\101 表示'A',\X31 表示'1'。

(3) 单引号、反斜线和双引号必须用转义字符表示。因为单引号是字符常量界定符,反斜线表示转义字符,双引号表示字符串常量。

4. 字符串常量

字符串常量是用一对双引号括起来的字符序列,双引号为字符串界定符,例如"Abrt124\n"、"A"。

字符串在内存中按顺序存储,并在最后加上空字符(\0)作为字符串结束的标志。字符串的长度是指字符个数,存储空间字节数等于长度加上 1。例如,"ABC"字符串长度为 3,其存储空间的字节数为 4。

注意

(1) 字符串常量和字符常量有区别。"x"是字符串常量,存储空间为 2 字节;'x'是字符常量,存储空间为 1 字节。

(2) 不能将一个字符串常量赋给字符常量。例如:

```
char c;
c="A";
```

是错误的。

5. 布尔型常量

布尔型常量只有两个,即 true 和 false,主要用来表示表达式的计算结果。在 C++ 中,布尔型常量当作整型数据,将 true 当作 1,false 当作 0。

在逻辑运算中,0 当作 false,非 0 数据当作 true,即 0 为假,非 0 为真。例如,'a'和 3+2 为真,0 为假。

注意 布尔型常量 true 和 false 只能用小写。例如,TRUE、False 不是布尔型常量。

6. 符号常量

当用一个标识符表示一个常数时,这个标识符就叫符号常量。定义符号常量有两种方法,一种是用关键字 const 定义符号常量,另一种是用＃define 定义符号常量。

1）用 const 定义符号常量

用 const 定义符号常量的格式如下：

const 数据类型 符号常量=表达式;

例如：

```
const double PI = 3.1415926;
```

用 const 定义了一个符号常量 PI，表示 3.1415926，在后面的运算中 PI 不能再改变。如果出现 PI＝PI＋3;是错误的。

注意 用 const 定义符号常量时必须进行初始化(即赋值)，否则将出现编译错误。

2）用＃define 定义符号常量

用＃define 定义符号常量的格式如下：

#define 常量名 常量值

例如：

```
#define PI 3.1415926
```

常量名 PI 代替后面的常量值，程序运行过程中 PI 直接替换成 3.1415926，PI 不能再改变。用＃define 定义的符号常量时代码行最后不加分号；如果加了，常量名将包括后面所有的符号，程序中符号常量替换过来程序可能会出错。＃define 定义常量属于预编译指令，一般放在程序的开头、函数的外部。

符号常量一般为大写，因为变量名一般为小写，这样便于区别。如果程序中多处使用相同的常量值，建议使用符号常量。如果符号常量的值要改，只需修改其定义，一改全改，可以提高程序编辑修改效率。

2.3.2 变量

在 C++ 中，变量是指在程序运行过程中其值可以改变的量。变量有变量名、变量值、变量地址和数据类型 4 个属性。例如：

```
int sum=10;
```

上面定义了变量 sum，变量名为 sum，变量值为 10，变量地址为 &sum，变量的数据类型为整型。其中 & 为取地址运算符。

1. 变量的命名规则

变量的命名遵循以下规则：

(1) C++ 的关键字不能作为变量名。

(2) 变量名应符合标识符命名规则，即第一个字符必须是字母或下画线，后跟字母、数字或下画线。

(3) 变量名应尽量做到见名知义，这样有助于记忆，提高可读性。例如，name 表示姓名，score 表示成绩。

(4) 在命名变量时，大小写字母是不一样的，习惯上用小写字母命名变量。例如，sum 和 Sum 是不同的变量。

2. 变量的定义

定义变量的格式如下：

数据类型　变量名;

数据类型可以是前面讲过的基本数据类型，也可以是后面要学的构造类型。定义多个变量时，变量名之间要用逗号分隔。例如：

```
int x,y,z;                                   //定义了3个整型变量x、y、z
float a,b,c;                                 //定义了3个单精度浮点型变量a、b、c
```

注意　变量要先定义后使用。

3. 变量的初始化

为变量赋值有两种方法：初始化和赋初值。

1）初始化

变量初始化是定义变量的同时为其赋初始值。初始值可以是一个常量，也可以是一个表达式。例如：

```
int x=10,y=x+5;
```

2）赋初值

赋初值就是先定义变量，然后再赋值。例如：

```
int x1;
x1=10;
```

注意

（1）不能在一个定义语句中同时赋值给多个变量。例如：

```
int a=b=3;                                   //错误,应修改为 int a=3,b=3;
```

（2）变量赋值是右边表达式的值赋值给左边的变量，类型要匹配。例如：

```
int x;
3=x;                                         //是错误的
```

（3）同一个程序块中不能有两个相同的变量名。

2.4　运算符和表达式

运算符是C++实现各种运算的符号。根据操作对象个数的不同，运算符可分为单目运算符、双目运算符和三目运算符3类。单目运算符只能对一个操作数进行运算；双目运算符可以对两个操作数进行运算；三目运算符可以对3个操作数进行运算，在C++中只有一个三目运算符“?:”。

表达式是运算符和操作数组成的式子。在使用运算符时，要注意以下几点：

（1）运算符的功能。例如，算术运算符中的加、减、乘、除，逻辑运算符中的与、或、非，等等，在C++中对它们的功能都有很多具体的规定。

（2）运算符与操作数的关系。注意操作数的个数和类型。例如，算术运算符的求余运算符(%)为双目运算符,要求参与运算的两个操作数为整型。

(3) 运算符的优先级。优先级决定了它在表达式中的运算顺序。优先级按照阿拉伯数字进行编号,数字越小,优先级越高,详见附录 B。当一个表达式中含有多个运算符时,先进行优先级高的运算,后进行优先级低的运算。

(4) 运算符的结合性。结合性是指当一个操作数左右两边的运算符优先级相同时按照什么顺序进行运算,是自左向右还是自右向左。例如,赋值运算符(=)为右结合性。假设有语句 x=y=6,y 两边都是赋值运算符,运算符的优先级相同,从右向左进行运算,先将 6 赋给 y,再把 y 的值(此时为 6)赋给 x。

C++ 的运算符非常丰富,常用的有算术运算符、关系运算符、逻辑运算符、条件运算符、逗号运算符和赋值运算符等。C++ 运算符的优先级、功能及结合性见附录 B。

运算符与表达式

2.4.1 算术运算符与算术表达式

1. 基本算术运算符与算术表达式

基本算术运算符包括加法运算符、减法运算符、乘法运算符、除法运算符、求余法运算符(也称模运算符)。算术表达式是指由算术运算符和括号将操作数连接起来的式子。C++ 程序中的算术运算符的优先级与数学上相同,其结合性为自左向右。

在 C++ 中,基本算术运算符如表 2.5 所示。

表 2.5 基本算术运算符

运 算 符	说 明	示 例
+	加法运算符,或取正运算符	5+3,+3
−	减法运算符,或取负运算符	a−12,−1
*	乘法运算符	a * 3
/	除法运算符	5/3,5.0/3
%	求余运算符,%两侧均为整型数	5/3

注意

(1) +(取正)、−(取负)是单目运算符,其余是双目运算符。

(2) 在除法运算中,操作数都为整型时,表示整除,结果为整型。例如,5/2 的结果为 2。如果要表示通常意义上的除法,其中至少有一个操作数必须为浮点型,例如 5.0/2。

(3) 求余运算符的两个操作数必须是整型或字符型数据。例如,5%3 的结果是 2,3%8 的结果是 3。

【例 2.1】 编写程序,从键盘输入梯形的上底、下底和高,计算梯形的面积(梯形求面积公式为 s=(上底+下底)×高/2)。

```
#include<iostream>
using namespace std;
int main()
{
    int a, b, h;
```

```
    double s;
    cout << "请输入梯形的上底、下底和高:" << endl;
    cin >>a >> b>> h;
    s = (a + b) * h / 2.0;
    cout << "梯形的面积:" << s << endl;
    return 0;
}
```

程序运行时,假定从终端设备输入

```
12 23 7
```

运行时屏幕上的内容如下:

```
请输入梯形的上底、下底和高:
12 23 7
梯形的面积:122.5
```

在本例中,梯形的上底、下底和高定义为整型,面积定义为双精度浮点型。注意,求面积 s 的表达式中除以 2 要写成"/2.0",即表示通常意义上的除法,除法运算符两边至少有一个为浮点型;否则运算结果为整数。如果把梯形的上底、下底、高和面积都定义为双精度浮点型,就不存在这个问题。

2. 自增、自减运算符及表达式

自增(++)、自减(--)运算符是两个特殊的算术运算符,是单目运算符,其含义就是变量本身加 1、减 1。自增、自减运算符有前置和后置两种形式。例如:

- 前置运算:++i,--i。
- 后置运算:i--,i++。

自增、自减运算符在单独运算和混合运算中是不同的。

(1) 单独运算时,前置和后置没有区别。例如,i++和++i 都等价于 i=i+1。

(2) 混合运算时,如果++、--前置,变量先自身加 1、减 1,然后再参与运算。例如:

```
int i=3, j;
j=++i;                                          //等价于 i=i+1; j=i;
```

如果++、--后置,变量先参与其他高优先级运算,然后自身才加 1、减 1。例如:

```
int i=3, j;
j=i--;                                          //等价于 j=i; i=i-1;
```

由此可见,自增、自减运算符丰富了算式的表示,可以减少代码冗余,使算式更加简洁。

注意

(1) 自增、自减运算符只能用于变量,不能用于常量和表达式。例如,++5 是错误的。

(2) 自增、自减运算符的结合性是自右向左。例如:

int x=0;

表达式! x++中的! 和++优先级相同,结合性为自右向左,先进行自增运算再取非,即表达式!x++等价于!(x++)。

(3) 自增、自减运算符在有些情况下可能会出现歧义。例如:

```
int i=10;
cout<<i++<<"  "<<i++;
```

通常认为语句输出为“10　11”,实际上输出“11　10”。因为输出语句中的表达式自右向左进行计算,而输出顺序是自左向右。但是,不同的编译程序对输出的规定可能不同。为了避免造成误解,在编写程序时尽量不用这种形式输出。

另外,对于含有多个运算符的表达式,如果运算符优先级不清楚,可以使用小括号明确运算顺序。例如:

```
int i=3,j=4,k;
k=i+++j;
```

表达式 i+++j 不易理解,是(i++)+j 还是 i+(++j)呢? 因为++的优先级高于+,表达式 i+++j 等价于(i++)+j。

当含有多个运算符时,也可以使用空格进行分隔。例如,i+++j 也可以写成 i++ +j,即在表达式中的++和+之间用空格进行分隔。

【例 2.2】 自增、自减运算符示例。

```
#include<iostream>
using namespace std;
int main()
{
    int i = 10, a;
    a = i++;
    cout << "a=" << a << '\t' << "i=" << i << endl;
    int j = 20, b;
    b = --j;
    cout << "b=" << b << '\t' << "j=" << j << endl;
    return 1;
}
```

程序运行结果如下:

```
a=10    i=11
b=19    j=19
```

2.4.2 关系运算符与关系表达式

关系运算符就是数学中的比较运算符。关系运算符用于对两个数值或变量进行比较,运算结果是一个逻辑值(真或假),真为 1,假为 0。关系运算符如表 2.6 所示。

表 2.6 关系运算符

运算符	说明	示例	结果
==	等于	4==3	0
!=	不等于	4!=3	1
<	大于	4<3	0
>	小于	4>3	1
<=	小于或等于	4<=3	0
>=	大于或等于	4>=3	1

注意

(1) 关系运算符优先级不全相同。小于(<)、小于或等于(<=)、大于(>)、大于或等于(>=)同级，这4个运算符的优先级高于等于(==)和不等于(!=)，后两个运算符同级。

(2) 关系运算符==与赋值运算符=不同。关系运算符(==)表示判断两边是否相等，相等为1，不相等为0。赋值运算符(=)是把右边的式子的值赋给左边。不要把=误用为==。例如：

```
int x=5,y=0
if(x=3)
    y=1;
```

if语句中的条件表达式x=3是赋值，没有起到比较的作用。

(3) 关系运算符的写法有严格规定。例如，不等于运算符!=不能写成<>。

(4) 字符和数字可以比较大小。例如，'a'>=60将'a'的ASCII码值与60比较大小。

(5) 数学中表示区间的关系式在程序中要写成逻辑表达式。例如，数学中的5≤x≤20在C++中不能写成5 <= x <= 20。因为<=从左往右进行运算，5 <= x结果为0或者1，然后再和20进行比较，含义就变了。正确的表达式应该是5 <= x && x <= 20。

【例2.3】 关系表达式示例。

```
#include <iostream>
using namespace std;
int main()
{
    int i = 10, j = 20;
    cout << (i < j) << "      " << (i <= j) << endl;
    cout << (i > j) << "      " << (i >= j) << endl;
    cout << (i == j) << "      " << (i != j) << endl;
    cout << (15 < j < 20) << "      " << (i + 10 > j == 0) << endl;
    return 1;
}
```

程序运行结果如下：

```
1    1
0    0
0    1
1    1
```

在本例中，程序最后一个输出语句中的表达式(i + 10 > j == 0)的运算顺序是：先算+，再算>，最后算==。因为算术运算符的优先级高于关系运算符，关系运算符中的<优先级高于==。

2.4.3 逻辑运算符与逻辑表达式

逻辑运算符共有3个，分别是逻辑与运算符(&&)、逻辑或运算符(||)和逻辑非运算符(!)。! 是单目运算符，&& 和||是双目运算符。逻辑表达式的结果为逻辑值，表示真或者假。逻辑运算符如表2.7所示。

表 2.7　逻辑运算符

运算符	说明	示例	结　果
!	逻辑非运算	!a	如果 a 为假，则！a 为真；如果 a 为真，则!a 为假
&&	逻辑与运算	a&&b	如果 a 和 b 都为真，则结果为真，否则为假
||	逻辑或运算	a||b	如果 a 和 b 有一个为真，则结果为真，二者都为假，结果为假

【例 2.4】 逻辑表达式与关系表达式示例。

```
#include<iostream>
using namespaces std;
int main()
{
    int x=12,y=9,z1,z2,z3;
    z1=(x>0)||(y<10);
    z2=(x==0)&&(y<10);
    z3=!(x==3);
    cout<<"z1="<<z1<<endl;
    cout<<"z2="<<z2<<endl;
    cout<<"z3="<<z3<<endl;
    return 1;
}
```

程序运行结果如下：

```
z1 = 1
z2 = 0
z3 = 1
```

在本例中，x=12，y=9。求 z1 时，首先判断 x 大于 0 成立，为真。因为是或运算，只要一边为真，那么整个式子都为真，所以不再对右边式子进行判断，z1=1。求 z2 时，首先判断 x 是否等于 0，x==0 不成立，为假。因为是与运算，只要一边为假，那么整个表达式都为假，所以不再对右边式子进行判断，z2=0。求 z3 时，首先判断括号中的 x==3，该式成立，为真，再取反，结果为 0，所以 z3=0。

注意　在逻辑表达式中，进行逻辑或运算时，如果左边为 1，右边表达式不再运算，结果为 1；进行逻辑与运算时，如果左边为 0，右边不再运算，结果为 0。这在逻辑运算中称为短路。例如：

```
int x=3,j=5,m,n;
m=(x!=3)&&(j=j+2);
n=x||(x=x+2);
cout<<m<<'\t'<<n<<endl;
cout<<x<<'\t'<<y<<endl;
```

输出 m 的值为 0，n 的值为 1，x 的值为 3，y 的值为 5。因为在 m=(x!=3)&&(j=j+2)中，x!=3 不成立，为 0，j=j+2 不再运算，j 不改变，赋值运算符右边表达式的值为 0，赋给 m，m=0。在 n=x||(x=x+2)中，x 等于 3 非零，为真，x=x+2 不再运算，x 不改变，赋值运算符右边表达式为 1，n=1。

2.4.4 赋值运算符与赋值表达式

C++ 中的赋值运算符分为两种，分别是简单赋值运算符和复合赋值运算符。

1. 简单赋值运算符

简单赋值运算符为=，表达式基本形式为

变量=表达式;

注意，先计算赋值运算符右边表达式的值，然后再把右边的值赋给左边的变量。例如：

```
x=3/2;
```

C++ 语言还支持连续赋值。例如：

```
int x,y,z;
x=y=z=10;
```

赋值表达式从右向左进行运算，因此先把 10 赋给 z，再把 z 的值(为 10)赋给 y，再把 y 的值(为 10)赋给 x。

2. 复合赋值运算符

复合赋值运算符由一个数值型运算符和基本赋值运算符组合而成，主要有以下几种：+=、-=、*=、/=、%=、<<=、>>=、&=、^=、|=。

复合赋值表达式形式为变量、数值型运算符、赋值运算符和表达式，表示左边的变量跟右边的表达式的值进行数值型运算，再将结果赋给左边的变量。例如：

```
int a=10,b=2;
a/=b+8;                                          //等价于 a=a/(b+8)
```

注意　应准确理解复合赋值表达式的等价关系，右边的表达式先进行计算。使用复合赋值运算符可以使代码更加简洁。

2.4.5 条件运算符与条件表达式

条件运算符"?:"是三目运算符，其表达式的形式为

表达式 1?表达式 2:表达式 3

执行过程是：先计算表达式 1。其值为真时，则以表达式 2 的值为条件表达式的值；否则以表达式 3 的值为条件表达式的值。

条件运算符的优先级低于算术运算符、关系运算符和逻辑运算符，高于赋值运算符。其结合性为自右到左。例如：

```
int a=3,b=4,c;
c=a-b?a-3?b:b-a:a;
cout<<"c="<<c<<endl;
```

条件运算符的优先级高于赋值运算符，二者的结合性都是自右向左。第二条语句中的表达式 a-b? a-3? b:b-a:a 等价于 a-b? (a-3? b:b-a):a。整个表达式按照结合性先计算括号中的条件表达式，再计算整个条件表达式，最后赋值，输出 c=1。

例如，求 a 和 b 的最大值时，可以写成下面的表达式：

```
max=a>b?a:b;
```

它等价于

```
if(a>b)
    max=a;
else
    max=b;
```

由表达式的等价关系可知，使用条件运算符可以使表达式代码更加简洁。

2.4.6 逗号运算符与逗号表达式

逗号(,)可以作为间隔符，也可以作为运算符。逗号作为运算符时，其表达式的形式如下：

表达式 1，表达式 2，…，表达式 *n*

执行过程是：从左往右进行计算，先计算表达式 1，再计算表达式 2……最后计算表达式 n。最后一个表达式的值为整个逗号表达式的值。

例如：

```
int a=3,b=5,c=6;                          //逗号为间隔符
cout<<(a+=b,b*=a,c-=a+b);                 //逗号为运算符
```

在变量定义中，逗号为间隔符；在输出语句中，逗号为运算符。逗号表达式从左往右进行计算：a+=b 的值为变量 a 的值，等于 8；b*=a 的值为变量 b 的值，等于 24；c-=a+b 的值为 c 的值，等于-16。因此，输出-16。

注意　在 C++ 的运算符中，逗号运算符的优先级最低。

2.4.7 位运算符

C++ 中有 6 个位运算符，分别为按位求反运算符(～)、按位与运算符(&)、按位或运算符(|)、按位异或运算符(^)、左移位运算符(<<)和右移位运算符(>>)。其中，按位取反运算符为单目运算符，其余运算符为双目运算符。

位运算符的操作数只能是整型或字符型数据，不能是浮点型数据。操作数转换成二进制位进行运算。位运算的结果就是位运算表达式的值，参与运算的两个操作数的值并没有发生改变。

(1) 按位取反运算符～的作用是对二进制数的每位取反，即 0→1，1→0。例如：

```
int a=25,m;
m=~25;
cout<<"m="<<m<<endl;
```

十进制数 25 转换成二进制数为 11001，再把 11001 每位取反为 00110，十进制数为 6，输出 m=6。

(2) 按位与运算符 & 的作用是对两个二进制数的每一位分别进行逻辑与运算。如果对应位都为 1，结果为 1；否则为 0。例如：

```
int a=25,b=18,m;
m=a&b;
cout<<"m="<<m<<endl;
```

先把十进制数25转换成二进制数11001，再把十进制数18转换成二进制数10010，最后按位进行逻辑与运算：

$$\begin{array}{r} 11001 \\ \&\ 10010 \\ \hline 10000 \end{array}$$

运算结果10000转换成十进制数为16，所以输出m=16。

(3) 按位或运算符|的作用是对两个二进制数的每一位分别进行逻辑或运算。如果对应位至少有一个为1，结果为1；否则为0。例如：

```
int a=25,b=18,m;
m=a|b;
cout<<"m="<<m<<endl;
```

先把十进制数25转换成二进制数11001，再把十进制数18转换成二进制数10010，最后按位进行逻辑或运算：

$$\begin{array}{r} 11001 \\ |\ 10010 \\ \hline 11011 \end{array}$$

运算结果11011转换成十进制数为51，所以输出m=51。

(4) 按位异或运算符^的作用是对两个二进制数的每一位分别进行逻辑异或运算。如果对应位相同，结果为0；否则为1。例如：

```
int a=25,b=18,m;
m=a^b;
cout<<"m="<<m<<endl;
```

先把十进制数25转换成二进制数11001，再把十进制数18转换成二进制数为10010，最后按位进行异或运算：

$$\begin{array}{r} 11001 \\ \hat{}\ 10010 \\ \hline 01011 \end{array}$$

运算结果01011转换成十进制数为11，所以输出m=11。

(5) 右移位运算符>>的作用是将左操作数的各二进制位右移右操作数指定的位数，溢出的低位舍弃，高位补0。二进制数右移一位操作相当于将该数除以2并取整，右移n位相当于将该数除以2^n并取整。例如，18>>2的结果为4。

(6) 左移位运算符<<的作用是将左操作数的各二进制位左移右操作数指定的位数，低位补0，溢出的高位舍弃。如果高位不溢出，二进制数左移一位操作相当于将该数乘以2，右移n位相当于将该数乘以2^n。例如，18<<2的结果为72。

注意

(1) 位运算符的操作数只能是整型或者字符型数据，必须先转换成二进制数再按位进行运算。

(2) 移位运算符探讨的是数值位。如果二进制数是负数的补码表示，对补位和溢出的处理与上面所述不同。

(3) 移位运算的溢出与机器字长有关系。

2.4.8 类型转换

不同类型的数据进行混合运算时涉及数据类型的转换。表达式中数据类型的转换有两种方式，分别是自动转换和强制转换。

1. 自动转换

自动转换是由编译系统自动完成的。计算完成后，操作数仍保持原有的数据类型。表达式中操作数的数据类型不一致时，表达式的数据类型就取决于操作数中精度最高的操作数的数据类型。

数据类型自动转换规则如图 2.2 所示。

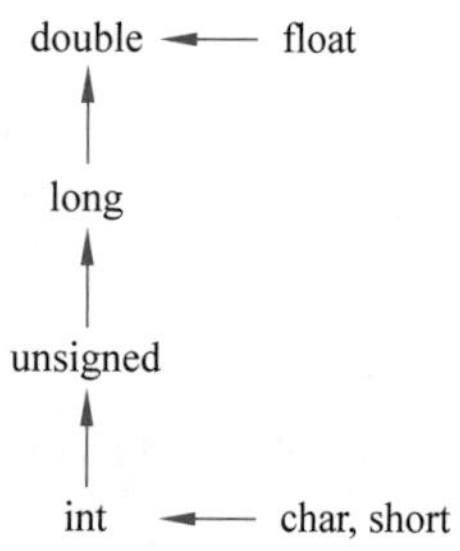

图 2.2 数据类型自动转换规则

注意

(1) 横向混合运算时，自右向左进行自动转换；纵向混合运算时，自下向上进行自动转换。

(2) 双向混合运算时，先自右向左再自下向上进行自动转换，即向存储空间大的数据类型进行转换。

例如：

```
int i;
float f;
double d;
long e;
a=10+'a'+i*f-d/e;                                //结果为双精度浮点型
```

算术表达式从左往右进行运算。字符'a'先转换成整型数，10 加上字符'a'，结果为整型；把 i 和 f 转换成双精度浮点型再进行计算，结果为双精度浮点型；把 10＋'a'的结果由整型转换成双精度浮点型，再和 i＊f 的结果进行加法运算，结果为双精度浮点型；把 e 转换成双精度浮点型，再进行运算，d/e 的结果为双精度浮点型；最后再进行减法运算，最终结果为双精度浮点型。

2. 强制转换

强制转换是将表达式的值类型强制转换成指定的数据类型。强制转换的一般形式是将数据类型加括号或者将表达式加括号：

数据类型(表达式)
(数据类型)表达式

例如：

```
(int)a/3                    //将 a 强制转换成整型，再除以 3。两个整数相除的结果为整数
float(5%3)                  //将 5%3 的结果 2 转换成浮点型，结果为 2.0
```

注意　如果将高精度的数据类型转换为低精度的数据类型，可能会造成数据精度的损失。例如：

```
float a=1.12412;
int b=a;                                      //b的值为1
```

2.5 案例实战与实训

2.5.1 案例实战

编程实现以下要求：输入一个三位整数，输出各位数字之和以及逆序后的三位整数。

【案例分析】

(1) 分析变量。

输入的三位整数用 x 表示，其各位数字之和用 sum 表示，逆序后的三位整数用 y 表示，x 的百位、十位、个位数字分别用 a、b、c 表示。

(2) 计算处理。

① 三位整数 x 的百位、十位和个位数字可以合理运用算术表达式求出。假设 x=258。求百位数字可以用整除运算，a=x/100；求十位数字时可以把百位数字去掉再整除 10，去掉百位数字的运算为 x%100，求十位数字的运算为 b=x%100/10；求个位数字可以用求余运算，即 c=x%10。

② 求各位数字之和的表达式为 sum=a+b+c。

③ 求逆序后的三位整数的表达式为 y=c*100+b*10+a。

(3) 输出各位数字之和 sum 和逆序后的整数 y。

【程序代码】

整数分离数字

```
#include<iostream>
using namespace std;
int main()
{
    int x, a, b, c, sum, y;
    //x为输入的三位整数,a为百位数字,b为十位数字,c为个位数字,sum为和, y为逆序后的
整数
    cout<<"请输入一个三位整数:";
    cin>> x;
    a= x / 100;                               //求百位数字
    b = (x % 100) / 10;                       //求十位数字
    c= x % 10;                                //求个位数字
    sum = a + b + c;                          //求和
    y = c * 100 + b * 10 + a;                 //逆序后的整数
    cout << "各位数字之和:" << sum << endl << "逆序后的整数:" << y << endl;
    return 0;
}
```

程序运行时，输入和运行结果如下：

```
请输入一个三位整数:123
各位数字之和:6
逆序后的整数:321
```

2.5.2 案例实训

实训 1：下课时间。小明做了一个奇怪的梦。在梦中，一节课的上课时间长短是不确定的，有的课一节 30min，而有的课一节 90min，上课时间的长短是由老师上课前宣布的。假设某节课从 A 时 B 分开始上课，老师宣布这节课要上 C 分钟。小明想知道，这节课会在几时几分下课。测试数据应保证一节课必须在当天结束。

实训 2：猜数游戏。对任意输入的一个三位数 x，将这个三位数重复一遍，得到一个六位数，例如，467→467467。把这个数连续除以 7、11、13，得到的商就是这个三位数。输入一个三位数 x，输出最后的商进行验证。

习题 2

1. 填空题

（1）在 C++ 中，如果一个变量为 long int 型，它所占的内存空间是________字节。

（2）int 型变量占用的内存空间是________字节，char 型变量占用的内存空间是 1 字节，float 型变量占用的内存空间是________字节，double 型变量占用的内存空间是 8 字节。

（3）bool 型数据的值为非 0 时会自动转换成________，为 0 时会自动转换成________。

（4）赋值表达式 a=(b=10)%(c=6)运算后 a、c 的值分别为________、________。

（5）设整型变量 i 的值为 2，表达式(++i)+(++i)+(++i)+(++i)的值是________。

2. 单项选择题

（1）下列 4 组变量中不符合 C++ 变量命名规则的是（　　）。

A. cc 和 aver　　B. 6x 和 char　　C. wl 和 year　　D. ye_78 和 wo

（2）下列表达式中值为 false 的是（　　）。

A. 1 < 3 && 5 < 7　　B. !(2 > 4)

C. !(5 < 8) || (2 < 8)　　D. 2 && 1 && 0

（3）下列字符常量中不正确的是（　　）。

A. 'a'　　B. '\n'　　C. '\074'　　D. "0"

（4）在 C++ 中，要求操作数必须是整型的运算符是（　　）。

A. ./　　B. ++　　C. !=　　D. %

（5）若有 int a=7;float x=2.5,y=4.7;，则表达式 x+a%3*(int)(x+y)%2/4 的值是（　　）。

A. 2.5　　B. 2.75　　C. 3.5　　D. 0.0

（6）假设变量 a、b 都是整型，表达式 a=2,b=5,a>b? a++:b++,a+b 的值为（　　）。

A. 7　　B. 8　　C. 9　　D. 2

（7）设有条件表达式(M)? (a++):(a--)，则与表达式 M 等价的是（　　）。

A. M==0　　B. M=1　　C. M!=1　　D. M!=0

（8）在 C++ 程序中，定义符号常量使用的关键字是（　　）。

A. typedef　　B. include　　C. struct　　D. define

(9) 设有语句 int a=3;,则执行语句 a * =a+a;后,变量 a 的值是(　　)。

A. 3　　B. 9　　C. 12　　D. 18

(10) 表达式 sizeof('d'+1.0)的值的数据类型为(　　)。

A. double　　B. float　　C. char　　D. int

3. 程序设计题

(1) 分别输出 int、long int、char、bool、float、double、long double 数据类型的字节数和位数,输出形式为

long int: 4B,32b

(2) 编写摄氏度和华氏度转换程序。要求:从键盘输入一个以摄氏度为单位的温度,屏幕显示对应的以华氏度为单位的温度,输出取两位小数(转换公式为 $f=\frac{9}{5}(c+32)$)。

(3) 输入两个数据 a 和 b,求它们的加、减、乘、除运算结果。

(4) 多项式计算。对于多项式 $f(x)=ax^3+bx^2+cx+d$,输入 a、b、c、d、x 的值,输出 $f(x)$的值。

(5) 按年利率 r 存入本金 x,存入 p 年后的本息合计为 $y=x(1+r)^p$,求 y 的值。输入实数 r、x、p,输出 y。提示:a^n 可用函数 pow(a,n)求解,头文件为 *cmath*。

第3章　程序控制结构

引言

语句是构成程序的基本单位,程序的运行过程就是执行语句的过程。程序中语句的执行顺序称为流程控制。C++ 支持结构化程序设计,也称面向过程的程序设计,基于具体问题的求解,主要包括顺序结构、选择结构和循环结构这 3 种基本控制结构。顺序结构是指按照程序语句的顺序依次执行相应的语句,选择结构是指依据条件选择执行相应的语句,循环结构是指根据条件重复执行某一程序块。大家要掌握顺序结构、条件结构和循环结构的语法、执行过程和编程;循环嵌套的执行过程和应用;转移语句执行过程和使用,这是结构化程序设计最重要的内容。

学习目标

- 理解:算法流程图表示。
- 熟悉:顺序结构、选择结构和循环结构语法和执行过程。
- 掌握:顺序结构、选择结构、循环结构和转移语句的编程。

课程思政

爱国教育:通过程序流程控制引入求真务实、严谨细致,培养学生严谨的逻辑思维和精益求精的大国工匠精神。

3.1　顺序结构

顺序结构是程序设计中最简单、最常用的结构。在顺序结构中,程序中所有语句按照书写顺序从前往后依次执行,中间没有跳转语句,不漏掉任何一行代码。在程序设计中,顺序结构是最基本的控制结构,也常用作选择结构和循环结构的子结构。

顺序结构程序基本组成包括变量的定义、输入、赋值、数据处理和输出。顺序结构按照语句的先后顺序依次执行,不能改变语句的执行顺序。

【例 3.1】　求 3 个整数的最大值。

```
#include<iostream>
using namespace std;
int main()
{
    long a,b,c,max;                          //a、b、c 为输入的数,max 为最大值
    cout<<"请输入 3 个整数:";
    cin>>a>>b>>c;
    max=a>b? a:b;                            //a 和 b 的大者赋给 max
```

```
    max=max>c?max:c;                           //max 和 c 的大者赋给 max
    cout<<"max="<<max<<endl;
    return 1;
}
```

程序运行时,输入内容和运行结果如下:

```
请输入 3 个整数:123 -2324  243
max=243
```

在本例中,先求 a 和 b 的大值,然后再把 a 和 b 的大值和 c 进行比较,求出最大值,程序按照语句顺序依次执行。

【例 3.2】 分糖果。有 3 个小朋友,甲有 x 粒糖果,乙有 y 粒糖果,丙有 z 粒糖果。现在他们玩一个游戏。甲将它的糖分成三等份,多余的自己吃掉,然后自己留一份,其余两份分别给乙和丙;乙和丙也这样做。最后甲、乙、丙各有多少粒糖果?输入甲、乙、丙最初的糖果数,输出甲、乙、丙最后的糖果数。

分糖果

```
#include<iostream>
using namespace std;
int main()
{
    int x, y, z, t;
    cout << "请输入甲最初的糖果数:";
    cin >> x;
    cout << "请输入乙最初的糖果数:";
    cin >> y;
    cout << "请输入丙最初的糖果数:";
    cin >> z;
    //甲分
    t = x / 3;
    x = t;
    y = y + t;
    z = z + t;
    //乙分
    t = y / 3;
    y = t;
    x = x + t;
    z = z + t;
    //丙分
    t = z / 3;
    z = t;
    x = x + t;
    y = y + t;
    cout << "甲最后的糖果数:" << x << endl;
    cout << "乙最后的糖果数:" << y << endl;
    cout << "丙最后的糖果数:" << z << endl;
    return 1;
}
```

程序运行时,输入和运行结果如下:

```
请输入甲最初的糖果数:16
请输入乙最初的糖果数:23
请输入丙最初的糖果数:32
甲最后的糖果数:29
乙最后的糖果数:24
丙最后的糖果数:15
```

在本例中，按题目要求定义变量，根据提示输入甲、乙、丙最初的糖果数。甲先分糖果，然后是乙和丙分糖果，最后输出甲、乙、丙最后的糖果数。

3.2 选择结构之一——if 语句

在学习和工作中，人们常常会用百度查询资料，查询到可能满足条件的信息时，系统是如何判定的呢？这里面就涉及条件判定问题，可以用 if 语句实现。if 语句分为单分支 if 语句、双分支 if 语句(if-else 语句)和嵌套的 if 语句。

if 语句

3.2.1 单分支 if 语句

单分支 if 语句的基本格式如下：

```
if (表达式)
    语句
```

if 是关键字，后面紧跟一对圆括号，括号里面是条件表达式。单分支 if 语句的执行过程如图 3.1 所示，如果表达式成立，就执行语句；否则结束 if 语句，执行 if 语句后面的语句。

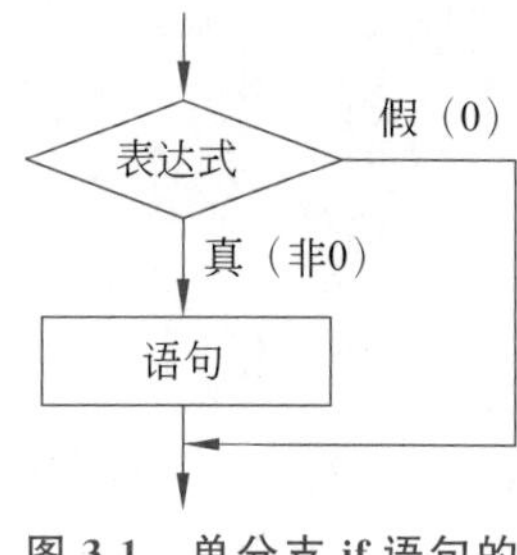

图 3.1 单分支 if 语句的执行过程

注意

(1) if 语句中的表达式可以是任意表达式，表达式的值非 0 为真，0 为假。例如：

```
int x=3;
if(x)
    cout<<x;
```

(2) if 语句只会控制后面一条语句。如果要控制多行，需要用花括号括起来，构成复合语句。

【例 3.3】 输入两个整数，按从大到小的顺序输出这两个整数。

```
#include <iostream>
using namespace std;
int main()
{
    int a, b, t;
    cout << "请输入两个整数:";
    cin >> a >> b;;
    if (a < b)
    {
        t = a;  a = b; b = t;
    }
    cout <<"从大到小输出:"<< a << "    " << b << endl;
```

```
    return 1;
}
```

程序运行时，输入和运行结果如下：

```
请输入两个整数:12  34
从大到小输出:34  12
```

在本例中，如果 a 小于 b，则交换 a 和 b 的值，要借助中间变量 t 暂时存放 a 的值。交换 a 和 b 的值有 3 条语句，因此要使用花括号括起来，构成一条复合语句。

【例 3.4】 设分段函数如下：

$$f(x)=\begin{cases} x^{0.5}, & x>0 \\ (x+1)^2+2x+1/x, & x\leqslant 0 \end{cases}$$

输入 x 的值，输出函数 $f(x)$的值。

```
#include <iostream>
#include<cmath>
using namespace std;
int main()
{
    float x, y;
    cin >> x;
    if (x >0)
        y = sqrt(x);
    if (x <= 0)
        y = pow(x + 1, 2) + 2 * x + 1 / x;
    cout << "x=" << x << ",y=" << y;
    return 0;
}
```

程序运行时，输入 5 和运行结果如下：

```
5
x=5,y=2.23607
```

在本例中，函数 sqrt 的原型为 double sqrt(double x)，功能是返回 x 的算术平方根；函数 pow 的原型为 double pow(double x, double y)，功能为返回 x 的 y 次幂。调用 sqrt 和 pow 函数，需要包含头文件 cmath。

注意 数学中的表达式在程序中的书写格式要符合 C++ 的规定。

3.2.2 双分支 if 语句

双分支 if 语句即 if-else 语句，其基本格式如下：

```
if (表达式)
  语句 1
else
  语句 2
```

if-else 语句的执行过程如图 3.2 所示。如果表达式成立，执行语句 1；否则，执行语句 2。语句 1 和语句 2 两条分支只能选择一条执行。如果语句 1、语句 2 是多条语句，需要使用花括号括起来，构成一条复合语句。

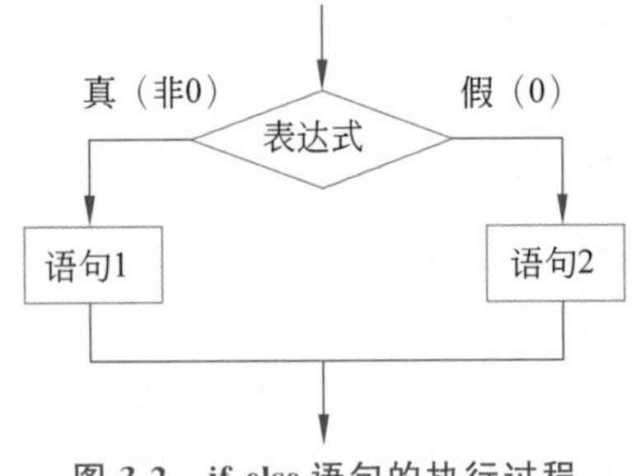

图 3.2　if-else 语句的执行过程

【例 3.5】 输入一个年份，判断是否是闰年。如果是，输出该年是闰年的信息；否则输出该年不是闰年的信息。

```
#include <iostream>
using namespace std;
int main()
{
    int year;
    cout << "请输入一个年份:";
    cin >> year;
    if ((year % 4 == 0 && year % 100 != 0) || (year % 400 == 0))
        cout << year << "年是闰年" << endl;
    else
        cout << year << "年不是闰年" << endl;
    return 1;
}
```

程序运行时，输入和运行结果如下：

```
请输入一个年份:2024
2024 年是闰年
```

在本例中，要注意闰年判断的条件表示。判断条件为：闰年是能被 4 整除但不能被 100 整除的年份或能被 400 整除的年份。

3.2.3　嵌套的 if 语句

嵌套的 if 语句是指 if 语句里面再嵌套 if 语句，其基本格式为

```
if(表达式 1)
  if(表达式 2)
    语句 1
  else
    语句 2
else
  if(表达式 3)
    语句 3
  else
    语句 4
```

嵌套的 if 语句要用缩进和对齐体现结构性。内嵌的 if-else 语句可以不加大括号，但为了增强程序的结构性和可读性，也可以加上大括号。同理，语句 1、语句 2、语句 3 和语句 4 如果是多条语句，则要加大括号。

在嵌套的 if 语句中，if 与 else 的配对非常重要。当 if 与 else 出现多次时，在省略大括号的情况下，else 与前面最近的未配对的 if 配对。例如：

```
if(a==b)
    if(b==c)
        cout<<"a==b==c";
    else
        cout<<"a!=b";
```

上面的代码的功能是判断 3 个变量 a、b、c 是否相等。在省略大括号情况下，else 与前面最近的未配对的 if，即第 2 个 if 配对。但是，这样配对的执行过程与条件表达不一致。上面的代码应修改为

```
if(a==b)
{
    if(b==c)
        cout<<"a==b==c";
}
else
    cout<<"a!=b";
```

在程序中，经常会用大括号把一条或者多条语句括起来，构成一个整体，以增强程序的逻辑性和可读性。

判定一个整数的符号用 if-else 的嵌套结构实现的代码如下：

```
#include<iostream>
using namespace std;
int main( )
{
    int x, y;
    cin>>x;
    if(x < 0)
        y = -1;
    else
        if(x == 0 )
            y = 0;
        else
            y = 1;
    cout<<"x="<<x<<",y="<<y;
    return 0;
}
```

程序基本结构为两层 if-else 语句的嵌套结构，它在 else 后面内嵌了一个 if-else 语句，实际上是多分支结构。

【例 3.6】 编程求解一元二次方程 $ax^2+bx+c=0$ 的根。

```
#include<iostream>
```

```
#include<cmath>
using namespace std;
int main()
{
    float a, b, c, d, x1, x2;                     //a、b、c 为方程系数
    cin >> a >> b >> c;
    if (a != 0)                                   //一元二次方程判定
    {
        d = b * b - 4 * a*c;
        if (d >= 0)                               //求实根
        {
            x1 = (-b + sqrt(d)) / (2 * a);
            x2 = (-b - sqrt(d)) / (2 * a);
            cout << "方程实根解为 :"<< endl;
            cout<<"x1 = " << x1 << endl<<"x2 = " << x2 << endl;
        }
        else                                      //求虚根
        {
            x1 = b / (2 * a);
            x2 = sqrt(-d) / (2 * a);
            cout << "方程虚根解为:" << endl;
            cout << "x1 = " << x1 << " + " << x2 << "i" << endl;
            cout << "x2 = " << x1 << " - " << x2 << "i" << endl;
        }
    }
    else                                          //非一元二次方程
        cout << "输入数据有误\n";
    return 1;
}
```

程序运行时，输入和运行结果如下：

```
5 1 2
方程虚根解为:
x1 = 0.1 + 0.6245i
x2 = 0.1 - 0.6245i
```

在本例中，程序整体结构就是 if-else 双分支结构，a!=0 条件为真时执行的语句块中包括两条语句，分别是 d=b * b-4 * a * c；以及内嵌的 if-else 语句。在内层 if-else 语句中，d>=0 条件为真求实根，为假求虚根。要注意大括号的使用。

3.3 选择结构之二——switch 语句

观察下面这些问题有什么共同点，学生成绩分类处理问题，把百分制成绩转换成对应的等级；人口统计分类问题，根据年龄分为老年、中年、青年、少年和儿童；菜单命令操作问题，根据系统菜单命令选择执行不同的操作；个人所得税问题，根据收入分成多个档次。这些问题的共同点就是要把数据分成几类分别进行处理，属于多分支结构。

多分支结构可以用 if 嵌套语句处理，也可以用 switch 语句处理。switch 语句有两种形

式,带 break 的 switch 语句和不带 break 的 switch 语句。

3.3.1 带 break 的 switch 语句

switch 语句

带 break 的 switch 语句基本格式如下:

```
switch(表达式 P)
{
    case e1:
        语句 1;break;
    case e2:
        语句 2;break;
    ⋮
    case en:
        语句 n;break;
    default:
        语句 n+1;break;
}
```

switch 是系统提供的关键字,switch 后面的圆括号中的表达式是算术表达式,其值为整型或者字符型。大括号里面有多个 case,case 后面的 $e_1, e_2, \cdots, e_n$ 是常量,再后面的冒号是标号符。

带 break 的 switch 语句的执行过程如图 3.3 所示。首先计算 switch 后面的圆括号中的表达式 P,如果其值等于某个 case 后面的常量表达式 $e_1 \sim e_n$,就执行对应的语句,当遇到 break 时,则立即结束 switch 语句的执行,执行大括号后面的语句。如果 P 不等于 $e_1 \sim e_n$ 中的任何一个常量,当有 default 时,就执行 default 后面的语句组;否则,就结束 switch 语句,执行大括号后面的语句。

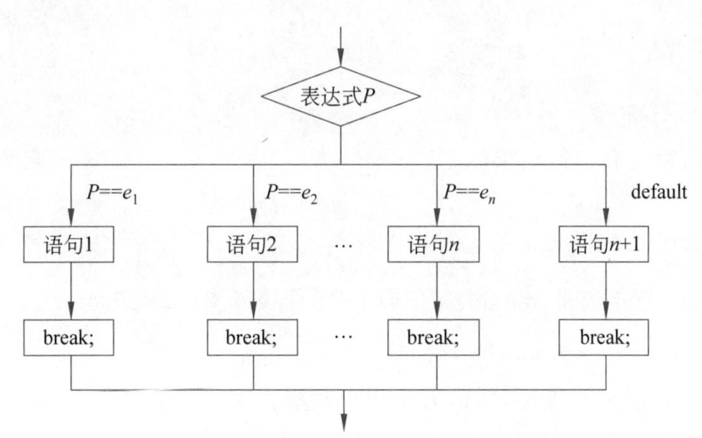

图 3.3　带 break 的 switch 语句执行过程

注意

(1) case 后可包含多条语句,且不必加大括号。

(2) default 是可选的。如果没有一个 case 分支可以执行,同时也没有 default,则不会执行 switch 语句中的任何语句。

(3) $e_1, e_2, \cdots, e_n$ 必须是整型或字符型常量表达式,且值必须不相同。

(4) 语句组后面的 break 用来结束 switch 语句，执行大括号后面的语句。

(5) 多个 case 可共用一组语句，只保留最后一个 case 后面的语句，前面的可以省略。例如：

```
case  'A':
case  'B':
case  'C':
        cout<<" score>60\n";
        break;
```

(6) 最后一条语句可以不用 break，因为遇到右大括号结束。

【例 3.7】 输入成绩等级，等级为 1～5 的整数，5 为 Very good，4 为 Good，3 为 Pass，2 和 1 为 Fail，输出相应的成绩等级。

```
#include <iostream>
using namespace std;
int main()
{
    int score;
    cin >> score;
    switch (score)
    {
        case 5:   cout << "Very good!";      break;
        case 4:   cout << "Good!";           break;
        case 3:   cout << " Pass!";          break;
        case 2:
        case 1:   cout << "Fail!";           break;
        default:  cout << " Data error!";    break;
    }
    system("pause");
    return 1;
}
```

程序运行时，输入和运行结果如下：

```
5
Very good!请按任意键继续...
```

注意　system 用于调用 Windows 下的 DOS 命令函数，函数原型为

```
int system(char * command);
```

pause 命令的功能是暂停屏幕，以方便用户观察程序运行结果。

3.3.2　不带 break 的 switch 语句

不带 break 的 switch 语句的基本结构如下：

```
switch(表达式 P)
{
    case e1:
        语句 1;
    case e2:
```

```
        语句 2;
    ⋮
    case en:
        语句 n;
    default:
        语句 n+1;
}
```

不带 break 的 switch 语句的执行过程如图 3.4 所示。如果表达式 P 的值与常量表达式 $e_1, e_2, \cdots, e_n$ 中的某个匹配，就执行相应的语句，然后往下继续执行其余的语句。实际上不带 break 的 switch 语句不是真正意义上的多分支结构。

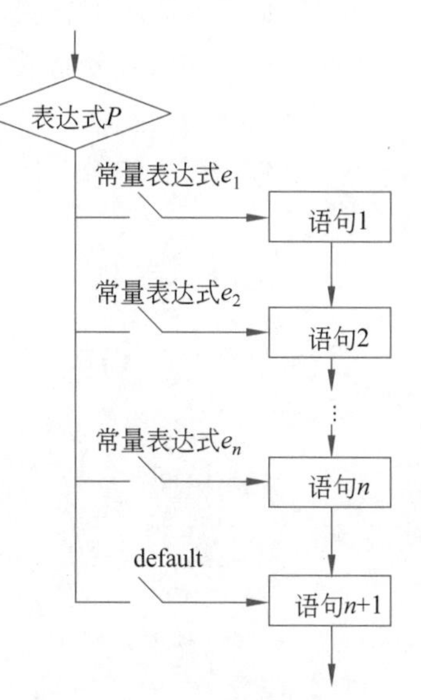

图 3.4　不带 break 的 switch 语句执行过程

将例 3.7 的代码改为不带 break 的 switch 语句，代码如下：

```
switch(score)
{   case 5:   cout<<"Very good!";
    case 4:   cout<<"Good!";
    case 3:   cout<<"Pass!";
    case 2:   cout<<"Fail!";
    default: cout<<"data error!";
}
```

程序运行时，输入和运行结果如下：

```
5
Very good! Good! Pass! Fail! data error!
```

【例 3.8】 输入一个字母，输出相应的问候语。

```
#include<iostream>
using namespace std;
int main()
{
    char c;
    cout <<"Enter m or n or h or other:";
    c = getchar();                                //输入一个字母赋值给 c
    switch (c)
    {
        case 'm':  cout << "Good morning!\n";  break;
        case 'n':  cout << "Good night!\n";    break;
        case 'h':  cout << "Hello!\n";         break;
        default:   cout << "How are you.\n";   break;
    }
    system("pause");                              //系统函数，暂停屏幕显示
    return 0;
}
```

程序运行时，输入和运行结果如下：

```
Enter m or n or h or other:m
Good morning!
```

在本例中，c=getchar()表示从键盘输入一个字母并赋给 c，getchar 为系统的无参函数，可以接收从键盘输入的任意字符。switch 语句的条件表达式就是变量 c 的取值。如果为 m，则输出“Good morning!”；如果为 n，则输出“Good night!”；如果为 h，则输出“Hello!”；如果不是这 3 个字母，则输出“How are you.”。

【例 3.9】 输入百分制成绩，输出相应的成绩等级。

```
#include<iostream>
using namespace std;
int main()
{
    float score;
    cin >> score;
    switch((int)score / 10)
    {
        case 10:
        case 9:  cout << "优秀!";   break;
        case 8:  cout << "良好!";   break;
        case 7:  cout << "中等!";   break;
        case 6:  cout << "及格!";   break;
        default: cout << "不及格!"; break;
    }
    system("pause");
    return 1;
}
```

程序运行时，输入和运行结果如下：

```
88.5
良好!请按任意键继续. . .
```

在本例中，成绩 score 为浮点型，switch 后面圆括号中的表达式是把 score 强制转换为整型，再除以 10，即去掉个位。然后根据 score 的十位数字判断等级。如果为 10 或者 9，则输出“优秀!”；如果为 8，则输出“良好!”……如果十位数字小于 6，则成绩低于 60 分，输出“不及格!”。

case 后面只能是常量表达式，不能写成条件表达式，不能含有变量。例如，在本例中，case 后面写成 score>=90 && score<=100 是错误的。

【例 3.10】 菜单程序。

```
#include<iostream>
using namespace std;
int main()
{
    void action1(int,int),action2(int,int);  //函数原型声明
    char ch; int a=15,b=23;
    ch=getchar();
    switch(ch)
```

```
    {
        case 'a':
        case 'A': action1(a,b);break;
        case 'b':
        case 'B': action2(a,b);break;
        default: putchar('\a');
    }
    return 0;
}
void action1(int x,int y)                          //定义函数
{
    cout<<"x+y="<<x+y>>endl;
}
void action2(int x,int y)                          //定义函数
{
    cout<<"x * y="<<x * y>>endl;
}
```

在本例中，switch语句的条件表达式是变量ch的值。如果为字母a，无论大小写，均调用action1函数，输出a、b的和；如果为字母b，无论大小写，均调用action2，输出a、b的乘积。如果既不是a也不是b，则输出响铃警报。转义字符'\a'表示响铃警报。

3.4 循环结构之一——while和do-while语句

大家回顾一下如何求1+2+…+100。数学上的计算过程是从左往右依次进行累加计算。可以设置一个累加器sum，其初始值为0，然后利用sum = sum +n进行累加计算，n依次取1,2,…,100。累加需要解决3个问题：①将n的初始值置为1；②每次执行sum = sum+ n后，n增1；③当n增到101时停止计算。其中的累加求和sum=sum+n和n=n+1需要重复进行，编程求解需要用到循环结构。

循环结构是在给定条件成立的情况下重复执行某些操作。C++的循环结构主要有while循环、do-while循环和for循环3种。本节主要学习while语句和do-while语句。

3.4.1 while语句

while和do-while

while语句的一般格式如下：

while(表达式)
{
    循环体
}

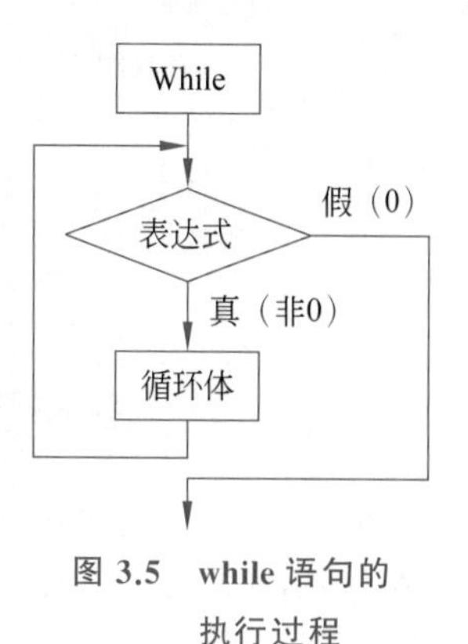

图3.5 while语句的执行过程

while是系统提供的关键字，表达式为条件表达式。循环体中的语句如果是两条或两条以上，要用大括号括起来，构成一条复合语句。while语句的执行过程如图3.5所示，当表达式为真(非0)时，执行循环体语句，然后继续下一次条件判断，如果为真执行循环体；如果表达式为假(0)时就结束。

while 语句特点是先判断后执行，是当循环，当条件成立就执行循环体。

【例 3.11】 利用 while 循环编程输出 1～10 的平方。

```
#include<iostream>
using namespace std;
int main()
{
    int i=1;
    while(i<=10)
    {
        cout<<i * i<<"  ";
        i++;
    }
    return 1;
}
```

程序运行结果如下：

```
1  4  9  16  25  36  49  64  81  100
```

在本例中，循环变量 i 的初始值为 1，循环条件是 i<=10，循环体是输出 i * i 并将循环变量 i 加 1。

注意 循环结构有 3 个要素：

（1）循环变量赋初始值。

（2）循环条件。

（3）循环变量的改变。循环变量一定要向着最终使循环条件为假的方向改变，否则就是一个死循环。

【例 3.12】 用 while 循环编程求 1+2+…+100 的和。

```
#include<iostream>
using namespace std;
void main()
{
    int i,sum=0;
    i=1;
    while(i<=100)
    {
        sum=sum+i;
        i++;
    }
    cout<<sum;
}
```

程序运行结果如下：

```
5050
```

在本例中，定义了循环变量 i 和累加求和变量 sum，sum 的初始值为 0。循环变量的初始值为 1，i<=100 为循环条件，100 为循环终值。在循环体中进行累加求和并将循环变量加 1。

【例 3.13】 输入两个整数,求它们的最大公约数和最小公倍数。

```
#include <iostream>
using namespace std;
int main()
{
    int a, b,ma,mb,t,gcd,lcm;
    cout << "请输入两个整数:";
    cin >> a >> b;
    ma = a;   mb = b;
    while(a%b!= 0)
    {
        t = a % b;
        a = b;
        b = t;
    }
    gcd = b;
    lcm = ma * mb / gcd;
    cout << "最大公约数为:" << gcd << endl;
    cout << "最小公倍数为:" << lcm << endl;
    return 1;
}
```

程序运行时,输入和运行结果如下:

```
请输入两个整数:15  25
最大公约数为:5
最小公倍数为:75
```

在本例中,求最大公约数采用的是欧几里得算法,即辗转相除法。其具体思想是:如果 a 除以 b 的余数等于 0,则最大公约数为 b;否则把 b 赋值给 a,把余数赋值给 b,再进行下一次循环判定。在辗转相除的过程中,a 和 b 的值发生了改变,需要定义 ma 和 mb 两个变量分别保存 a 和 b 的值,就可以使用 ma 和 mb 求最小公倍数了。

3.4.2 do-while 语句

do-while 循环语句的一般格式如下:

```
do
{
    循环体
} while(表达式);
```

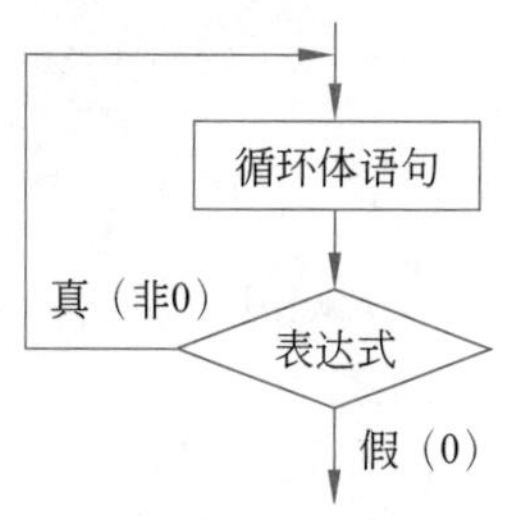

图 3.6 do-while 语句的执行过程

do-while 语句先执行循环体,再进行条件判断,直到条件为假时结束。do-while 语句的执行过程如图 3.6 所示。

【例 3.14】 用 do-while 语句求 1+2+…+100 的和。

```
#include<iostream>
using namespace std;
int main()
{
```

```
    int i,sum=0;
    i=1;
    do
    {
        sum=sum+i;
        i++;
    }while(i<=100);
    cout<<sum;
    return 1;
}
```

在本例中，i为循环变量，初值为1；sum为累加求和变量。先执行 sum=sum+i，然后 i 增加1，然后判断 i<=100 是否成立。若成立，则继续执行；否则结束循环，输出 sum 的值。

3.4.3 while 语句和 do-while 语句的区别

while 语句先判断后执行，是当型循环，当条件成立时就执行，循环体有可能一次也不执行。while 表达式后面没有分号。

do-while 语句先执行后判断，是直到型循环，直到条件不成立时结束，循环体至少执行一次。while 表达式后面有分号。

【例 3.15】 分析下列两个程序的运行结果。

(1) do-while 循环：

```
#include<iostream>
using namespace std;
int main()
{
    int i=11,sum=0;
    do
    {
        sum+=1;
        i++;
    }while(i<=10);
    cout<<sum;
}
```

(2) while 循环：

```
#include<iostream>
using namespace std;
int main()
{
    int i=11,sum=0;
    while(i<=10)
    {
        sum+=1;
        i++;
    }
    cout<<sum;
}
```

在 do-while 循环中,循环变量 i=11, 先执行累加(sum+=1),i 自身加 1,循环条件 i<=10 不成立,循环结束,输出结果为 11。在 while 循环中,循环变量 i=11,循环条件 i<=10 不成立,循环体不执行,输出结果为 0。

【例 3.16】 输入一个整数,输出其各位数字之和。

```
#include<iostream>
#include<cmath>
using namespace std;
int main()
{
    int a, x, n, sum = 0;
    cin >> x;
    n = abs(x);
    while (n != 0)
    {
        a = n % 10;
        sum = sum + a;
        n = n / 10;
    }
    cout << x << "各位数之和为:" << sum;
    return 1;
}
```

程序运行时,输入和运行结果如下:

```
-123
-123 各位数之和为:6
```

在本例中,while 语句的循环变量为 n,初值为 x 的绝对值,n!=0 为循环条件。如果满足条件,则执行循环体的 3 条语句,首先将 n 的个位数字赋给 a,然后累加 a,最后循环变量 n 除以 10 取整再赋值给 n,即 n 去掉个位数字。下一轮循环继续判断循环条件,当 n=0 时结束循环,就实现了求整数各位数字之和的目的。本例的算法思想是:求个位数字,累加个位数字,去掉个位数字后开始下一轮循环,直到 n 为 0 时结束。

注意 abs 为系统求绝对值函数,包含在头文件 cmath 中。

【例 3.17】 按以下规则将明文变成密文:将字母 A 变成字母 E,即变成其后的第 4 个字母,W 变成 A,X 变成 B,Y 变成 C,Z 变成 D;小写字母采用相同规则。

```
#include<iostream>
using namespace std;
int main()
{
    char c;
    while ((c = getchar()) != '\n')
    {
        if (c >= 'a' && c <= 'z')
        {
            c = c + 4;
            if (c > 'z')  c = c - 26;
        }
```

```
        if ((c >= 'A' && c <= 'Z'))
        {
            c = c + 4;
            if (c > 'Z') c = c - 26;
        }
        cout << c;
    }
    return 1;
}
```

程序运行时，输入和运行结果如下：

```
ZDSAGhsa
DHWEKlwe
```

在本例中，while 语句先执行 getchar 函数读入一个字符赋值给 c，再判定 c 是否是换行符。循环体用 if 语句判定是否是大写字母或者小写字母，如果是，则 c=c+4，即变成其后的第 4 个字母。然后继续判定 C+4 后是否已超出字母范围，如果 c>'Z'，或者 c>'z'成立，执行 c=c−26，即 c 往回移 26 个字符位置，以解决字母循环移位的问题。

3.5　循环结构之二——for 语句

分析以下问题的共同点：①$1-\frac{1}{2}+\frac{1}{3}-\frac{1}{4}+\cdots+\frac{1}{99}-\frac{1}{100}$，分母从 1 到 100 递增，每一项符号交替变化；②1！＋2！＋3！＋…＋10!，依次求阶乘，然后累加求和；③输出所有的水仙花数，所谓“水仙花数”是指一个三位数，其各位数字的 3 次方之和等于该数本身(例如 $153=1^3+5^3+3^3$)，需要对 100～999 依次进行判定。它们的共同点是：有明确的开始值和结束值以及按一定规律变化的步长，需要逐项进行处理。这类问题适合用 for 循环实现。

for 循环

3.5.1　for 语句的基本形式

for 语句的基本形式如下：

```
for(表达式 1;表达式 2;表达式 3)
    循环体
```

for 后面的圆括号中，表达式 1 和表达式 2 后面有分号，表达式 3 后面没有。表达式 1 是循环变量初始值，表达式 2 是循环条件，表达式 3 是循环变量的变化规律。循环体如果有多条语句，要用大括号构成一条复合语句。

for 语句的执行过程如图 3.7 所示。先执行表达式 1，给循环变量赋初始值；再执行表达式 2，判断循环条件是否成立，如果成立，则执行循环体；最后执行表达式 3，使循环变量改变。随后进入下一轮循环，直到循环条件为假时结束循环。

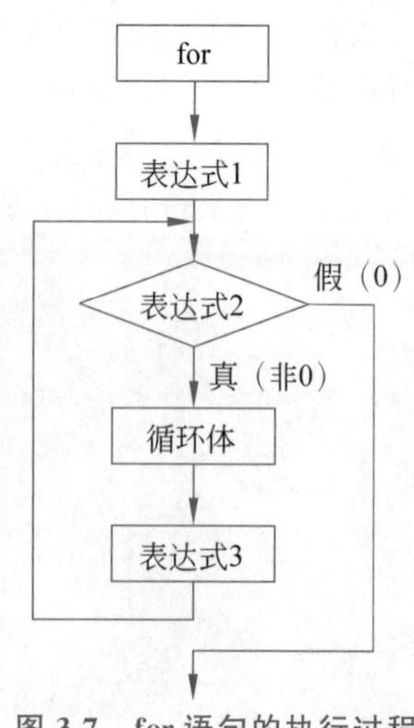

图 3.7　for 语句的执行过程

【例 3.18】 输入一个整数,求它的阶乘。

```
#include<iostream>
#include<iostream>
using namespace std;
int main()
{
    long n, i, s = 1;
    cout << "请输入一个整数:";
    cin >> n;
    for (i = 1; i <= n; i++)
        s *= i;
    cout << n << "!=" << s;
    return 1;
}
```

程序运行时,输入和运行结果如下:

```
请输入一个整数:5
5!=120
```

在本例中,阶乘的值很大,注意变量值的溢出,最好把存放阶乘值的变量 s 定义为取值范围较大的数据类型,例如长整型或者双精度浮点型。累乘变量要赋初始值(为 1)。本例求 n 的阶乘使用的公式为 $n!=1\times2\times\cdots\times n$。

【例 3.19】 输入一个整数 n,求 $1!+2!+\cdots+n!$。

```
#include<iostream>
using namespace std;
int main()
{
    double n, i, s = 0,f=1;
    cout << "请输入一个整数:";
    cin >> n;
    for (i = 1; i <= n; i++)
    {
        f = f * i;
        s = s + f;
    }
    cout << "阶乘和:" << s << endl;
    return 1;
}
```

程序运行时,输入和运行结果如下:

```
请输入一个整数:5
阶乘和:153
```

本例是一个累加求和问题,存放累加结果的变量 s 的初始值为 0。累加项为 i 的阶乘。f 用于存放阶乘的值,其初始值为 1。如果本例求阶乘用例 3.18 的公式,则要用循环的嵌套结构。

3.5.2 for 语句形式的变化

for 语句中的表达式 1、表达式 2 和表达式 3 可以是任意类型的表达式，都可以省略，但分号不可以省略。例如，求 1+2+…+100 有以下 4 种情况。

(1) 3 个表达式都不省略，这是基本用法。

```
#include<iostream>
using namespace std;
int main()
{
    int i,sum;
    for(i=1,sum=0;i<=100;i++)
        sum=sum+1;
    cout<<sum;
    return 1;
}
```

(2) 省略表达式 1，将其放到 for 循环之前。

```
#include<iostream>
using namespace std;
int main()
{
    int i,sum;
    i=1,sum=0;
    for(;i<=100;i++)
        sum=sum+1;
    cout<<sum;
    return 1;
}
```

(3) 在(2)的基础上省略表达式 3，将其放在循环体的最后。

```
#include<iostream>
using namespace std;
int main()
{
    int i,sum;
    i=1,sum=0;
    for(;i<=100;)
    {
        sum=sum+1;
        i++;
    }
    cout<<sum;
    return 1;
}
```

(4) 在(3)的基础上省略表达式 2，循环条件默认为真。需要在循环体中用 if 语句对循环条件进行判定，当循环条件为假时要用 break 语句退出循环。

```
#include<iostream>
using namespace std;
int main()
{
    int i,sum;
    i=1,sum=0;
    for(;;)
    if(i<=100)
    {
        sum=sum+1;
        i++;
    }
    else
        break
    cout<<sum;
    return 1;
}
```

【例 3.20】 输出所有的水仙花数。水仙花数是指一个 3 位数，其各位数字立方和等于该数本身，例如，$153=1^3+5^3+3^3$。

```
#include<iostream>
using namespace std;
int main()
{
    int a, b, c, x;
    for (x = 100; x <= 999; x++)
    {
        a = x / 100;
        b = x % 100 / 10;
        c = x % 10;
        if (a*a*a + b * b*b + c * c*c == x)
            cout << x << "   ";
    }
    return 1;
}
```

程序运行结果如下：

```
153   370   371   407
```

在本例中，水仙花数是一个三位数，需要对 100～999 依次进行判定，因此可以用 for 循环实现。定义 x 为循环变量，赋初值为 100，循环条件为 x<=999，循环体实现求百位(a=x/100)，求十位(b=x%100/10)，求个位(c=x%10)，再用 if 语句对该数是否为水仙花数进行判定，如果是就输出该数。求立方和可以使用 pow( )函数，其原型为 double pow(double x, double y)，求幂运算，表示 x 的 y 次方，如 pow(b,3)为 b 的 3 次方。

【例 3.21】 评委评分程序。在一次运动会方队表演中，学校安排了 10 名老师进行打分。对于每个参赛班级的 10 个打分(百分制整数)，去掉一个最高分和一个最低分，再算出平均分，作为该班级的最后得分，保留 3 位小数输出。

```
#include<iostream>
#include<iomanip>                                    //输入输出格式控制头文件
using namespace std;
int  main()
{
    int i,sum=0,max=0,min=0,n;
    float ave;
    cout << "请输入 10 个评委评分(整数,用空格隔开):";
    for (i = 1; i <= 10; i++)
    {
        cin >> n;                                    //输入评委评分
        sum += n;                                    //累加
        if (n > max)                                 //求最高分
            max = n;
        if (n < min)                                 //求最低分
            min = n;
    }
    sum =sum - max - min;                            //去掉最高分和最低分
    ave = (float)sum / (10 - 2);
    cout << "去掉最高分和最低分后,该班得分:"<<fixed<<setprecision(3) << ave <<'\
n';
    return 1;
}
```

程序运行时,输入和运行结果如下:

```
请输入 10 个评委评分(整数,用空格隔开):97 96 90 85 88 89 93 94 95 94
去掉最高分和最低分后,该班得分:92.375
```

在本例中,需要找出 10 个评分的最大值和最小值,从总分减去,再除以 8。求最值的思想是:先把第一个数看成最值,再把后面的数依次和最值进行比较。保留 3 位小数使用格式控制符 fixed 和 setprecision(3)。为实现输入输出格式控制,需要包含格式控制头文件 iomanip。

3.6 循环的嵌套

假期携带行李箱去旅游,途中发现自己忘记了 3 位数字的开锁密码,我们一般怎么办呢?通常的做法是尝试若干种组合。如何通过计算机编程实现这一点呢?这就是本节要学习的内容——循环的嵌套。

循环的嵌套

循环的嵌套就是一个循环体内又包含完整的循环结构。循环的嵌套主要有以下 3 种形式。

第一种形式:

```
while()
{
    …
    while()
    {…}
    …
}
```

第二种形式：

```
do
{
    …
    do
    {
        …
    }while()
    …
}while()
```

第三种形式：

```
for()
{
    …
    for()
    {
        …
    }
    …
}
```

注意

(1) 内嵌的循环还可以嵌套循环，即多重循环。

(2) while 循环、do-while 循环、for 循环可以互相嵌套。

(3) 循环的嵌套执行过程是：外层循环执行一次，内层循环执行完，外层循环再执行下一次。

(4) 每一层循环要使用不同的循环变量进行控制。

【例 3.22】 行李箱密码破解(假定行李密码箱有 3 位数字密码)。

解决该问题可以使用穷举法。穷举法又称暴力破解法，其基本思想就是把所有可能的情况一一列举出来，从中找出符合条件的解。3 位数字密码的范围是 000～999。

设 pw 为设定的 3 位数字密码，a、b、c 为 3 个位置上的数字。

第一步，分析循环边界，即穷举范围。首先 a＝0，b＝0 时，c 为 0～9，所以最内层 for 循环为 for(c＝0;c<＝9;c＋＋)；然后，b 为 0～9，第二层 for 循环为 for(b＝0;b<＝9;b＋＋)；最后，a 为 0～9，最外层 for 循环为 for(a＝0;a<＝9;a＋＋)。

第二步，循环体分析，确定符合条件的解。这里需要判断 a、b、c 组合的 3 位数字是否与 pw 匹配，即 if(a * 100＋b * 10＋c＝＝pwd)。如果是，则验证成功且退出；否则继续循环验证，直到密码正确后退出。

程序代码如下：

```
#include<iostream>
using namespace std;
int main()
{
    int a, b, c, pwd=123;
    for (a = 0; a <= 9; a++)
```

```
        for (b = 0; b <= 9; b++)
            for (c = 0; c <= 9; c++)
                if(a * 100 + b * 10 + c == pwd)
                {
                    cout << "密码验证成功\n";
                    return  1;
                }
    return 1;
}
```

有什么策略可以增强密码的安全性？根据上面的示例，3 位数字密码最坏情况下执行次数为 10 的 3 次方。10 表示每位为数字 0～9，共 10 个符号，3 表示位数。因此，为了增强密码的安全性，不仅要加长密码位数；而且要加大每一位取值范围。现在很多系统的密码要求至少 6 位以上，并且包括字母、数字和其他字符，就是为了增强密码的安全性。

【例 3.23】 编程求所有的 3 位数素数，且该数是对称的。所谓对称，是指一个数倒过来还是该数。例如，375 不是对称的，因为倒过来变成了 573。

```
#include <iostream>
using namespace std;
int main()
{
    int i, j;
    for (i = 100; i <= 999; i++)
    {
        for (j = 2; j <= i - 1; j++)
            if (i%j == 0)
                break;
        if (i == j)                                  //素数判定
            if (i % 10 == i / 100)                   //对称数判定
                cout << i << "  ";
    }
    return 1;
}
```

程序运行结果如下：

```
101 131 151 181 191 313 353 373 383 727 757 787 797 919 929
```

在本例中，需要对所有的 3 位数依次进行判定，因此也采用了穷举法思想。素数判定需要使用循环。找出素数后再判定对称数，对称数判定条件就是个位数字等于百位数字。整个程序采用了双重循环。

3.7 转移语句

在程序设计中，有时需要根据问题求解算法的需要改变语句的执行顺序，此时可以使用转移语句实现。转移语句就是使程序从某一语句直接转移到另一语句继续执行。C++ 提供了 goto 语句、break 语句和 continue 语句来实现转移。

3.7.1 goto 语句

goto 语句也叫无条件转移语句,其语法格式如下:

```
goto 语句标号;
…
语句标号:语句;
```

goto 语句作用是使程序转移到语句标号所标示的语句处继续执行。语句标号是一种用来标识语句的标识符。需要说明的是:

(1) 不能用整数作语句标号。

(2) 语句标号只能出现在 goto 所在函数内,且唯一。

(3) 语句标号只能加在可执行语句前面。

(4) 应限制使用 goto 语句,因为它很容易破坏程序的结构。

goto 语句一般有两种用途:

(1) 与 if 语句一起构成循环结构。

(2) 从循环体中跳转到循环体外。

【例 3.24】 用 if 与 goto 语句构成循环结构求 1+2+…+100。

```
#include<iostream>
using namespace std;
int main()
{
    int i, sum;
    i = 1, sum = 0;
loop:
    if (i <= 100)
    {
        sum += i;
        i++;
        goto loop;
    }
    cout << sum;
    return 1;
}
```

程序运行结果如下:

```
5050
```

在本例中,loop 起到语句标号的作用,表示程序的入口位置,loop 和 goto loop 构成了循环结构。循环变量 i 初始值为 1,终值为 100。循环条件 i<=100 成立时执行循环体,包括累加、循环变量增值和无条件转移语句。循环条件为假就不执行循环结束。

3.7.2 break 语句

break 语句的语法格式如下:

```
break;
```

break 语句只能用于 switch 语句和循环结构中。在 switch 语句中，break 语句用来退出 switch 语句；在循环结构的循环体内，break 语句用来退出循环结构，需要注意的是，break 语句只能退出并终止本层循环。

3.7.3 continue 语句

continue 语句的语法格式如下：

```
continue;
```

continue 语句只能用在循环语句的循环体内。在循环执行过程中，遇到 continue 语句，程序将结束本轮循环，接着开始下一轮循环。

注意　break 是结束整个循环；contiue 是结束本轮循环，开始下一轮循环。

【例 3.25】 从键盘上输入最多 6 个整数。若一个数是正整数则参与求和；若是负整数则不参与求和。输入 0 则表示结束。

```
#include<iostream>
using namespace std;
int main()
{
    int num, sum = 0;
    cout << "Please input number: " << endl;
    for (int i = 0; i < 6; i++)
    {
        cin >> num;
        if (num == 0)  break;
        if (num < 0)   continue;
        sum += num;
    }
    cout << "sum = " << sum << endl;
    return 0;
}
```

程序运行时，输入和运行结果如下：

```
Please input number:
22 -3 34  1  0  45
sum = 57
```

在本例中，for 循环体包括 4 条语句。输入整数 num；如果 num==0 成立，用 break 语句结束整个循环；如果 num<0 成立就结束本轮循环，执行下一轮循环；最后进行累加。在 for 循环外输出 sum 的值，即正整数的和。

3.8 案例实战与实训

3.8.1 案例实战

1. 加密问题

数据加密是计算机安全中最重要的内容。一个密码变换规则如下：一个正整数对应一个字符。如果该数模 123 的值(就是除以 123 后的余数)为 97～122,则将对应的字符变换为小写字母;如果该字符不能变换为小写字母,则将该数模 91,若值为 65～90,则将对应的字符变换为大写字母;如果该字符不能变换为大写字母,则变换为 *。输入一个正整数,输出变换后的字符。

【案例分析】

(1) 分析变量。

加密问题

输入一个正整数,输出加密后的字符,中间要对该数求模,因此定义 a 表示输入的正整数,x 表示余数,c 表示加密后的字符。

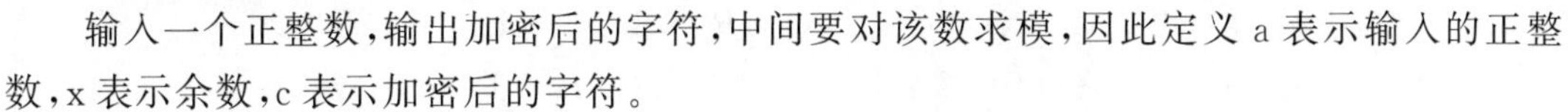

(2) 加密处理。

程序整体结构为 if-else 语句,需要在 else 中嵌套 if-else 语句。加密字符时,将余数赋给字符变量。字符和整数是可以混合运算的,将整数赋给字符,就是将整数作为 ASCII 码值赋给字符。

(3) 数据输出。

输出加密后的字符。如果有多个正整数需要加密,应使用循环结构。

【程序代码】

```
#include<iostream>
using namespace std;
int main()
{
    int a, t;                                   //a 为输入的正整数,t 为余数
    char c;
    cout << "请输入一个正整数:";
    cin >> a;                                   //a 表示加密后的字符
    t = a % 123;
    if (t >= 97 && t <= 122)
        c = t;                                  //加密变换为小写字母
    else
    {
        t = a % 91;
        if (t >= 65 && t <= 90)
            c = t;                              //加密变换为大写字母
        else
            c = '*';                            //加密变换为 *
    }
    cout << "加密后的字符:" << c << endl;
    return 1;
}
```

2. 图形问题

编写程序,输入一个整数 n,输出如下由 n 行大写字母组成的图形。要求输出的字母是循环出现的,即当字母输出到 Z 时,下一个字母为 A。

```
              A
            B C D
          E F G H I
        J K L M N O P
      Q R S T U V W X Y
    Z A B C D E F G H I J
  K L M N O P Q R S T U V W
X Y Z A B C D E F G H I J K L
```

【案例分析】

(1) 分析变量。

定义一个整型变量 n 表示行数。n 行图形一行一行地输出，需要定义循环变量 i 控制行数；每行字母一个一个地输出，需要定义循环变量 j 控制字母个数。图形从大写字母 A 开始输出，需要定义代表要输出的字母的字符变量 c。

(2) 图形输出。

n 行图形，每一行图形由空格和大写字母组成。行数 i 从 1 开始。假设最后一行左对齐，左边没有空格，则第 i 行空格总数为 n−i。每行的大写字母个数为 1,3,5,…，归纳得出第 i 行大写字母个数为 2＊i−1。

程序整体结构为双重循环。外层循环控制行。循环体中包含 3 个内容：一是利用循环输出空格；二是利用循环输出大写字母，然后选取下一个大写字母，并判定其是否超出字母 Z，如果是，则从大写字母 A 重新开始；三是输出换行符。

【程序代码】

字符图形输出

```
#include <iostream>
using namespace std;
int main()
{
    int n, i, j;
    char c = 'A';
    cout << "请输入图形行数:";
    cin >> n;
    for (i = 1; i <= n; i++)                    //输出 n 行图形
    {
        for (j = 1; j <= n - i; j++)            //输出空格
            cout << " ";
        for (j = 1; j <= 2 * i - 1; j++)        //输出图形
        {
            cout << c;
            c++;                                //大写字母后移
            if (c > 'Z')                        //大写字母循环移位处理
                c = 'A';
        }
        cout << endl;                           //换行
    }
    return 1;
}
```

3. 抽奖程序

某百货商场为了吸引顾客、促进销售，举行了一次抽奖活动。输入抽奖次数，并依次输入顾客手中的抽奖号码。中奖号码每次在100～1000的整数中随机产生。如果输入的抽奖号码等于中奖号码，则输出“恭喜您中奖啦！中奖金额为200元！”，并输出中奖号码；如果输入的抽奖号码不等于中奖号码，则输出“非常遗憾，欢迎下次再来！”。

【案例分析】

随机函数

(1) 中奖号码的产生。

系统中奖号码在100～1000的整数中随机产生，需要使用随机函数rand。rand会返回一个0～RAND_MAX(32767)的随机整数。产生100～1000的随机整数的表达式为100+rand()%900。

如果需要系统每次运行产生不一样的随机数，需要在调用rand函数之前使用srand函数设置随机数种子。如果没有设置随机数种子，则rand函数在调用时自动设置随机数种子为1。随机数种子相同，每次产生的随机数也会相同。因此，随机数种子一般设计为系统时间，即srand(time(0))，time(0)返回系统时间。

(2) 抽奖程序。

抽奖程序整体为循环结构，在循环体中产生中奖号码，输入顾客的抽奖号码，判定中奖与否。

【程序代码】

```
#include<iostream>
#include<ctime>
using namespace std;
int main()
{
    int n, i, prize,number;
    cout << "请输入抽奖次数:";
    cin >> n;
    for (i = 1; i <= n; i++)
    {
        srand(time(0));
        prize = 100 + rand() % 900;
        cout << "输入顾客抽奖号码(100~1000的整数):";
        cin >> number;
        if (number == prize)
            cout << "恭喜您中奖啦!中奖金额为200元!" << endl;
        else
            cout << "非常遗憾,欢迎下次再来!" << endl;
        }
    return 1;
}
```

4. 定积分计算

定积分是积分的一种，是函数 $f(x)$ 在区间 $[a,b]$ 上积分的极限。编程用梯形法求数值积分 $\int_a^b \sqrt{4-x^2}\,dx$。

【案例分析】

积分的几何含义就是由 $y=0$、$x=a$、$x=b$、$y=f(x)$所围成图形的面积。利用梯形法求积分，就是把区间$[a,b]$ N 等分，构成 n 个曲边梯形，然后用梯形近似地求面积。函数的积分就是这 n 个梯形的面积之和。

【程序思路】

先输入表示区间的 a、b，再输入等分份数 n，接着求出梯形的高以及面积，再通过 for 结构将 n 个梯形面积累加，最后输出累加之和。n 越大，定积分越准确，这也是定积分的定义。可以用这个程序求解任何函数的定积分。

【程序代码】

```
#include<iostream>
#include<math.h>
using namespace std;
int main()
{
    float a, b;
    double s, h;
    int n, i;
    cout << "Input interval a, b:";
    cin >> a >> b;                                       //输入区间起止值 a 和 b
    cout << "Input n: ";
    cin >> n;                                            //输入等分份数 n
    h = (b - a) / n;                                     //梯形高
    s = 0.5 * h * (sqrt(4.0 - a * a) + sqrt(4.0 - b * b));  //迭代后面积 s 初始值
    cout << s;
    for (i = 1; i <= n - 1; i++)
        s = s + h * sqrt(4.0 - (a + i * h) * (a + i * h));  //梯形面积累加
    cout << "\nThe value is: " << s;
    return 1;
}
```

3.8.2 案例实训

实训 1：身体质量指数(BMI)。BMI 是由 19 世纪中期比利时学者凯特勒提出的，是目前国际上常用的衡量人体胖瘦程度的一个标准。中国采用的标准为：如果 BMI<18.5，偏瘦；如果 18.5≤BMI<24，正常；如果 24≤BMI<28，偏胖；如果 28≤BMI<40，肥胖；如果 BMI≥40，极度肥胖。以上标准只适用于成年人。编写程序，根据体重和身高判断其胖瘦程度。

实训 2：兔子繁殖问题。一对兔子，从出生后第 3 个月起每个月都生一对兔子。小兔子长到第 3 个月后每个月又生一对兔子。假如兔子都不死，第 1 个月有一对兔子，求第 n 个月共有多少只兔子，n 从键盘上输入。

实训 3：百元兑零问题。将 100 元钱兑换成面值为 10 元、5 元、1 元的钱，编程输出所有兑零方案及方案总数。要求每种兑零方案中都要有 10 元、5 元和 1 元 3 种面值。

习题 3

1. 填空题

(1) 判断变量 a、b 的值均不为 0 的逻辑表达式为________。

(2) switch 语句执行时要先求出表达式的值,其中表达式的值只能是整型、________、________或枚举型等数据类型,而不能取浮点型这样的连续值。

(3) 顺序结构的特点是各语句按照书写次序依次执行。________的特点是根据条件判断选择执行路径。循环结构用于实现重复性操作。根据算法的有穷性,循环必须在一定条件下进行,无循环条件必然会导致________。

(4) 设有以下代码段:

```
int x = 1;
if (x == 1)
x -= -3;
```

该代码段执行后 x 的值是________。

(5) 以下程序的功能是从键盘输入一个字符,判断其是否是字母,并输出相应的判断结果。请填空。

```
#include<iostream>
using namespace std;
int main()
{
    char c;
    cin>>c;
    if((c>='a' ____ c<='z') ____ (c>='A' && c<='Z'))
        cout<<"接收的是一个字母"<<endl;
    else
        cout<<"接收的不是一个字母"<<endl;
    return 0;
}
```

(6) 以下程序的输出结果是________。

```
#include<iostream>
using namespace std;
int main()
{
    int i=0,j=0;
    while(i<15)
    {
        j++;
        i+=++j;
    }
    cout<<i<<" "<<j<<endl;
    return 0;
}
```

(7) 以下程序的功能是在屏幕上的同一行内显示 1～9 的 2 次方。请填空。

```
#include<iostream>
using namespace std;
int main()
{
    unsigned int i;
    for
```

```
        cout<<i * i<<________;
    cout<<endl;
    return 0;
}
```

(8) 以下程序的功能是求10个正数中的最大数,当输入为负数时提前结束程序。请填空。

```
#include<iostream>
using namespace std;
int main()
{
    const int N=10;
    int x,max=0;
    cout<<"Please input data:"<<endl;
    for(int i=1;i<=N;i++)
    {
        cin>>x;
        if(x>0&&max<x )
        {
            max=x;
            continue;
        }
        else if(x<0)
            ________
    }
    cout<<"max="<<max<< endl;
    return 0;
}
```

(9) 以下程序的输出结果是________。

```
#include<iostream>
using namespace std;
int main()
{
    int i=0;
    while(++i)
    {
        if(i==10)
            break;
        if(i%3!=1)
            continue;
        cout<<i<<"   ";
    }
    return 0;
}
```

2. 单项选择题

(1) 下列程序的输出结果为(　　)。

```
#include<iostream>
using namespace std;
```

```
int main()
{
    bool t1=8;
    bool t2=0;
    bool t3=-1;
    cout<<"t1="<<t1<<endl;
    cout<<"t2="<<t2<<endl;
    cout<<"t3="<<t3<<endl;
    return 0;
}
```

A. t1=true;t2=false;t3=true　　B. t1=8;t2=0;t3=-1

C. t1=false;t2=true;t3=false　　D. t1=1;t2=0;t3=1

(2) 以下对 if 语句的表达式类型叙述正确的是(　　)。

A. 它必须是关系式表达式

B. 它必须是关系式表达式或逻辑表达式

C. 它必须是关系式表达式或算术表达式

D. 它可以是任意表达式

(3) 设有以下代码段：

```
int a=0;
if(a=1)
a+=10;
```

该代码段执行后 a 的值是(　　)。

A. 0　　B. 11　　C. 10　　D. 出错

3. 程序设计题

(1) 编写一个计算器，根据用户输入的运算符做两个数的加、减、乘、除运算。

(2) 求 100 以内自然数中的奇数之和。

(3) 求 100 以内能被 13 整除的最大自然数。

(4) 输出 100～1000 的质数，要求每行输出 5 个。

(5) 编程求下列数列前 20 项：

$$\frac{2}{1},\frac{3}{2},\frac{5}{3},\frac{8}{5},\frac{13}{8},\cdots$$

(6) 爱因斯坦曾经提出过这样一道有趣的数学题：有一个长阶梯，若每步上 2 阶，最后剩下 1 阶；若每步上 3 阶，最后剩 2 阶；若每步上 5 阶，最后剩下 4 阶；若每步上 6 阶，最后剩 5 阶；只有每步上 7 阶，最后刚好一阶也不剩。编程求该阶梯至少有多少阶。

(7) 编程求 1000 之内的所有完数。所谓完数，是指一个数恰好等于包括 1 在内的所有不同因子之和。例如，6 是完数，6=1+2+3。

(8) 兔子在出生两个月后就具有生殖能力，设有一对兔子每个月都生一对兔子。生出来的兔子在出生两个月之后，每个月也都生一对兔子。那么，从一对兔子开始，满一年时兔子数为多少？

(9) 编程输入一个整数 n，输出下列 n 行图案，左右两部分之间有两个空格。

```
     #  $
    ##  $$
   ###  $$$
  ####  $$$$
 #####  $$$$$
######  $$$$$$
```

第4章　数　　组

引言

在 C++ 程序中，存储少数几个数据时，需要根据数据相应的类型定义简单变量。如果需要存储同一类型的多个数据，例如 50 个学生的成绩、100 个员工的工资，继续使用简单变量存储它们，代码冗余，可读性差，不方便存取，此时可以用数组存储。数组是相同数据类型的数据的有序集合，可以解决相同数据类型数据的批量存储和处理的问题。本节主要学习一维数组和二维数组的定义、初始化、引用和编程，字符数组的定义与初始化，字符串与字符数组的关系，字符串处理函数。

学习目标

- 了解：数组的适用范围。
- 熟悉：一维数组和二维数组的初始化；字符串的存储和访问。
- 掌握：一维数组和二维数组的定义、访问方式；字符数组与字符串的使用。

课程思政

垃圾分类教育：通过数据分类存储和处理引入高校垃圾管理系统，培养学生建立垃圾分类意识，养成垃圾分类习惯。

4.1　一维数组

一行文字，一个班级里学生的成绩，一家公司里员工的工资，这些数据分别具有相同的数据类型。例如，一行文字中全部是字符，学习成绩和工资都是浮点型数据。这些数据在使用过程中需要保留原始数据。若用简单变量存储，要定义多个变量，代码冗余，可读性差。

为存储和处理以上类型的数据，C++ 提供了一种构造数据类型，即数组。所谓数组，就是一组具有相同数据类型的数据的有序集合。利用数组可以方便地组织和管理这些数据。数组分为一维数组、二维数组和多维数组。本节主要介绍一维数组。

4.1.1　一维数组的定义

一维数组

数组在使用前必须先定义，并给出数组名、数据类型、数组长度和维数。一维数组的定义格式如下：

类型说明符 数组名[常量表达式]

类型说明符用于定义数组的元素类型，例如 int、float、char。数组名是自定义的，要符合标识符的命名规则。常量表达式的值为数组元素的个数，只能为整型，用方括号界定，不能使用小括号。例如，int a[5]；表示定义了一个整型数组 a，长度为 5，数组可以存储 5 个整型元素，下标为 0～4，分别用 a[0]、a[1]、a[2]、a[3]、a[4]表示，如图 4.1 所示。

定义了一个数组，系统在编译时就会为该数组分配一段连续的存储空间，数组名为存储空间的首地址，是一个地址常量，指向第一个元素，也就是第一个元素的地址。数组占用内存字节数等于数组元素个数乘以元素类型的字节数，即元素个数 * sizeof(数据类型)。例如 int a[5];，数组名 a 表示分配给它的内存空间的首地址，是一个地址常量，指向第一个元素 a[0]，也就是 a[0]的地址，整个数组分配的内存空间大小为 5 * sizeof(int)，即 20 字节，如图 4.1 所示。

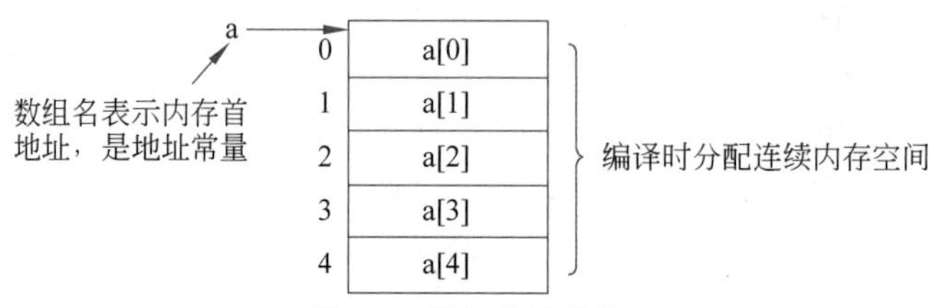

图 4.1　数组存储结构

数组是静态分配空间，在定义时根据元素的数据类型和数组长度分配空间大小。如果在运行时要根据元素个数的变化动态分配大小，要用到 new 运算符进行动态空间分配。

例如，下面的例子是错误的，数组定义时长度只能为整型常量。

```
int i;
cin>>i;
int data[i];                                    //错误
```

4.1.2　一维数组的初始化

定义数组时同时对数组元素赋初始值，称为数组的初始化。一维数组的初始化格式如下：

数据类型 数组名[整型常量表达式]={初始化列表};

初始化时可以对全部元素初始化，也可以对部分元素进行初始化，具体有以下几种形式。

(1) 给出整型常量表达式的值和各元素的全部常数初值。各常数初值之间用逗号分开，从第一个常数开始依次赋给各数组元素。例如：

```
int a[5]={ -8,30,-12,121,45 };
float b[3]={ 3.14,2.17,99.0 };
char c[8]={ 'a','b','c','d','e','f' ,'g','h'};
```

(2) 如果已经给出各元素的全部常数初值，可默认表示数组长度的整型常量表达式的值，即不指定数组长度。例如：

```
int a[]={-8,30,-12,121,45 };                    //此时数组长度是 5
```

它等价于

```
int a[5]={ -8,30,-12,121,45 };
```

(3) 给出整型常量表达式的值和前面部分数组元素的常数初值，则后面的元素会由系

统自动赋值。如果是数值型,系统自动赋值为0;如果是字符型,系统自动赋值为'\0'。例如:

```
int a[5]={ -8,30,-12 };
```

它等价于

```
int a[5]={ -8,30,-12,0,0};
```

(4) 如果需要将数组的全部元素赋以0值或'\0'值,则可以在定义数组时添加static关键字并给出整型常量表达式的值。例如:

```
static int a[5];
```

它等价于

```
int a[5]={ 0,0,0,0,0 };
```

也可以用下面的形式定义:

```
int a[5]={0};
```

注意,下面的数组初始化是错误的:

```
int a[5];     a[5]={ -8,30,-12,121,45 };          //a[5]是引用,而且越界
int a[5];     a ={ -8,30,-12,121,45 };             //不能整体赋值
int a[4]={ -8,30,-12,121,45 };                     //元素个数大于长度
```

4.1.3 一维数组元素的引用

数组不能整体引用,只能对数组元素单个进行引用,每个数组元素相当于单个变量。数组元素引用形式如下:

数组名[下标]

其中,下标必须是整型常量或者整型表达式。例如:

```
a[4]=a[0]+a[1]-a[1*3];
```

该表达式表示第1个元素加上第2个元素减去第4个元素,再赋值第5个元素。在定义数组时用到的"数组名[常量表达式]"和引用数组元素时用到的"数组名[下标]"是有区别的。定义时只能是整型常量,引用时下标可以是包含变量的整型表达式。例如:

```
int a[10];                                    //定义整型数组a,10为整型常量
int i=0;    a[i]=10;                          //引用数组元素a[i],i为整型变量
int b;    b=a[10];                            //错误引用a[10],下标越界
```

在C++中对数组不作越界检查,语法上不报错,但是程序运行时会出错。其原因是引用的空间是存在的,数据元素类型不确定。注意,数组的下标取值范围是从0到数组长度减1。

一维数组主要用于处理相同类型批量数据。

【例4.1】 定义一个含有10个元素的整型数组,并利用循环结构依次给各元素赋值为0~9,再逆序输出。

```
#include<iostream>
using namespace std;
int main()
{
    int a[10],i;                              //定义整型数组 a 和循环变量 i
    for (i = 0; i <= 9; i++)
        a[i] = i;
    for (i = 9; i >= 0; i--)
        cout << a[i] << "   ";
    cout << "\n";
    return 1;
}
```

运行结果如下：

```
9 8 7 6 5 4 3 2 1 0
```

一维数组的元素只能逐个引用和赋值。本例中使用 for 循环逐个赋值，数组元素的下标从 0 到 9 依次变化。此处 for(i=0;i<=9;i++)　a[i]=i;相当于执行 a[0]=0; a[1]=1;…a[9]=9;。输出使用 for 循环逐个实现。题目要求逆序输出，因此循环变量初始值为 9，循环条件为 i>=0，循环变量增量方式为 i--，在循环体内输出 a[i]。如果要从键盘临时输入数据，使程序更具有通用性，只需要把 a[i]=i;改成 cin>>a[i];即可。

在本例中，一维数组的访问控制使用 for 循环实现。用循环变量控制数组下标变化，从而可以遍历数组每个元素以实现数组元素输入、数据处理和数组元素输出。

【例 4.2】 任意输入 6 个整数，按从小到大的顺序输出。

6 个整数可以用一维数组存储，然后对其进行排序后输出。常见的排序算法有选择排序法、冒泡排序法等，本例采用冒泡排序法实现。

冒泡排序法的基本思想是：把数据元素从前往后两两比较，大的往下沉，一趟结束就把最大的一个元素沉到最底部，小的元素逐渐冒出来。然后再把剩下的元素按以上方法重复进行下沉。

具体算法步骤如下：

(1) 第一趟比较。先比较第一个数和第二个数，若第一个数比第二个数大，就交换两个数的值，然后再比较第二个数和第三个数，依此类推，直到所有的数据都比较完毕，将最大的数安置到最后一个元素位置上。

(2) 再对剩下的 $n-1$ 个数进行第二趟比较。第二趟比较结束时，第二大的数位于倒数第二个元素位置。

(3) 重复上面的过程，一共经过 $n-1$ 趟比较就可以得到结果。

假如这 6 个数是 9,8,5,4,2,0。第一趟比较的过程如图 4.2 所示。第一次 9 和 8 比较，大的往下沉；第二次 9 和 5 比较，大的往下沉；第三次 9 和 4 比较，大的往下沉；第四次 9 和 2 比较，大的往下沉；第五次 9 和 0 比较，大的往下沉。最大的数 9 放到最后一个元素位置。第一趟 6 个数需要进行 5 次比较，即每趟比较次数为元素个数减 1。

用同样的方法，在经过第二趟比较后，第二大的数字 8 就会被安置在这一趟的最后一个元素位置，即这 6 个数的倒数第二个元素位置，如图 4.3 所示。第二趟 5 个数需要 4 次比较。

第一趟比较

第一次	第二次	第三次	第四次	第五次	结果
9	8	8	8	8	8
8	9	5	5	5	5
5	5	9	4	4	4
4	4	4	9	2	2
2	2	2	2	9	0
0	0	0	0	0	9

图 4.2　冒泡排序法的第一趟比较的过程

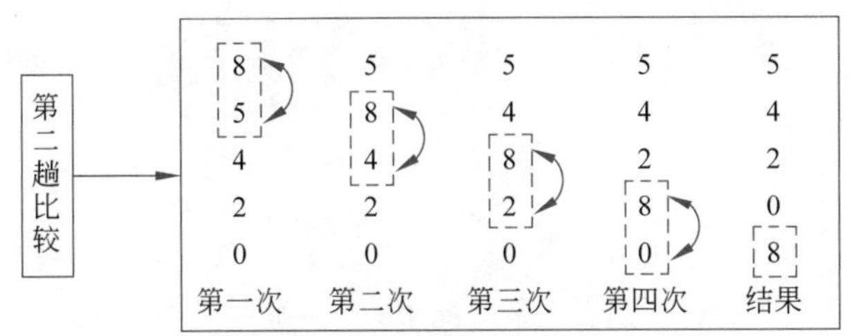

图 4.3　冒泡排序法的第二趟比较的过程

依此类推,直到待排序元素剩下最后一个时,数组已经整体有序。

采用冒泡排序法时,n 个数需要进行 $n-1$ 趟比较。在第一趟有 n 个数,要进行 $n-1$ 次两两比较;在第 j 趟要进行 $n-j$ 次两两比较。

程序代码如下:

```
#include<iostream>
using namespace std;
int main()
{
    int a[6], i, j, t;
    cout << "Input 6 numbers:\n";
    for (i = 0; i < 6; i++)                    //终端设备输入赋值
        cin >> a[i];
    for (j = 1; j <= 5; j++)                   //趟数,n个元素,n-1趟比较
        for (i = 0; i <= 5 - j; i++)           //每趟两两比较,从前往后,次数为元素个数-1
            if (a[i] > a[i + 1])               //比较
            {
                t = a[i];  a[i] = a[i + 1];  a[i + 1] = t;  //交换
            }
    cout << "\nThe sorted numbers : \n";
    for (i = 0; i < 6; i++)                    //输出数组元素
            cout << a[i] << "    ";
    cout <<endl;
    return 1;
}
```

在本例中,最坏情况是原始数据从大到小存储,现要求从小到大排序,需要进行 $n-1$ 趟比较,每趟需要进行 $n-j$ 次两两比较和交换。最好情况是初始数据已经从小到大有序,经过一趟比较,没有发生数据交换,此时就不需要再继续下一趟,只进行一趟比较。

算法改进是:设置一个 flag 变量,每趟初始状态 flag=0,表示没有交换。两两比较时

若发生交换，则 flag=1。每趟两两比较完后再通过 flag 判断是否发生了交换。如果没有发生交换，使用 break 语句退出外层 for 循环。

改进后的冒泡法排序法代码如下：

```
for(j=1; j<=5; j++)
{
    flag=0;
    for(i=0; i<6-j; i++)
        if(a[i]>a[i+1])
        {
            t=a[i];  a[i]=a[i+1];
            a[i+1]=t; flag=1;
        }
    if(flag==0)
        break;
}
```

排序过程中，在待排序数据已经有序情况下，不再继续比较，可以减少循环比较次数，提高程序执行效率。

选择排序法

常用的排序算法还有选择排序法。选择排序法的思想是：每一次从待排序的数据元素中选出最小(或最大)的元素，存放在序列的起始位置，然后，再从剩余未排序元素中继续寻找最小(或最大)的元素，然后放到已排序序列的末尾。依此类推，直到全部待排序的数据元素排完。

4.2 二维数组

学校举行投篮比赛，有 3 个分队，每队有 6 名队员，要求记录每名队员投中的个数，并统计获胜的分队。根据投篮比赛项目需求，可以使用二维表记录相关数据，行表示分队，列表示队员，用 3 行 6 列的表格记录投篮比赛得分，如表 4.1 所示。

表 4.1　投篮比赛得分

分队	队　员					
	队员 1	队员 2	队员 3	队员 4	队员 5	队员 6
一分队	8	9	8	7	12	11
二分队	5	10	8	9	15	14
三分队	12	6	12	11	6	2

在程序中，要存储这个表格中的数据，可以定义一个 3 行 6 列的二维数组来实现。

4.2.1 二维数组的定义

二维数组

二维数组定义的一般格式如下：

类型说明符 数组名[常量表达式 1] [常量表达式 2];

其中，常量表达式 1 表示二维数组的行数，常量表达式 2 表示二维数组的列数。定义一个二维数组，编译时会在内存中以行为主序，分配一段连续的存储空间。数组名代表这一段存储空间的首地址，是一个地址常量。

例如，int a[3][4];，则二维数组 a 的存储空间如图 4.4 所示。定义一个整型的 3 行 4 列的二维数组，它在物理存储结构上是连续的，在逻辑上可以理解成 3 行 4 列。第一行是从 a[0][0]到 a[0][3]，第二行是从 a[1][0]到 a[1][3]，第三行是从 a[2][0]到 a[2][3]。

a[0]	a[0][0]	a[0][1]	a[0][2]	a[0][3]
a[1]	a[1][0]	a[1][1]	a[1][2]	a[1][3]
a[2]	a[2][0]	a[2][1]	a[2][2]	a[2][3]

图 4.4　二维数组 a 的存储空间

二维数组可以看作是由多个一维数组组成的，每一行是一个一维数组。例如，int a[3][4];，二维数组 a 由数组名为 a[0]、a[1]、a[2]的 3 个一维数组组成，而这 3 个一维数组均由 4 个元素组成。

a[0]、a[1]、a[2]是表示每一行的一维数组名，指向第 i 行第 0 列的位置。a[i][j]表示元素。

需要说明的是：

(1) 在二维数组的定义中，行数和列数不能写在同一个方括号里面，例如：

```
int a[3,4];                                          //错误
```

(2) 二维数组行数和列数只能用整型常量表达式，不能用变量。例如：

```
int  m,n, a[m][n];                          //错误,m 和 n 是变量
cin>>m>>n;
```

4.2.2　二维数组的初始化

二维数组在定义后，存储单元中的值是不确定的。引用该数组元素之前，数组元素的值必须有确定的初值。二维数组初始化有下面 4 种方法：

(1) 分行赋初始值，就是用内层的每一对大括号表示一行，最后再用外层的一对大括号把所有行都括起来。例如：

```
int a[3][4]={ {1,2,3,4},{5,6,7,8},{9,10,11,12} };
```

(2) 将所有数据写在一对大括号内，数据之间用逗号分隔，按存储顺序依次进行赋值，也叫顺序初始化。例如：

```
int a[3][4]={ 1,2,3,4,5,6,7,8,9,10,11,12 };
```

(3) 可以对部分元素赋初值。未给出值的，如果数据类型是数值型，则默认为 0；如果是字符型，则默认为'\0'。例如：

```
int a[3][4]={ {1},{5},{9} };
int a[3][4]={ {1},{0,6},{0,0,11} };
int a[3][4]={ {1},{5,6} };
```

以上 3 个数组初始化的存储结构如图 4.5 所示。第一个存储结构中，每行第一个元素分别为 1、5、9，剩下的元素默认为 0。第二个和第三个存储结构同理。

1	0	0	0
5	0	0	0
9	0	0	0

1	0	0	0
0	6	0	0
0	0	11	0

1	0	0	0
5	6	0	0
0	0	0	0

图 4.5　二维数组初始化的存储结构示例

（4）如果对全部元素进行初始化，则定义数组时对第一维（行）的长度可以省略，但第二维（列）的长度不能省略，第一维的长度根据分行赋值进行初始化的情况决定。例如：

```
int a[3][4]={ 1,2,3,4,5,6,7,8,9,10,11,12 };
```

等价于

```
int a[ ][4]={ 1,2,3,4,5,6,7,8,9,10,11,12 };
```

在省略第一维长度的情况下，可以分行对部分元素进行初始化。例如：

```
int a[ ][4]={ {0,0,3},{ },{0,10} };
```

4.2.3　二维数组元素的引用

二维数组元素的引用格式如下：

数组名[下标 1] [下标 2]

其中，下标 1 代表行下标，取值从 0 到行数－1；下标 2 代表列下标，取值从 0 到列数－1。

例如，int a[3][4]；定义了一个 3 行 4 列的整型数组，a[2][1]代表的是第 3 行第 2 列的元素。

二维数组主要应用于数学或工程问题中的矩阵处理。可以将数组元素下标和循环控制变量结合起来使用，从而实现二维数组的基本操作。

【例 4.3】　将一个二维数组的行列元素互换，存到另一个数组中。

```
#include <iostream>
using namespace std;
int main()
{
    int a[2][3]={{1,2,3},{4,5,6}};
    int b[3][2],i,j;
    for(i=0;i<=1;i++)
        for(j=0;j<=2;j++)
            b[j][i]=a[i][j];
    cout<<"array b:\n";
    for(i=0;i<=2;i++)
    {
        for(j=0;j<=1;j++)
            cout<<b[i][j]<<'  ';
        cout<<"\n";
    }
    return 1;
}
```

程序运行结果如下：

```
array b:
1  4
2  5
3  6
```

二维数组在数学中可理解成矩阵，行列互换就是矩阵的转置运算。本例中，定义了一个整型二维数组 a[2][3]并进行初始化。行列互换后得到的是一个 3 行 2 列的二维数组，所以还定义了一个 3 行 2 列的整型二维数组 b。

行列互换，就是把 a 数组的第一行转换成 b 数组的第 1 列，以此类推。每一行有 3 个元素，逐一进行转换。a 数组中第 i 行第 j 列的元素，转换后在 b 数组中表示成 b[j][i]。a 数组有两行，一行一行地转换；每一行有 3 个元素，一个一个地转换。因此，要用两个 for 循环，外层循环表示 A 数组的行，内层循环表示 a 数组的列，在循环体中将 a[[i][j]的值赋给 b[j][i]。

最后输出 b 数组，这样就实现了矩阵的转置。如果矩阵元素从终端设备输入，本例程序就变成了一个通用的矩阵转置程序。

【例 4.4】 有一个 3×4 的矩阵，编写程序求出其中第一个最大元素值以及其所在的行号和列号。

求最值可以采取打擂台算法进行求解。

首先把第一个值 a[0][0]看成最大，赋值给变量 max，用 row、col 变量分别存放最大值的行下标和列下标，初始值均为 0。

然后把第一行剩下的元素逐一与 max 比较，如果其值大于 max，则把它赋给 max，同时修改 row 和 col 的值。

第二行、第三行依此处理，最后 max 存放的是最大值，row 和 col 存放的是第一个最大值所在的行号和列号。

程序代码如下：

```
#include<iostream>
using namespace std;
int main()
{
    int a[3][4]={{1,2,3,4}, {9,8,7,6}, {-10,10,-5,2}};
    int i,j,max,row,col;
    max=a[0][0];
    row=col=0;
    for(i=0;i<=2;i++)
        for(j=0;j<=3;j++)
            if(a[i][j]>max)
            {
                max=a[i][j];
                row=i;
                col=j;
            }
    cout<<"max="<< max<<"\nrow="<< row<<"\ncol="<<col;
    return 1;
}
```

程序运行结果如下：

```
max=10
row=2
col=1
```

在本例中，定义一个二维数组 a，同时对其进行初始化，然后定义变量 max、row、col 以及循环控制变量 i、j。对 max、row、col 赋初始值，然后把数组的第一行、第二行、第三行中的每一个元素 a[i][j]与当前 max 的值进行比较，如果元素值大于 max，则修改 max、row、col 的值。最后输出最大值 max 以及最大值所在行、列的位置 row 和 col。

二维数组应用非常广泛，可以用于工程中的最短路径和关键路径的求解、成本计算、密码学、图像处理、化工和医药行业的数据处理。应重点掌握二维数组的定义，理解其存储结构，并掌握二维数组的初始化与输入，熟练应用二维数组编程解决实际问题。

字符串与字符数组

4.3 字符串与字符数组

对于统计英文单词个数、电文加密和论文查重处理这些实际问题，不难看出它们都是一系列字符数据的存储和处理问题。这一系列字符不是孤立存在的，而是有着某种内在联系。如果把相关字符看成一个整体，就是一个字符串。本节介绍字符串的概念、存储和常用函数。

4.3.1 字符串

在 C++ 中，字符串就是用一对双引号括起来的一串字符，其中双引号是字符串的界定符，不属于字符本身，例如"hello world"、"C++ 程序设计"等。

字符串在内存中连续存储，并在最后加上空字符'\0'作为字符串结束的标志。一个字符串的长度就是双引号内所有字符的个数，其中英文字符的长度为 1，每个中文字符的长度为 2。例如，字符串"C++ 程序设计"长度为 11，存储空间为 12，包含一个空字符'\0'。

一个字符串不含任何字符时称为空串，长度为 0。注意空串和空格串的区别，空串是不含任何字符的字符串，空格串是含空格的字符串。

在 C++ 中，字符串可以通过字符数组表示，也可以用 string 对象表示。string 定义的对象支持连接、赋值、关系等运算，同时还包含若干成员函数，可以直接调用。使用 string 时，需要包含头文件 string。例如：

```
string str1,str2,str3;
cin>>str1>>str2;
str3=str1+str2;                                    //连接
cout<<str3<<endl;
```

4.3.2 字符数组

如果使用字符数组存储字符串，首先要定义字符数组，数据类型为 char。例如：

```
char c[5];
char a[3][4];
```

一维数组 char c[5]的数组名 c 是系统为其分配的存储空间的首地址，是一个地址常量，指向 c[0]，其存储结构如图 4.6 所示。二维数组 char a[3][4]可以看成是由 3 个一维数组 a[0]、a[1]、a[2]组成的，其存储结构如图 4.7 所示。

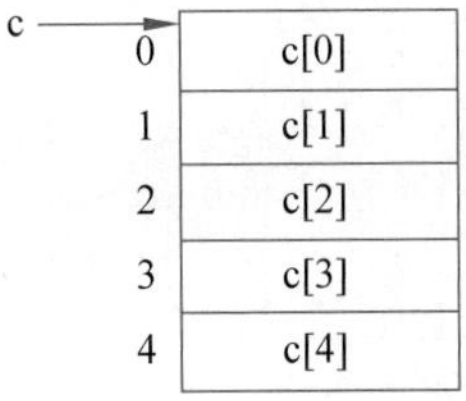

c →	
0	c[0]
1	c[1]
2	c[2]
3	c[3]
4	c[4]

图 4.6　字符数组 c[5]的存储结构

a[0]	a[0][0]	a[0][1]	a[0][2]	a[0][3]
a[1]	a[1][0]	a[1][1]	a[1][2]	a[1][3]
a[2]	a[2][0]	a[2][1]	a[2][2]	a[2][3]

图 4.7　字符数组 a[3][4]的存储结构

字符数组的初始化有以下两种方法。

(1) 用字符进行初始化。

用字符初始化字符数组时，大括号里面的字符依次赋给数组元素。例如：

```
char ch[5]={'H','e','l','l','o'};
```

其存储结构如图 4.8 所示。

如果初始化时大括号里的字符个数小于数组长度，剩余字符默认为存储字符串结束标记'\0'。例如：

```
char ch[5]={'B','o','y'};
```

初始化指定了前三个字符为'B'、'o'、'y'，剩余两个元素为空字符'\0'。

(2) 用字符串常量进行初始化。

用字符串常量进行初始化时，字符串可以加大括号，也可以不加，还可以省略字符数组长度。例如：

```
char ch[6]={"Hello"};
char ch1[6]="Hello";
char ch2[]="Hello";
```

字符数组在存储时自动在末尾加一个串结束标识符空字符'\0'，其存储空间大小为串长加 1。因此字符数组初始化为字符串常量时，长度一定要大于串中所含字符的个数，剩余的默认为串结束标识符，如图 4.9 所示。

H	e	l	l	o
ch[0]	ch[1]	ch[2]	ch[3]	ch[4]

图 4.8　字符数组 ch[5]的存储结构

H	e	l	l	o	\0
ch[0]	ch[1]	ch[2]	ch[3]	ch[4]	ch[5]

图 4.9　字符数组长度与字符串长度

二维字符数组的初始化同理。二维数组可以看成多个一维数组，常用字符串常量对其进行初始化，所有字符串常量用大括号括起来。如果只对部分元素初始化，则剩余元素默认为空字符。二维字符数组初始化时也可以省略第一维的长度。例如，下面定义了一个存放水果名称的二维数组：

```
char fruit[ ][7]={"Apple","Orange","Grape","Pear","Peach"};
```

其存储结构如图 4.10 所示。

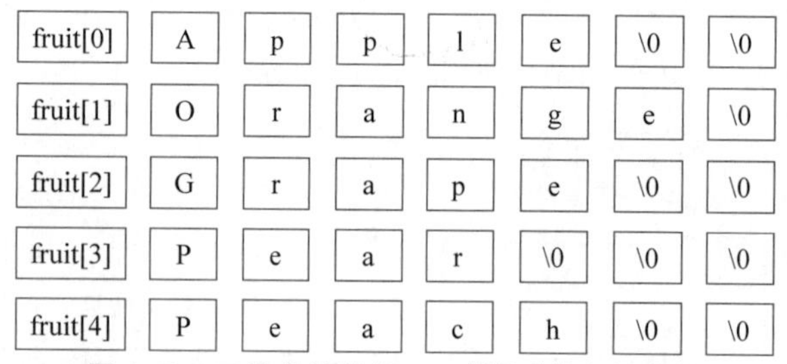

图 4.10　二维字符数组 fruit[][7]的存储结构

字符数组不一定是字符串，但字符串一定是用字符数组的形式存储的。字符数组只有包含空字符'\0'时才可以看作一个字符串。字符串是由多个字符组成的，可以用字符数组存储。例如：

```
char ch[6]={"hello" }              //等价于 char ch[6]={ 'h','e','l','l','o','\0'}
char ch[5]={"hello" }              //空间不够,定义出错
char ch[5]={ 'h','e','l','l','o'}  //是字符数组,不是字符串
```

第一个例子用字符串常量初始化字符数组 ch，字数数组长度为 6，字符串中的字符个数加上结束标识符'\0'刚好是 6。第二个例子是错误的，字符数组长度为 5，字符串常量"hello"存储空间大小为 6，字符数组长度不够。第三个例子是字符数组，不是字符串，因为字符数组元素中不含空字符。

4.3.3　字符串常用函数

C++ 提供了一些常用的字符串处理函数，存放在 string.h 头文件中，调用时需要包含该头文件。

1. 字符串复制函数 strcpy

字符串复制函数 strcpy 的格式如下：

```
strcpy(str1,str2);
```

其功能是将 str2 所指向的字符串复制到 str1 所指向的字符数组中，然后返回 str1 的地址值。复制的时候，连同 str2 后面的'\0'一起复制。必须保证 str1 所指向的对象能够容纳 str2 所指向的字符串，否则将出现错误。

2. 字符串连接函数 strcat

字符串连接函数 strcat 的格式如下：

```
strcat(str1,str2);
```

其功能是将 str2 所指向的字符串连接到 str1 所指向的字符数组中。然后返回 str1 的地址值。在使用该函数时必须保证 str1 所指向的对象能够容纳 str1 和 str2 的字符。

3. 字符串比较函数 strcmp

字符串比较函数 strcmp 的格式如下：

```
strcmp(str1, str2);
```

其功能是从左到右比较两个字符串的大小，实质上是比较两个字符串对应字符的

ASCII 码值大小。如果 str1 和 str2 完全相同，函数值为 0；如果 str1 大于 str2，函数值为 1；如果 str1 小于 str2，函数值为－1。

4. 计算字符串长度函数 strlen

计算字符串长度函数 strlen 的格式如下：

```
strlen(str)
```

其功能是计算 str 所指向的字符串的长度，函数值为字符的实际长度，不包括字符串结束符'\0'。例如：

```
string str = "Hello";
cout<<strlen(str)<<endl;                       //输出结果为 5
```

5. 输入输出函数

输入输出函数的格式如下：

```
gets(str);
puts(str);
```

输入函数 gets(str)的功能是接收输入的一个字符串并将其存储在 str 中，输入以回车符作为结束标志。输出函数 puts(str)的功能是输出 str 中的字符串，遇到'\0'结束。函数 gets 在 Dev C++ 中可以正常使用，但在 Visual Studio 2015 及以后的版本使用有问题，因为输入的字符串长度可能超过定义的数组长度，会造成缓冲区溢出，不安全。解决方案是在 Visual Studio 中使用 gets_s 函数代替 gets 函数。gets_s()函数的原型为 char * gets_s(char * p,int n);,n 通常指数组长度，可以省略。

4.3.4 程序举例

【例 4.5】 从键盘上输入一个字符串，求它的长度。

求字符串长度的算法思想是：逐个扫描字符数组中的字符并计数，遇到字符串结束标识符就结束计数。

```
#include<iostream>
#include<string.h>
using namespace std;
int main()
{
    char str[81];
    int i=0;
    get_s(str);                                 //输入字符串
    while( str[i]!='\0' )
        i++;
    cout<<str <<"的长度为:" <<i);
    return 1;
}
```

程序运行时，输入和运行结果如下：

```
C++程序设计
C++程序设计的长度为:11
```

在本例中，数组下标从 0 开始，长度计数初始值也为 0，循环变量 i 可以用来记录字符的个数。求字符串长度可直接使用 strlen()函数实现，也可以自己编写程序实现字符串的连接、比较、复制等功能。

【例 4.6】 输入一个字符串，删除其中的数字字符后仍存储于原来的字符数组中。例如，输入 ABC15DE3f，删除数字字符后结果为 ABCDEf。

```
#include<iostream>
#include<string.h>
using namespace std;
int main()
{
    char s[81];
    int i, j;
    gets_s(s);                                   //输入字符串
    for (i = 0, j = 0; s[i] != '\0'; i++)
    {
        if (s[i]<'0' || s[i]>'9')
            s[j++] = s[i];
    }
    s[j] = '\0';
    puts(s);                                     //输出字符串
    return 1;
}
```

程序运行时，输入和运行结果如下：

```
我爱 12 中国 32
我爱中国
```

在本例中，定义了字符数组 s[81]，用 gets_s()函数输入字符串。变量 i 表示原字符数组的下标，j 表示更新过后的字符数组的下标。i、j 赋初始值为 0。用 for 循环逐一判断 i 扫描到的字符是否为空字符'\0'，如果不是空字符，进入循环体，判断是否为非数字字符，如果是非数字字符，就把该字符复制到新的字符数组中，然后 j 和 i 自增 1，再进行下一轮循环。

注意，对字符串进行操作时，如果字符串长度发生变化，更新后的字符数组末尾一定要加一个串结束标志符，如本例中的 s[j]='\0';。

4.4 案例实战与实训

4.4.1 案例实战

1. 合并两个有序表

有长度为 m 的整型数组 a 和长度为 n 的整型数组 b，数组 a 的 m 个数据按升序输入，数组 b 的 n 个数据也按升序输入。编程合并数组 a 和数组 b 为数组 c，数组 c 中数据仍然保持升序。其中 m 和 n 的值以及两个数组的数据从键盘输入，取值范围是 1≤m，n≤100。

【案例分析】

(1) 分别定义 3 个一维数组 a、b 和 c，a 和 b 存放源数据，c 存放合并后的结果数据。注意题目要求源数组 a 和 b 的实际长度从键盘输入确定，但要求不超过取值范围，c 数组的长度为待合并的两个数组长度之和。

(2) 分别按升序输入源数组 a 和 b 的数据。

(3) 案例重点不在于排序，而在于合并两个有序表。两个源数组中的数据已经按升序排列。

(4) 合并时，采用 3 个指示器 i、j、k 分别扫描数组 a、b、c 的存储单元，比较当前 a[i]和 b[j]的大小，将其中小者放入 c[k]单元，且涉及赋值操作的数组指示器后移。

(5) 若某个指示器已经扫描到相应的源数组的最后一个数据以后，则把另一个未扫描到尾部的数组剩余的数据依次放入数组 c 的后续单元，直到处理完所有数据以后结束。

(6) 分别输出数组 a、b 和 c 的数据。

【程序代码】

```
#include<iostream>
using namespace std;
int main()
{
    int a[100],b[100],c[200],m,n,i,j,k;
    cin>>m>>n;                    //确定数组 a 和 b 的实际长度
    for(i=0;i<m;i++)
        cin>>a[i];                //按升序输入数组 a 的数据
    for(i=0;i<n;i++)
        cin>>b[i];                //按升序输入数组 b 的数据
    i=j=k=0;                      //3 个指示器初始化
    while(i<m && j<n)
    {
        if(a[i]<b[j])
            c[k++]=a[i++];
        else
            c[k++]=b[j++];        //取 a[i]和 b[j]中的小者放入 c[k],相应的指示器后移
    }
    while(i<m)
        c[k++]=a[i++];
    while(j<n)
        c[k++]=b[j++];            //处理未完数据
    for(i=0;i<m;i++)
        cout<<a[i]<<"  ";         //输出数组 a
    cout<<"\n";
    for(i=0;i<n;i++)
        cout<<b[i]<<"  ";         //输出数组 b
    cout<<"\n";
    for(i=0;i<m+n;i++)
        cout<<c[i]<<"  ";         //输出数组 c
    cout<<"\n";
    return 1;
}
```

2. 图像相似度

给出两幅相同大小的黑白图像(用 0-1 矩阵表示)，求它们的相似度。

说明：若两幅图像在相同位置上的像素点颜色相同，则称它们在该位置具有相同的像

素点。两幅图像的相似度定义为相同像素点数占总像素点数的百分比。像素矩阵行列数 m 和 n 的值从键盘输入，取值范围是 1≤m，n≤100。

输入样例：

```
3  3

1  0  1
0  0  1
1  0  0

1  1  0
0  0  1
0  0  1
```

输出样例：

```
55.56%
```

【案例分析】

（1）定义两个二维数组 a 和 b，在其中存放像素值（0 和 1），它们的实际行数 m 和列数 n 从键盘输入，但要求不超过取值范围。再定义一个变量 sum，统计对应位置相同像素点的个数，为便于求百分比，将其定义为 double 型。

（2）分别输入数组 a 和 b 的像素数据。

（3）逐个扫描比较 a 和 b 对应位置的像素数据 a[i][j]和 b[i][j]，相同则计数。

（4）输出相似度。

【案例实现】

```
#include<iostream>
#include<iomanip>
using namespace std;
int main()
{
    int a[100][100], b[100][100], m, n, i, j;
    double sum = 0;
    cin >> m >> n;                              //确定数组 a 和 b 的实际长度
    for (i = 0; i < m; i++)
        for (j = 0; j < n; j++)
            cin >> a[i][j];                     //输入 a 的像素矩阵
    for (i = 0; i < m; i++)
        for (j = 0; j < n; j++)
            cin >> b[i][j];                     //输入 b 的像素矩阵
    for (i = 0; i < m; i++)
        for (j = 0; j < n; j++)
            if (a[i][j] == b[i][j])
                sum++;                          //统计 a 和 b 的像素矩阵中相同像素点个数
    //输出相似度
    cout << fixed << setprecision(2) << sum / (m*n) * 100 << "%" << endl;
    return 1;
}
```

3. 国家名称排序

输入 n 的值,然后输入 n 个(1≤n≤30)国家的英文名称,最后按字母顺序的逆序输出。

输入样例:

```
4
Argentina
Egypt
China
Australia
```

输出样例:

```
Egypt
China
Australia
Argentina
```

【案例分析】

(1) 定义一个二维字符数组 name,用于存放 n 个字符串,表示待排序的 n 个国家的英文名称。注意,n 的值从键盘输入,要求不超过取值范围。

(2) 输入 n 个国家的英文名称,存入数组 name。

(3) 利用一种排序方法(如选择排序法)对字符串进行降序排序。注意,字符串比较和赋值采用专用函数实现。

(4) 输出按要求排序后的 n 个国家的英文名称。

【案例实现】

```
#include<iostream>
#include<string.h>
using namespace std;
int main()
{
    char name[30][80], t[80];
    int i, j, n;
    cin >> n;
    for (i = 0; i < n; i++)
        gets_s(name[i]);                    //输入 n 个国家的英文名称
    for (i = 0; i < n - 1; i++)
        for (j = i + 1; j < n; j++)
            if (strcmp(name[j], name[i]) > 0)
            {
                strcpy(t, name[i]);
                strcpy(name[i], name[j]);
                strcpy(name[j], t);
            }                               //采用选择排序法对 n 个国家名称按降序排序
    for (i = 0; i < n; i++)
        puts(name[i]);                      //输出按要求排序后的 n 个国家的英文名称
    return 1;
}
```

4.4.2 案例实训

实训 1：求 s 的值。从键盘任意输入 10 个正整数，根据下面的公式求 s 的值。其中的平均值和 s 都为 double 型，保留 3 位小数。

$$s=\sqrt{\frac{1}{10}\sum_{k=1}^{10}\left|X_k-\frac{1}{10}\sum_{k=1}^{10}X_k\right|}$$

实训 2：螺旋形填数。在 m×n 的矩阵里填入 1，2，…，mn，要求填成螺旋形，如输出样例所示。m 和 n(1<m，n<10)从键盘输入。

输入样例：

```
4  6
```

输出样例：

```
12  13  14  15  16  1
11  22  23  24  17  2
10  21  20  19  18  3
 9   8   7   6   5  4
```

杨辉三角形

实训 3：杨辉三角是二项式系数排列成三角形，记载于中国南宋数学家杨辉 1261 年所著的《详解九章算法》一书中，书中还提到，北宋数学家贾宪最早使用了该方法。在欧洲，帕斯卡(1623—1662)在 1654 年发现了这一规律，所以它又叫帕斯卡三角形。帕斯卡的发现比杨辉要迟近 400 年，比贾宪迟约 600 年。编程打印杨辉三角前 8 行的值。

习题 4

1. 填空题

(1) 若定义 int a[8];，则 a 数组元素下标的下限是________，上限是________。

(2) 若定义 float b[3][4];，则 b 数组中含有________个________类型的数组元素。

(3) 要使数组 a[5]中全部元素的值为 0，可以定义为________________。

(4) 一维字符数组 str 里存放着一个字符串，字符串的尾字符在数组中的下标位置用表达式可以表示为________________。

(5) 比较字符串 s1 和 s2 的大小，应当使用的表达式是________________。

(6) 以下程序为数组 a 中的所有元素输入数据，请填空。

```
#include<iostream>
using namespace std;
int main()
{
    int a[10],i;
    for(i=0;i<10;i++)
        ________;
    return 1;
}
```

(7) 以下程序按 2 行 3 列输出二维数组各元素，请填空。

```
#include<iostream>
using namespace std;
int main()
{
    int b[2][3],i,j;
    for(i=0;____;i++)
    {
        for(j=0;____;j++)
            cout<<b[i][j]<< " ";
        cout<<endl;
    }
    return 1;
}
```

(8) 已知整型数组 b[2][5]={{7,15,2,8,20},{12,25,37,16,28}},以下程序求数组所有元素中的最大值,请填空。

```
#include <iostream>
using namespace std;
int main()
{
    int b[2][5]= {{7,15,2,-8,20},{12,-25,37,16,28}};
    int i,j,c,d,k;
    k=b[0][0];
    ________
    for(i=0;i<2;i++)
        for(j=0;j<5;j++)
            if(b[i][j]>k)
            {
                ________;
                c=i;
                d=j;
            }
    cout<<"b["<<c<<"]["<<d<<"]="<<k<<endl;
    return 1;
}
```

2. 单项选择题

(1) 在 C++ 中引用数组元素时,其数组下标的数据类型允许是(　　)。

A. 整型表达式　　B. 整型常量

C. 整型常量或整型表达式　　D. 任何类型的表达式

(2) 下列对一维整型数组 a 的说明中正确的是(　　)。

A. int a(10);

B. int n=10,a[n];

C. int n;
cin>>n;
int a[n];

D. #define SIZE 10
int a[SIZE];

(3) 下列数组说明和初始化中错误的是(　　)。

A. int a[2][3]={1,2,3,4,5,6};

B. int b[ ][3]={2,3,4,5};

C. int c[3][2]={{1},{2},{3}};　　D. float d[3][ ]={5.3,6.0,6.8};

(4) 若有数组定义 int a[5]={1,2,3,4,5};,则对数组 a 元素引用错误的是(　　)。

A. a[0]　　B. a[2]　　C. a[a[4]-2]　　D. a[5]

(5) 若有数组定义 int a[5]={1,2,3};,则数组元素 a[3]的值是(　　)。

A. 0　　B. 1　　C. 2　　D. 3

(6) 若有数组定义 float a[2][3]={1,2,3,4,5,6};,则对数组 a 元素引用正确的是(　　)。

A. a[1]　　B. a[0][3]　　C. a[2][2]　　D. a[1][1]

(7) 下列对字符数组 s 的初始化中错误的是(　　)。

A. char s[5]={"abc"};　　B. char s[5]={ 'a','b', 'c'};

C. char s[5]= " ";　　D. char s[5]="abcde";

(8) 下列说法中正确的是(　　)。

A. 在 C++ 中,二维数组元素在内存中是按列存储的

B. 在 C++ 中,数组的下标是从 0 开始的

C. 在声明函数的二维数组形参时,可省略数组第二维的长度,但不能省略数组第一维的长度

D. 对于一个二维数组,可以按任意顺序对其元素进行赋值,也可以按任意顺序输出元素。

(9) 若有数组定义 char s[10]= "program",t[ ]= "test ";,则以下对字符串的操作中错误的是(　　)。

A. strcpy(s,t);　　B. cout<<strlen(s);

C. strcat(s,t);　　D. cin>>t;

(10) 下列程序的运行结果是(　　)。

```
#include<iostream>
#include<string>
using namespace std;
int main( )
{
    char s1[10]= "abcde" ,s2[10]= "123",s3[ ]= "ABC";
    cout<<strcat(s2,strcpy(s1,s3))<<endl;
    return 1;
}
```

A. ABC　　B. 123ABC　　C. 123abc　　D. 123ABCde

3. 程序设计题

(1) 输入 15 名学生某门功课的成绩,分别统计 100 分、90～99 分、80～89 分、70～79 分、60～69 分以及不及格的人数。

(2) 字符转换。编程将一个字符串中所有大写字母转换成对应的小写字母,所有小写字母转换成对应的大写字母,其余字符不变。

输入样例:

```
ABCde12$sin QQ.com
```

输出样例:

```
abcDE12$SIN qq.COM
```

(3) 在键盘上以任意顺序输入15个整型数据作为数组元素，将数组元素按降序排列。再读入一个整数m，使用折半查找方法查找m是否在数组中。若在，输出其位置；若不在，输出“no”。

(4) 编程利用数组求斐波那契数列不大于t(55≤t≤9999)的最大10项，每行输出5项。斐波那契数列是指这样的数列：数列的第一个和第二个数都为1，接下来每个数都等于它前面两个数之和。

(5) 编程反复输入字符串并判断其是否回文串，输入空串时结束，并在最后一行输出提示信息“End!”。

(6) 小明设计了一个计算机开机密码，密码由小写字母和数字构成，长度大于1，小于30。其加密算法是：对小写字母，用'a'代替'z'，用'b'代替'y'，用'c'代替'x'……用'z'代替'a'；对数字，用0代替9，用1代替8，用2代替7……用9代替0。编程实现：输入一个加密后的字符串，对其按上述加密算法进行解密后输出。

第 5 章　函　　数

引言

在程序设计过程中，如果程序的功能比较多，规模比较大，把所有代码都写在主函数中，会使得主函数变得庞杂、逻辑不清，阅读和维护变得困难。在程序中，如果要多次实现某一特定功能，需要多次重复编写实现此功能的程序代码，就会使得程序冗长、不精炼。解决的办法就是采用模块化编程，即函数实现。函数是程序设计中具有独立功能的一段程序，是程序的主要组成部分。C++ 程序由一个主函数和若干其他函数构成，主函数可以调用其他函数，其他函数也可以互相调用。

学习目标

- 了解：函数的作用；内存模型。
- 熟悉：函数的定义、声明与调用；函数的嵌套调用与递归调用；作用域和存储类别。
- 掌握：函数的编制方法；函数重载、内联函数和带默认值函数的特点。

课程思政

团队教育：通过函数模块化编程思想引入团队教育，讲解团队的重要性以及如何组建、分工与协作，培养学生的团队精神和协作能力。

函数的定义与声明

5.1　函数的定义与调用

5.1.1　函数概述

模块化程序设计就是把一个复杂问题分解成多个模块，每个模块独立完成一定的功能，主程序按照问题求解算法调用这些模块。模块可以通过函数实现，这样主程序更加简洁，逻辑思路更加清晰。C++ 是模块化编程语言。在面向过程程序设计中，模块就是函数；在面向对象程序设计中，模块就是类，类里面再包括成员函数。函数的好处是，用户无须知道被调用函数内部是如何实现的，直接调用函数实现相应功能，从而简化了用户的编程。

当启动一个 C++ 程序时，从 main()函数开始执行。main()函数可以调用其他函数，被调用函数执行完成后再返回 main()函数，最后由 main()函数返回以结束程序。一般情况下 main()函数不允许被其他函数调用。一个 C++ 程序可由多个源文件组成，但有且仅有一个 main()函数。

1. 系统函数和用户自定义函数

从函数定义的角度看，可分为系统函数和用户自定义函数两类。

(1) 系统函数是 C++ 编译系统、操作系统或其他系统为方便用户编程而预定义的函数。这些函数在特定的头文件中都有原型说明。例如，iostream 头文件包含了一组处理输入输出的对象和函数;cmath 包含了一组数学计算的函数,如求绝对值的函数 abs()、求平方根的函数 sqrt()。用户只需在程序前包含这些头文件,就可以在下面的代码中直接调用这些函数。

(2) 用户自定义函数是用户根据问题求解的需要自己编写的函数。这类函数往往功能独特,使用范围比较有限,例如例 5.1 中的 SumAbs()、PrintStars()函数。自定义函数是程序设计最常见的方法,算法实现主要就是函数设计。

2. 有返回值的函数和无返回值的函数

根据函数返回的结果,可分为有返回值和无返回值两类。

(1) 有返回值的函数被调用执行完后将向调用者返回一个执行结果,称为函数返回值。数学函数即属于此类函数,如求绝对值的函数 abs()。由用户定义的有返回值的函数,必须在函数定义和函数声明中明确返回值的类型。

(2) 无返回值的函数用于完成某项特定的处理任务,执行完成后不向调用者返回函数值。这类函数类似于其他语言的过程。由于函数无须返回函数值,用户在定义此类函数时可指定它的返回为空类型,空类型的说明符为 void。例如,PrintStars()函数实现打印星号功能,无返回值。

3. 无参函数和有参函数

从主调函数和被调函数之间数据传送的角度看,又可分为无参函数和有参函数。

(1) 无参函数是指函数定义、函数声明及函数调用中均不带参数。主调函数和被调函数之间不进行参数传送。此类函数通常用来完成一组指定的功能,可以返回或不返回函数值,如 PrintStars()函数。

(2) 有参函数也称为带参函数。在函数定义及函数声明时都有参数,简称形参,称为形式参数。在函数调用时也必须给出参数,称为实际参数,简称实参。进行函数调用时,主调函数将把实参的值传送给形参,供被调函数使用,如 SumAbs()函数。

【例 5.1】 函数实例。

```
#include<iostream>
using namespace std;
#include<cmath>                              //包含若干数学函数的头文件
int SumAbs(int num1, int num2)               //用户自定义函数,求两数绝对值之和
{
    int n1, n2, sum;
    n1 = abs(num1);                          //系统定义的函数,获取绝对值
    n2 = abs(num2);
    sum = n1 + n2;
    return sum;
}
void PrintStars()                            //用户自定义函数,打印星号
{
    for (int i = 0; i < 10; i++)
    {
        cout << '*';
    }
    cout << endl;
```

```
}
int main()                                          //主函数
{
    int num1, num2;
    PrintStars();                                   //函数调用,打印星号
    cout << "请输入任意两个数:";
    cin >> num1 >> num2;
    cout << "两数的绝对值之和为:" << SumAbs(num1, num2) << endl;
                                                    //函数调用,求两数绝对值之和
    PrintStars();                                   //函数调用,打印星号
}
```

程序执行结果如下：

```
***********
请输入任意两个数:-10 20
两数的绝对值之和为:30
***********
```

在本例中，abs 是系统定义的绝对值函数，可以直接调用，但是需要使用语句 # include <cmath>将相应的头文件包含进来。用户自定义了有参数和返回值的 SumAbs 函数，实现求两个数的绝对值之和，定义了无参数和返回值的 PrintStars 函数，打印一行星号。

5.1.2 函数的定义

在 C++ 程序中用到的函数必须先定义后使用。函数定义的语法格式如下：

```
函数类型  函数名(形参表)
{
    函数体
}
```

一个函数定义由两部分组成：函数头和函数体。函数头包括函数类型（即返回值类型）、函数名以及形参表，确定了该函数的语义功能。函数体为函数提供一种实现方式，用一对花括号括起来，由一组语句组成，确定了该函数执行时的具体操作。

【例 5.2】 用户自定义函数 Max 和 Welcome，分别实现求两个数中的较大数和显示欢迎信息的功能。

```
#include<iostream>
using namespace std;
int Max(int num1, int num2)                 //有参数和返回值的函数,求两个整数中的较大数
{
    return num1 > num2 ? num1 : num2;
}
void Welcome()                              //无参数和返回值的函数,显示欢迎信息
{
    string name;
    cout << "请输入您的名字:";
    cin >> name;
    cout << name << ",欢迎您!";
```

```
    return;
}
int main()                                  //主函数
{
    int num1, num2;
    cout << "请输入任意两个数:";
    cin >> num1 >> num2;
    cout << "两个数中的较大数为:" << Max(num1, num2) << endl;    //函数调用,求较大数
    Welcome();                              //函数调用,显示欢迎信息
    return 1;
}
```

程序执行结果如下：

```
请输入任意两个数:10 20
两个数中的较大数为:20
请输入您的名字:阿强
阿强,欢迎您!
```

说明：

(1) 函数类型指该函数结束执行时要返回结果的数据类型。若不需要返回值可以写为void。

(2) 函数名是用户自定义的名称，要符合C++标识符的命名规则。

(3) 形参表指调用该函数时向它传递的数据，分别对形式参数进行定义，参数之间用逗号进行间隔。例5.2中的Max()函数定义了num1和num2两个形式参数。

(4) 函数体指函数所要完成的功能。函数体包括变量声明部分和执行语句部分。

(5) 函数定义中的一对花括号不能省略，它用于指明函数体的开始和结束。

(6) 当函数有返回值时，如Max()函数，在函数体中至少应有一条return语句，函数返回值就是return后面表达式的值。当函数没有返回值时，如Welcome()函数，可以写为return;或者省略return语句。

5.1.3 函数的调用

一个函数被定义后，通过被其他函数调用实现该函数的功能。对于一个函数，只有被调用时，其函数体才能执行。一个函数调用就是确定一个函数名并提供相应的实参，然后开始执行其函数体中的语句。当函数体执行结束时，函数调用就得到了一个值，返回给调用方。

1. 函数调用的形式

函数调用的形式如下：

函数名(实参表)

函数名是已定义的一个函数的名字；实参表由零个、一个或多个实参构成。如果是调用无参函数，实参表为空，但圆括号不能省。在实参表中，每个实参都是一个表达式。实参表中的实参与被调用函数的形参表中的形参要求在个数、类型、顺序上一致。在函数调用过程中，先计算各实参的值，再赋给对应的形参，最后再启动执行函数体。

2. 函数调用的方式

按函数调用在语句中的作用划分，有3种函数调用方式。

(1) 语句调用。是指函数调用作为一条语句单独出现，通过加上一个分号构成一条语句。其调用格式为

函数名(实参表);

例如，在例 5.2 中：

```
Welcome();
Sum(10, 20);
```

都是函数调用语句。这种调用方式忽略了函数的返回值。对于无返回值的函数调用，就只能用这种调用方式；对于有返回值的函数调用，也能如此调用，只是忽略了返回值。但是，如果返回值比较重要，如此调用就失去了意义。

(2) 表达式调用。是指函数调用作为一个表达式出现。其调用格式为

变量名=函数名(实参表);

或者

cout<<函数名(实参表);

函数调用本身就是一个表达式，也具有特定的返回值类型，因此函数调用可出现在表达式中，以函数返回值参与表达式的计算。这种方式要求函数有返回值，而不能是 void。例如：

```
max = Max(num1, num2);                    //把 Max 函数的返回值赋予变量 max
cout<<Max(num1, num2);                    //输出 Max 函数的返回值
```

(3) 参数调用。是指一个函数调用作为另一个函数调用的实参。这种情况是把前者的返回值作为后者的实参，因此要求前者必须是有返回值的。例如：

```
max = Max(Max(num1, num2), num3);
```

把 Max 函数调用的返回值又作为 Max 函数的实参，求出 num1、num2、num3 的最大值。此时将返回值作为实参的内层 Max 函数调用要先执行，返回的结果作为外层 Max 函数调用的实参值，再次调用 Max 函数执行。

5.1.4 函数的声明

在编写较大规模的模块化程序时，因为程序中的函数定义较多，占用很多代码行，对整个程序的可读性会产生一定的影响。为了避免这种情况，可对函数先声明，后给出定义。函数声明又称函数原型说明，用来告诉编译器函数的名称、返回值类型以及函数要接收的参数个数、类型和顺序，编译器用函数原型验证函数调用。

一个完整的函数定义包含一个函数头和一个函数体。其中函数头就是函数原型，包括函数的名称、形参及返回值。函数原型说明的语法格式为

函数类型　函数名(参数表);

函数原型说明由函数类型、函数名和参数列表组成。参数表与函数定义中的参数表在参数个数、顺序和类型上应一致。在函数原型说明中可以不给出参数名，只给出类型。例 5.2 的程序可改写如下：

```
#include<iostream>
using namespace std;
int Max(int, int);                                                   //函数原型说明
void Welcome();                                                      //函数原型说明
int main()
{
    int num1, num2;
    cout << "请输入任意两个数:";
    cin >> num1 >> num2;
    cout << "两个数中的较大数为:" << Max(num1, num2) << endl;    //函数调用
    Welcome();                                                       //函数调用
    return 1;
}
int Max(int num1, int num2)                                          //函数的定义
{
    return num1 > num2 ? num1 : num2;
}
void Welcome()                                                       //函数的定义
{
    string name;
    cout << "请输入您的名字:";
    cin >> name;
    cout << name << ",欢迎您!";
    return;
}
```

函数的定义是平行的,不能嵌套定义,但可以嵌套调用。主函数 main 和最大值函数 Max 地位是平行的。主函数要调用 Max 函数,因此需要在主函数调用 Max 函数前,对 Max 函数进行函数原型说明,原型说明用于对调用的函数与函数的定义进行对照检查。

一个函数只能定义一次,但函数原型说明可以在程序中多次出现。先说明函数原型,使下面的代码能调用该函数,检查函数调用是否符合语法规则。函数的完整定义可以放在本源程序的后面、另一个源程序中或者编译后的库文件中。在 C++ 中,一般将 main 函数放在最前面,因为它通常提供了程序的整体结构;而将函数的完整定义放在后面。这样,程序的结构就更加清晰。

对于一组通用的函数,如果希望它能被更多的用户在更多的程序中调用,但又不能公开源代码而被人篡改,也不想反复编译而浪费时间,可将这些函数原型说明放在一个头文件(扩展名为.h)中,相应的函数定义放在其他源文件中,再将这些源文件编译为库文件,最后将头文件和库文件公开给他人使用。就像使用 cmath 头文件中的 abs 函数一样,先用 #include<cmath>说明函数原型,然后就能调用其中的 abs 函数了。

5.2 函数参数与函数返回

5.2.1 函数参数

在调用函数时,大多数情况下,主调函数和被调函数之间有数据传递关系,这就是前面提到的有参数的函数形式。函数参数的作用是传递数据给函数,使函数利用接收的数据进

行相应的操作。

1. 形式参数与实际参数

在定义函数时，把函数括号中的变量名称为形式参数，简称形参。在函数调用时，传递给函数的值将被复制到这些形参中。

在调用函数时，把函数括号中的参数称为实际参数，简称实参。实参是指在调用函数时函数的调用者提供给函数形参的实际值。实参可以为常量、变量和表达式。

函数的形参和实参具有以下特点：

(1) 形参只有在被调用时才分配存储单元，在调用结束时即刻释放其占用的存储单元。因此，形参只在函数内部有效，函数调用结束返回主调函数后则不能再使用该形参变量。

(2) 实参可以是常量、变量、表达式、函数等。无论实参是何种类型的量，在进行函数调用时，它们都必须具有确定的值，以便把这些值传送给形参。因此应预先用赋值、输入等办法使实参获得确定值。

(3) 实参和形参在个数、类型和顺序上应严格一致，否则会发生类型不匹配的错误。

(4) 函数调用中发生的数据传递是单向的。即只能把实参的值传递给形参，而不能把形参的值反向地传递给实参。因此，在函数调用过程中，形参的值发生改变，而实参的值不会改变。

【例 5.3】 求两个整数的和。

```
#include<iostream>
using namespace std;
int Sum(int, int);                              //函数原型说明
int main()
{
    int n1, n2;
    cout << "请输入任意两个整数:";
    cin >> n1 >> n2;
    cout << Sum(n1, n2);                        //函数调用,n1 和 n2 为实参
    cout << Sum(10, 2 * 10);                    //函数调用,10 和 2 * 10 为实参
}
int Sum(int num1, int num2)                     //函数的定义,num1 和 num2 为形参
{
    return num1 + num2;
}
```

程序执行结果如下：

```
请输入任意两个数:10 20
两个数中的较大数为:20
请输入您的名字:阿强
阿强,欢迎您!
```

在定义函数时，num1 和 num2 为形参。在调用函数时，变量 n1 和 n2、常数 10 和表达式 2 * 10 是实参。函数调用时，实参的值被复制给形参，在函数体内进行运算。

在 C++ 中，函数调用中要求形参和实参要一一对应。在函数调用时，系统为形参分配存储空间，并将实参的值传递给形参。在函数调用过程中，参数的传递方式有 3 种：值传递、地址传递和引用传递。下面介绍值传递和地址传递，引用传递将在 6.5.2 节详细讲解。

2. 值传递

值传递是参数传递数据最常用的方式。值传递的特点是单向传递,即主调函数调用被调函数时给形参分配存储单元,把实参的值传递给形参;在调用结束后,形参的存储单元被释放,而形参值的任何变化都不会影响到实参的值,实参的存储单元仍保留并维持其值不变。

【例 5.4】 编写 Swap 函数,实现两个整数的互换。

```
#include<iostream>
using namespace std;
void Swap(int, int);
int main()
{
    int n1 = 10;
    int n2 = 20;
    cout << "交换前,main 函数中:n1=" << n1 << " n2=" << n2 << endl;
    Swap(n1, n2);                           //值传递,实参复制一个副本给形参
    //形参值的改变不会影响对应实参的值
    cout << "交换后,main 函数中:n1=" << n1 << " n2=" << n2 << endl;
    return 1;
}
void Swap(int num1, int num2)
{
    cout << "Swap 函数中,交换前:num1=" << num1 << " num2=" << num2 << endl;
    int temp = num1;
    num1 = num2;
    num2 = temp;
    //形参值发生了改变
    cout << "Swap 函数中,交换后:num1=" << num1 << " num2=" << num2 << endl;
}
```

程序执行结果如下:

```
交换前,main 函数中:n1=10 n2=20
Swap 函数中,交换前:num1=10 num2=20
Swap 函数中,交换后:num1=20 num2=10
交换后,main 函数中:n1=10 n2=20
```

main 函数调用 Swap 函数时,实参 n1、n2 的值传递给形参 num1、num2。在 Swap 函数中,形参 num1 和 num2 的值进行交换,但 main 函数中实参 n1 和 n2 的值并没有改变。

在本例中,Swap 函数没有真正实现两数的互换。如果要实现这个功能,就需要使用下面的地址传递这种方式。

3. 地址传递

地址传递是指形参接收到的是实参的地址,即指向实参的存储单元,形参和实参占用相同的存储单元,因此形参和实参是相同的。在以数组名或指针作为函数参数时进行的传递就是地址传递。形参在取得该地址之后,与实参共同拥有一段内存空间,形参的变化也就是实参的变化。将例 5.4 的值传递改为地址传递,就可以真正地实现两数的互换。

【例 5.5】 编写 Swap 函数,通过地址传递实现两个整数的互换。

```
#include<iostream>
using namespace std;
```

```
void Swap(int *, int *);
int main()
{
    int n1 = 10;
    int n2 = 20;
    cout << "交换前,main 函数中:n1=" << n1 << " n2=" << n2 << endl;
    Swap(&n1, &n2);                          //地址传递,实参将自己的地址传递给形参
    cout << "交换后,main 函数中:n1=" << n1 << " n2=" << n2 << endl;
    return 1;
}
void Swap(int * num1, int * num2)            //形参定义为指针,接收实参传递的地址
{
    int temp = * num1;
    * num1 = * num2;
    * num2 = temp;
}
```

程序执行结果如下：

```
交换前,main 函数中:n1=10 n2=20
交换后,main 函数中:n1=20 n2=10
```

num1、num2 被定义为指针变量(指针在第 6 章详细讲解)，main 函数调用 Swap 函数时，将实参 n1、n2 的地址传递给形参。这样，形参 num1 和 num2 分别指向实参 n1 和 n2，从而就可以改变 n1 和 n2 的值。

5.2.2 函数返回

主调函数和被调函数具有严格的控制与被控制的关系。当主调函数调用被调函数后，主调函数处于等待状态，转而执行被调函数；当被调函行结束后，必须返回主调函数，主调函数才能从等待处继续执行。

被调函数通过 return 语句返回主调函数，其功能包括：①结束被调函数的执行，返回主调函数；②在结束被调函数时，可以将返回值传递给主调函数。

1. 有返回值的函数

如果函数定义时确定了返回值的类型，那么被调函数执行完后要向主调函数返回一个结果，就是函数返回值。返回值的类型就是该函数的类型。函数的返回值只能通过 return 语句返回主调函数。return 语句的一般形式为

return 表达式;

或者

return (表达式);

【例 5.6】 编写判断一个整数是否为素数的函数，实现输出 100～200 的素数，每行输出 8 个数，最后输出这些素数的和。

```
#include<iostream>
using namespace std;
int IsPrime(int n);
int main()
```

```
{
    int count = 0;                                  //控制每行素数的输出数量
    int sum = 0;                                    //100~200 的素数和
    cout << "100~200 的素数:" << endl;
    for (int i = 100; i <= 200; i++)
        if (IsPrime(i))
        {
            sum = sum + i;
            cout << i << "  ";
            if (++count % 8 == 0)
                cout << endl;
        }
    cout << endl;
    cout << "100~200 的素数之和为:" << sum;
    return 0;
}
int IsPrime(int n)                                  //定义函数,判断一个整数是否为素数
{
    int i;
    for (i = 2; i < n; i++)
        if (n % i == 0)   return 0;                 //不是素数,返回值为 0
    return 1;                                       //是素数,返回值为 1
}
```

程序执行结果如下:

```
100~200 的素数:
101  103  107  109  113  127  131  137
139  149  151  157  163  167  173  179
181  191  193  197  199
100~200 的素数之和为:3167
```

说明:

(1) return 语句将被调函数中的一个确定值带回主调函数中。

(2) 若需要从被调函数带回一个值供主调函数使用,被调函数必须包含 return 语句。

(3) 一个函数体中可以有一个以上的 return 语句,执行到哪一个 return 语句,哪一个就起作用。return 语句后面的括号可以不要。例如,return 0;等价于 return(0);。

(4) return 后的值可以是一个表达式。

(5) 在定义函数时,函数类型一般应和 return 语句中的表达式类型一致。如果两者不一致,则以函数类型为准。对数值型数据可以自动进行类型转换。

2. 无返回值的函数

如果函数定义时确定返回 void,那么该函数的调用执行完成后将不会返回任何值。例如,setw(6)是一个函数调用,它的执行不会返回值,所以只能进行单独语句调用,而不能直接参与表达式计算。注意,无返回值并不意味着函数执行没有结果。一个函数的计算结果可能作用在函数之外的数据上,而不一定要返回。

【例 5.7】 编写一个函数,实现字符数组的逆向存放。

```
#include<iostream>
using namespace std;
void Reverse(char c[]);
int main()
{
    char str[100];
    cout << "请输入一串字符(不超过 99 个字符):";
    cin.getline(str, 99);                  //输入字符串到数组中,包括空格和制表符
    Reverse(str);                          //str 是数组的首地址,作为实参进行地址传递
    cout << "逆序后的这串字符为:";
    cout << str << endl;
    return 0;
}
void Reverse(char c[])                     //Reverse 函数无返回值,实现字符数组逆序
{
    int n = strlen(c);                     //strlen 函数获得字符串的长度
    for (int i = 0; i < n / 2; i++)
    {
        int t = c[i];
        c[i] = c[n - 1 - i];
        c[n - i - 1] = t;
    }
}
```

程序执行结果如下:

```
请输入一串字符(不超过 99 个字符):hello world
逆序后的这串字符为:dlrow olleh
```

综上,一个函数可被视为一个封装的模块。如图 5.1 所示,函数有一个名称,说明它的功能和用途;也可以有一组有序的形参,说明调用实参的数量和类型;还可以有一个返回值,说明调用函数后返回的结果。

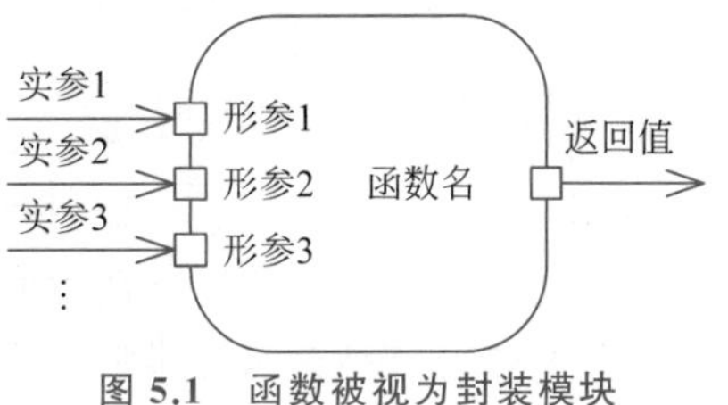

图 5.1 函数被视为封装模块

一个函数的名称、形参和返回值是该函数对内、对外联系的接口。对于函数的设计者来说,要关注该函数内部如何实现,按照输入的形参如何得到计算结果,以及如何返回结果。对于函数的调用者来说,可将一个函数看作一个黑盒,除了接口外,不必关心内部如何实现。例如,调用者使用系统函数 abs 或者自定义函数 Reverse,无须关心其内部如何实现。

5.3 函数的嵌套调用与递归调用

函数的递归调用

函数调用允许嵌套。一个函数直接或间接地调用自己就是递归调用。

5.3.1 函数的嵌套调用

在 C++ 中,任意一个函数的定义都是独立的,不允许在一个函数的定义中再定义另一

个函数。函数之间都是平等的、平行的，即不允许函数的嵌套定义。但允许在一个函数的定义中调用另一个函数，即允许函数的嵌套调用。

程序执行时从主函数开始，遇到函数调用时，执行被调函数的函数体。如果函数体中还调用了其他函数，再转入相应的函数执行其函数体。执行完被调函数，返回主调函数，继续执行主调函数中的后续语句。如图5.2所示，函数main中调用函数fun1，函数fun1中又调用fun2，然后逐层返回。

```
int main()
{
    …
    fun1();
    …
}
void fun1()
{
    …
    f2 = fun2();
    …
}
int fun2
{
    …
}
```

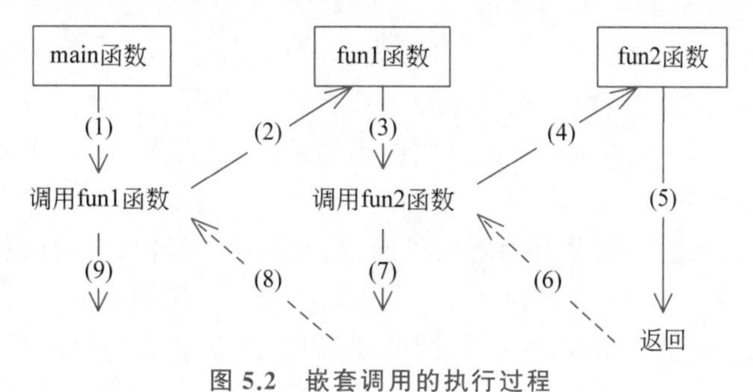

图5.2 嵌套调用的执行过程

图5.2表示了两层嵌套的情形。其执行过程是：执行main函数中调用fun1函数的语句时，即转去执行fun1函数；在fun1函数中调用fun2函数时，又转去执行fun2函数；fun2函数执行完毕，返回fun1函数的断点继续执行；fun1函数执行完毕，返回main函数的断点继续执行。

【例5.8】 编写函数，计算 $1^k+2^k+\cdots+n^k$ 的值。

```
#include<iostream>
using namespace std;
int Power(int n, int k)                            //计算 n 的 k 次方
{
    int pow = 1;
    for (int i = 1; i <= k; i++)
        pow *= n;
    return pow;
}
int SumPower(int k, int n)                         //调用 Power 函数,计算多项式
```

```
{
    int sum = 0;
    for (int i = 1; i <= n; i++)
        sum += Power(i, k);
    return sum;
}
int main()
{
    int n, k;                                    //计算 1~n 的 k 次方之和
    cout << "请输入 n 和 k(计算 n 的 k 次方之和):";
    cin >> n >> k;
    cout << "1~n 的 k 次方之和:" << SumPower(k, n) << endl;     //调用 SumPower 函数
    return 0;
}
```

程序执行结果如下：

```
请输入 n 和 k(计算 1~n 的 k 次方之和):6 4
1~n 的 k 次方之和:2275
```

函数 Power 用来计算 n^k 的值，而函数 SumPower 通过调用函数 Power 计算 $1^k+2^k+\cdots+n^k$ 的值，主函数 main 调用 SumPower 函数输出计算结果。

5.3.2 函数的递归调用

一个函数在它的函数体内调用其自身称为递归调用，这种函数称为递归函数。在递归调用中，主调函数又是被调函数。执行递归函数将反复调用其自身。每调用一次就进入新的一层。编写递归函数时，必须有终止递归调用的条件，否则递归会无限制地进行下去。

递归调用的执行过程一般分为两个阶段：

(1) 递推。将原问题不断分解为新的子问题，逐渐从未知向已知推进，最终达到已知的条件。

(2) 回归。从已知条件出发，按照递推的逆过程，逐一求值返回上一层问题，最后到达递归的开始处。

【例 5.9】 用递归求阶乘：

$$n!=\begin{cases}1, & n=1\\ n(n-1)!, & n>1\end{cases}$$

用数学归纳法表示为 $n!=n(n-1)!$。如果 n 大于 1 时，求 $n!$ 的问题就能分解为求 $(n-1)!$ 再乘以 n。这个分解过程可以持续进行，一直到求 $1!$，就可以解决整个问题。

```
#include<iostream>
using namespace std;
int Factorial(int n);
int main()
{
    int n;
    cout << "请输入一个整数:";
    cin >> n;
```

```
    cout << n << "!=" << Factorial(n) << endl;
    return  0;
}
int Factorial(int n)                               //定义递归函数
{
    if (n == 1)
        return 1;
    else
        return n * Factorial(n - 1);               //递归调用
}
```

在本例中，如果输入4，那么递归函数的递推和回归过程如图5.3所示。图5.3中沿虚线箭头向下的方向表示递推的过程，一直持续到嵌套调用停止；沿虚线箭头向上的方向表示回归的过程，每一次回归都向上返回一个表达式结果，最终到达主函数。

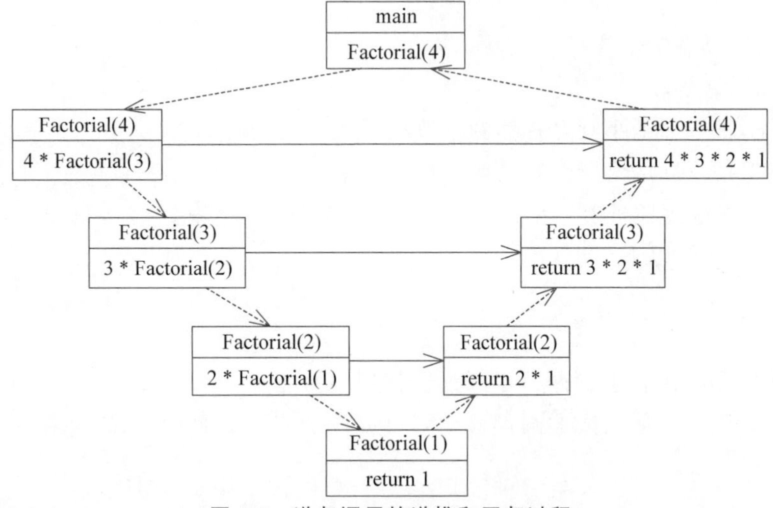

图5.3 递归调用的递推和回归过程

不采用递归调用，实现上面Factorial函数的一种形式如下：

```
int Factorial2(int n)
{
    int fac = 1;
    for (int i = 1; i <= n; i++)
        fac *= i;
    return fac;
}
```

比较这两种实现方式可见：递归函数更接近数学归纳法的描述，可读性更好；而非递归的实现则具有更高的计算效率，因为函数的调用和返回需要一些额外的开销，这些开销比简单的加法和乘法要大得多。

【例5.10】 汉诺塔问题。

汉诺塔(Tower of Hanoi)问题源于印度的一个古老传说。大梵天创造世界的时候做了三根金刚石柱子，在一根柱子上从下往上按照大小顺序摞着64片黄金圆盘。大梵天命令婆罗门把黄金圆盘按大小顺序重新摆放在另一根柱子上。并且规定，在小圆盘上不能放大圆盘，在三根柱子之间一次只能移动一个黄金圆盘。

如图 5.4 所示，设有 A、B、C 三根柱子。A 柱上有 n 个圆盘，每个圆盘大小不等，大圆盘在下，小圆盘在上。要求将 A 柱上的 n 个圆盘移到 C 柱上，每一次只能移动一个圆盘，在移动的过程中，可以借助于任一根柱子作为过渡，但必须保证三根柱子上的圆盘都是大圆盘在下，小圆盘在上。要求输入任意 $n \geqslant 1$，编程输出移动圆盘的步骤。

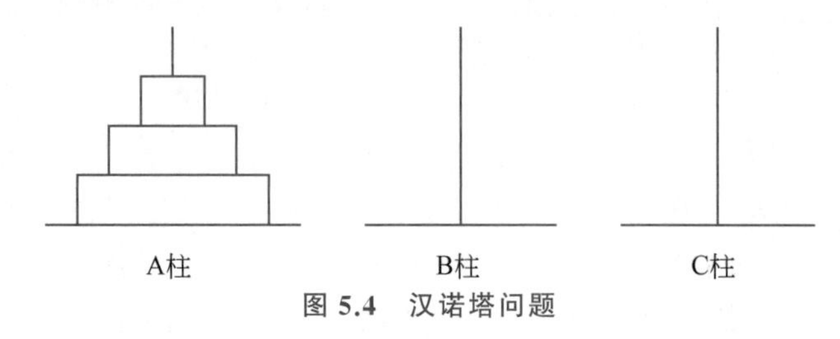

图 5.4　汉诺塔问题

先从实例分析入手。

当 $n=1$ 时，只需 1 步就行。

当 $n=2$ 时，需要以下 3 步：

(1) A→B，把上面的小圆盘移动到过渡柱子上。

(2) A→C，把下面的大圆盘移动到目标柱子上。

(3) B→C，把过渡柱子上的小圆盘移动到目标柱子上，结束。

当 $n=3$ 时，需要以下 7 步：

(1) A→C。

(2) A→B。

(3) C→B，此时 A 柱上面两个小圆盘被移到 B 柱上。

(4) A→C，把最下面最大的圆盘移动到目标柱子 C 上。此时 A 柱为空，可作为过渡柱子使用。

(5) B→A。

(6) B→C。

(7) A→C，此时 B 柱上的两个圆盘移动到目标柱子 C 上，结束。

对求解过程进行归纳，将移动 n 个圆盘的问题简化为移动 $n-1$ 个圆盘的问题。将 n 个圆盘从 A 柱经 B 柱移到 C 柱可分解为下面 3 步：

(1) 将 A 柱上的 $n-1$ 个圆盘经 C 柱移到 B 柱上，此时 C 柱为空。

(2) 将 A 柱上的最后一个圆盘移到 C 柱上，此时 A 柱为空。

(3) 将 B 柱上的 $n-1$ 个圆盘经 A 柱移到 C 柱上。

假设把 n 个圆盘从 A 柱移到 C 柱的移动次数为 $f(n)$，那么 $f(n)=2f(n-1)+1$ 且 $f(1)=1$。这是一个递归。第(1)步和第(3)步是移动 $n-1$ 个圆盘，这种分解可一直递推下去，直到变为移动一个圆盘时结束。以上 3 个步骤只包含两种操作：

(1) 将 n 个圆盘从 A 柱经 B 柱移到 C 柱上，是一个递归函数，用 HanoiTower 函数实现。

(2) 将一个圆盘从 A 柱移到 B 柱，用 move 函数实现，输出移动圆盘的提示信息。

```
#include<iostream>
using namespace std;
void move(char x, char y)
{
    cout << x << "->" << y << "\t";
}
void HanoiTower(int n, char a, char b, char c)
{
    if (n == 1)                              //递归终止条件
    {
        move(a, c);                          //将A柱上的最后一个圆盘移动到C柱上
        return;
    }
    else
    {
        HanoiTower(n - 1, a, c, b);          //递归调用,将n-1个圆盘从A柱移到B柱上
        move(a, c);                          //移动一个圆盘
        HanoiTower(n - 1, b, a, c);          //递归调用,将n-1个圆盘从B柱移到C柱上
    }
}
int main()
{
    cout << "请输入A柱上的圆盘数量:" ;
    int n;
    cin >> n;
    HanoiTower(n, 'A', 'B', 'C');            //将n个圆盘从A柱移到C柱上,B柱作为过渡
    return 1;
}
```

程序执行结果如下：

```
请输入A柱上的圆盘数量:3
A->C    A->B    C->B    A->C    B->A    B->C    A->C
```

5.4 作用域与存储类别

作用域就是数据能够使用的范围，变量按作用域大小可以分为局部变量和全局变量。变量按存储方式可以分为静态存储的变量和动态存储的变量，后者又分为自动型、寄存器型和外部型3种。

5.4.1 作用域

变量的作用域与存储类别

在讨论函数的形参变量时曾经提到，形参变量只在被调用期间才分配存储单元，调用结束立即释放存储单元。这一点表明形参变量只在函数内才是有效的，离开该函数就不能再使用了。这种变量有效性的范围称变量的作用域。不仅对于形参变量，C++中所有的变量都有自己的作用域。变量说明的方式不同，其作用域也不同。C++中的变量按作用域可以分为两种，即局部变量和全局变量。

1. 局部变量

局部变量就是在函数内或者类内定义的变量，它只在相应的函数内或者类内起作用，在这个范围之外不能使用。局部变量的作用域也称为块作用域。需要说明的是：

（1）主函数中定义的变量也只能在主函数中使用，不能在其他函数中使用。同时，主函数中也不能使用其他函数中定义的变量，这是因为主函数也是一个函数，它与其他函数是平行关系。

（2）形参变量是属于被调函数的局部变量，实参变量是属于主调函数的局部变量。

（3）允许在不同的函数中使用相同的变量名，它们代表不同的对象，分配不同的存储单元，互不干扰，也不会发生混淆。

（4）在复合语句中也可定义变量，其作用域只在复合语句范围内。

【例 5.11】 局部变量实例。

```
#include<iostream>
using namespace std;
void  Print(int);
int main()
{
    int x = 1, y = 2;                                  //在 main 函数中定义局部变量 x、y
    if (x < 10)
    {
        int x = 10;                                    //在块作用域中定义局部变量 x
        cout << "块作用域中,x:" << &x << "->" << x << endl;
    }
    Print(y);
    cout << "main 函数中,x:" << &x << "->" << x << endl;
}
void Print(int x)                                      //在 Print 函数中定义形参 x
{
    x = 20;                                            //在 Print 函数中改变局部变量 x
    cout << "Print 函数中,x:" << &x << "->" << x << endl;
}
```

程序执行结果如下：

```
块作用域中,x:0082FCDC->10
Print 函数中,x:0082FC08->20
main 函数中,x:0082FCE8->1
```

在本例中，函数中的变量、形参属于局部变量。因此，在 main 函数中定义的变量 x、y 仅在 main 函数中有效。在 if{ }的块作用域中重新定义了局部变量 x，它只在 if{ }的块作用域中有效。当变量同名时，访问的是内层定义的变量，而不是外层的同名变量，因为内层标识符优先，就隐藏了其外层块中的同名变量。在 Print 函数中定义的形参 x 也是局部变量，与主函数的变量 x 同名，但两者是不同的内存变量，占用不同的内存空间。在 Print 函数中定义的 x 只在 Print 函数中有效；返回主函数后，输出的还是主函数中的变量 x。仔细观察程序的运行结果，可以发现，其实 3 个 x 是不同的局部变量，在内存中以不同的地址进行存放，只在自己所在的作用域中有效。

2. 全局变量

全局变量是在函数外或者类外定义的变量。全局变量的作用域从定义处开始到本源文件结束,也称为文件作用域。利用全局变量可以减少参数数量和数据传递时间。但是全局变量应尽量少用,这是因为:全局变量在程序运行过程中一直占用存储单元;它降低了函数的通用性、可靠性和可移植性;它还降低了程序的清晰性,容易出错。

【例 5.12】 全局变量实例。

```
#include<iostream>
using namespace std;
float maxScore, minScore;                //定义全局变量 maxScore 和 minScore
float Average(float s[], int n);
int main()
{
    float aveScore,score[6] = { 2,4,6,8,10,12 };
    int n = sizeof(score) / sizeof(score[0]);   //计算数组元素的个数
    aveScore = Average(score, n);
    cout << "maxScore=" << maxScore << endl;
    cout << "minScore=" << minScore << endl;
    cout << "aveScore=" << aveScore << endl;
}
float Average(float s[], int n)
{
    int i; float sum = s[0];
    maxScore = minScore = s[0];          //在函数内使用全局变量 maxScore 和 minScore
    for (i = 1; i < n; i++)
    {
        if (s[i] > maxScore)
            maxScore = s[i];
        else if (s[i] < minScore)
            minScore = s[i];
        sum += s[i];
    }
    return(sum / n);
}
```

在函数外定义了全局变量 maxScore 和 minScore。程序中定义了 Average 函数求数组的最大值、最小值和平均值。最大值存储在全局变量 maxScore 中,最小值存储在全局变量 minScore 中,return 返回平均值,也就是总和 sum 除以个数 n。主函数中定义了变量 aveScore 和数组 score,并对数组进行了初始化,调用 Average 函数求 aveScore,输出 maxScore、minScore 和 aveScore。

maxScore、minScore 是在函数外部定义的变量,是全局变量,其作用域从变量定义开始到程序结束。利用全局变量,Average 函数返回了 3 个值:最大值、最小值和平均值,增加了函数间数据联系的渠道。

如果全局变量与函数的局部变量同名,在函数的局部变量的作用域内,同名的全局变量无效。为了在函数体内使用与局部变量同名的全局变量,应在全局变量前使用作用域解析符::。

5.4.2 内存模型

内存模型就是一种程序设计语言管理内存的一套程序机制。一个 C++ 程序在启动执行后，系统会为它分配内存空间。对于不同区域存放的数据，系统赋予不同的生存期，让用户能更灵活地编写程序。C++ 内存模型如图 5.5 所示。其中，与一个 C++ 程序中的变量有关的内存空间在逻辑上可分为以下几个区域。

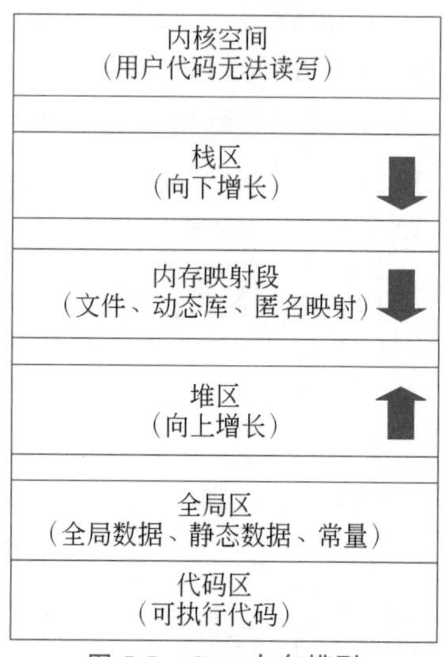

图 5.5 C++ 内存模型

1. 代码区

代码区存放可执行的二进制代码，在执行过程中该区域不伸缩。代码区是共享的，共享的目的是：对于频繁被执行的程序，只需要在内存中有一份代码即可。代码区是只读的，这是为了防止程序意外地修改了其中的指令。

2. 全局区

全局区主要用于存放全局变量（定义在函数外的变量）、静态变量（用 static 修饰的变量）、部分常量（字符串常量和用 const 修饰的全局常量）。全局区的大小在程序执行期间不会动态伸缩，在程序结束后由操作系统释放。全局变量和静态变量的存储是放在一块的。初始化全局变量和静态变量放在一块区域，未初始化的全局变量和静态变量在相邻的另一块区域。

3. 堆区

堆区由程序员分配和释放；若程序员不释放，程序结束时由操作系统回收。程序员可以利用 new 运算符创建数据，在堆区开辟内存，利用 delete 运算符手动释放内存。

4. 内存映射段

存储在磁盘中的文件在进行操作前，必须把文件的基本信息（如文件号、操作方式、文件当前读写位置等）映射到内存映射段，程序通过这些基本信息实现对存储在磁盘中的文件的操作。

5. 栈区

栈区由编译器自动分配和释放，存放函数的参数值、局部变量等。当程序执行从外层块进入内层块时，内层块中的局部变量就被压入（push）堆栈，然后内层块中的代码就能访问这些局部变量；当程序执行退出内层块返回外层块时，内层块中的局部变量将从堆栈中弹出（pop），内存空间被回收。

5.4.3 存储类别

变量的存储方式分为静态存储和动态存储。静态存储就是程序运行期间固定分配内存空间，动态存储就程序运行期间根据需要动态分配内存空间。在 C++ 中，变量按存储类别分为 4 种：自动变量、寄存器变量、静态变量和外部变量。每个变量只能选择采用这 4 种存储类别之一。

变量定义格式如下：

[存储类别] 数据类型 变量表;

1. 自动变量

关键字 auto 修饰的局部变量称为自动变量，意味着它是动态存储的。局部变量默认为自动变量，因此在说明局部变量时可以省略 auto 关键字。全局变量一定不是自动变量。自动变量一定是局部的，只能定义在块内，其作用域为块作用域。

自动变量都存储在动态存储区，即存储在堆栈中。如果在说明自动变量时未赋初值，那么其值是随机值。最好在说明自动变量时就为其初始化，否则就有可能发生错误。

2. 寄存器变量

关键字 register 修饰的变量存放在寄存器中，属于动态局部变量。寄存器存取速度比内存快。寄存器变量主要用作循环变量，因此静态变量和全局变量不能定义为寄存器变量。

如果变量频繁调用，定义为寄存器变量时执行效率更高。但现在编译系统能够自动识别频繁调用的变量，自动将其放到 CPU 的寄存器中，因此不需要用户指定。

3. 静态变量

关键字 static 修饰的变量属于静态变量，可以是全局变量和局部变量。静态变量从定义的时候开始就在内存中获得空间，到本程序结束一直有效。在说明静态变量时，若没有指定初值，编译器将其初值置为 0(bool 类型为 false)。

静态局部变量的生存期是全程的，而作用域是局部的。静态局部变量的作用是保存函数每次执行后的结果，以便下次调用函数时继续使用上次计算的结果。其他函数不能访问静态局部变量。

静态全局变量仅限于在本程序内使用，不能被其他程序文件使用；而非静态全局变量能被其他程序使用。

4. 外部变量

关键字 extern 修饰的全局变量称为外部变量。全局变量默认为外部变量，所以外部变量定义时可省略 extern。一个外部变量定义在一个程序中，可以被其他程序使用，只要做一个引用性说明即可。显然外部变量是 C++ 程序中使用范围最大的变量。在运行时刻所有外部变量都存储在全局区，外部变量的生存期就是整个程序的运行期。

【例 5.13】 变量的存储类别和内存模型实例。

```
#include<iostream>
using namespace std;
#include<string>
int g_a = 1;                              //全局变量,默认为 extern 类型,存放在全局区
static int g_b = 2;                       //静态全局变量,存放在全局区
const int c_g_a = 3;                      //全局常量,存放在全局区
const int c_g_b = 4;                      //静态全局常量,存放在全局区
void fun1(int f_a)                        //形参,存放在栈区
{
    cout << "fun1 函数形参 f_a 地址:" << (int)&f_a << endl;
}
void fun2()                               //定义函数,默认为 extern 类型
{
    int f_a = 10;                         //局部变量,存放在栈区
    int f_b = 20;                         //局部变量,存放在栈区
```

```
    cout << "fun2 函数局部变量 f_a 地址:" << (int)&f_a << endl;
    cout << "fun2 函数局部变量 f_b 地址:" << (int)&f_b << endl;
}
int main()
{
    static int s_a = 5;                    //静态局部变量,存放在全局区
    int m_a = 10;                          //局部变量,存放在栈区
    const int c_l_a = 100;
    const int c_l_b = 200;
    int arr[4] = { 1,2,3,4 };              //数组,存放在堆区
    cout << "全局区————————" << endl;     //输出内存地址
    cout << "全局变量 g_a 地址:" << (int)&g_a << endl;
    cout << "静态全局变量 g_b 地址:" << (int)&g_b << endl;
    cout << "静态局部变量 s_a 地址:" << (int)&s_a << endl;
    cout << "全局常量 c_g_a 地址:" << (int)&c_g_a << endl;
    cout << "静态全局常量 c_g_b 地址:" << (int)&c_g_b << endl;
    cout << "字符串常量地址:" << (int)&"hello1" << endl;

    cout << "代码区————————" << endl;
    cout << "fun1 函数代码地址:" << (int)fun1 << endl;
    cout << "fun2 函数代码地址:" << (int)fun2 << endl;

    cout << "栈区————————" << endl;
    cout << "main 函数局部变量 m_a 地址:" << (int)&m_a << endl;
    cout << "main 函数局部常量 c_l_a 地址:" << (int)&c_l_a << endl;
    cout << "main 函数局部常量 c_l_b 地址:" << (int)&c_l_b << endl;
    fun1(m_a);
    fun2();
    cout << "堆区————————" << endl;
    for (int i = 0; i < 4; i++)
        cout << "数组元素 arr[" << i << "]地址:" << (int)&arr[i] << endl;
    return 0;
}
```

程序执行结果如下：

```
全局区————————
全局变量 g_a 地址:17219584
静态全局变量 g_b 地址:17219588
静态局部变量 s_a 地址:17219592
全局常量 c_g_a 地址:17210160
静态全局常量 c_g_b 地址:17210164
字符串常量地址:17210312
代码区————————
fun1 函数代码地址:17175618
fun2 函数代码地址:17175403
栈区————————
main 函数局部变量 m_a 地址:13892820
main 函数局部常量 c_l_a 地址:13892808
main 函数局部常量 c_l_b 地址:13892796
fun1 函数形参 f_a 地址:13892548
```

```
fun2 函数局部变量 f_a 地址:13892532
fun2 函数局部变量 f_b 地址:13892520
堆区————————————
数组元素 arr[0]地址:13892772
数组元素 arr[1]地址:13892776
数组元素 arr[2]地址:13892780
数组元素 arr[3]地址:13892784
```

通过观察数据在内存中的存放地址,可以看到数据在内存中是分区域存放的。在全局区中存储着全局变量、静态变量、部分常量,它们的内存地址以 1721 开始,地址十分接近。其中,静态数据通过 static 声明,全局数据省略了 extern 关键字。在代码区中,存储着 fun1 和 fun2 函数的二进制代码,它们的内存地址以 1717 开始。在栈区,存放着函数的参数、局部变量和局部常量等,它们的内存地址以 1389 开始,地址十分接近。其中,局部变量省略了 auto 关键字,它们只在各自的块作用域有效。在堆区,存放着数组 arr 的 4 个元素,它们的内存地址以 1389 开始,程序结束时由系统回收内存空间。

5.5 C++ 对函数的扩充

C++ 对函数的扩充

函数可以使程序逻辑更加清晰,还可以重复使用以减少代码的冗余。C++ 对 C 语言进行了扩充,针对函数增加了内联函数、带默认值的函数、函数的重载等新特性,可以提高函数的代码质量和执行效率。

5.5.1 内联函数

C++ 提供了内联函数,以减少函数调用的开销。函数调用时系统为其分配内存空间,调用完毕就释放内存空间,如果频繁调用,会出现执行顺序转移和调用信息的存储情况,影响程序的执行效率。若函数被定义为内联函数,则在程序编译时,将函数调用表达式直接用内联函数的函数体进行替换。

内联函数在函数定义前面加上 inline 关键字,其语法格式如下:

inline 函数类型 函数名(参数列表)

【例 5.14】 编写内联函数 Square,计算参数的平方值。

```
#include<iostream>
using namespace std;
inline double Square(double x) { return x * x; }     //定义内联函数
int main()
{
    double s1, s2;
    double num1 = 12.0;
    s1 = Square(5.2);
    s2 = Square(num1);
    cout << "s1=" << s1 << endl;
    cout << num1 << "的平方为:" << s2;
    return 0;
}
```

程序执行结果如下:

```
s1=27.04
12 的平方为:144
```

内联函数只在函数类型前加一个关键字 inline,不影响程序的功能,只是提高了程序的执行效率。如果内联函数很小,则可以提高效率。因此,内联函数的函数体一般只有几条简单的语句。内联函数通常不含分支结构和循环语句;如果函数语句较多,就应当成一般函数使用。内联函数的代价是使代码变得更长,可能会用更长的可执行代码换取更高的执行效率,就是用空间换时间。不要对递归函数使用内联函数。

5.5.2 带默认值的函数

一般来说,主调函数所提供的实参数量应该与被调函数的形参数量一致。但如果一部分形参带默认值,那么函数调用的实参数量就可以减少。在函数定义时为一些形参赋予默认值,就能减少函数调用的实参数量,减少参数值的传递,提高程序执行效率。带默认值的函数就是在定义或声明函数时给形参一个初始值;在调用函数时,如果不传递实参,就使用默认参数值。

【例 5.15】 定义一个带默认值的函数 Sum,实现两个数或 3 个数求和的功能。

```
#include<iostream>
using namespace std;
float Sum(float, float = 0, float = 0);
int main()
{
    float num1, num2, num3;
    cout << 1+-1+-3;
    cout << "求两个数的和" << endl;
    cout << "请输入两个数:";
    cin >> num1 >> num2;
    cout << num1 << "+" << num2 << "=" << Sum(num1, num2) << endl;
    cout << "求 3 个数的和" << endl;
    cout << "请输入 3 个正整数:";
    cin >> num1 >> num2 >> num3;
    cout << num1 << "+" << num2 << "+" << num3 << "=" << Sum(num1, num2, num3) <
< endl;
    return 0;
}
float Sum(float  n1, float  n2, float  n3)
{
    return  n1 + n2 + n3;
}
```

程序执行结果如下:

```
求两个数的和
请输入两个数:10 20
10+20=30
求 3 个数的和
```

```
请输入 3 个正整数:10 20 30
10+20+30=60
```

函数调用时,在函数的声明或定义中预先给出默认形参值。在调用时,如果给出实参,则采用实参值;否则采用默认形参值。例如,定义了 Sum 函数,函数声明时,形参 n2 和 n3 的默认值为 0。当调用 Sum(num1, num2)时,将两个实参传递给函数,实参 num1 的值传递给形参 n1,而实参 num2 的值替换形参 n2 的默认值 0,形参 n3 则采用默认值 0,实现了两个数的求和功能。当调用 Sum(num1, num2, num3)时,则实现了 3 个数的求和功能。

在使用默认参数值时需要注意以下规则:

(1) 使用带默认参数值的函数时,只能在函数定义或声明中的一个位置给出默认值,多处给出默认值会产生冲突。

(2) 默认参数赋值的顺序是自右向左,即如果一个参数设定了默认值,则其右边不能存在未赋值的形参。例如:

```
int fun(int num1, int num2, int num3=10);         //正确
int fun(int num1, int num2=5, int num);           //错误
```

(3) 函数调用时,默认参数遵循参数调用顺序,即,有参数传入函数时会先从左向右依次匹配。默认参数值可以是全局变量、全局常量,甚至可以是一个函数。

5.5.3 函数重载

函数重载是指同一个函数名可以对应多个不同函数的实现。要实现函数重载,在定义多个同名的函数时,要求各个函数间在参数的个数、顺序或类型上必须有区别,编译器通过函数的参数个数、类型和顺序对重载的同名函数加以区分。将逻辑功能相同的函数用函数重载实现,减少了函数名,便于用户使用。

【例 5.16】 定义 3 个同名函数 Max,分别实现求两个整数较大值、求 3 个整数最大值以及求 3 个实数最大值的功能。

```
#include<iostream>
using namespace std;
int Max(int, int);                              //求两个整数较大值
int Max(int, int, int);                         //求 3 个整数最大值
double Max(double, double, double);             //求 3 个实数最大值
int main()
{
    int num1, num2, num3;
    double n1, n2, n3;
    cout << "————求最大值————" << endl;
    cout << "请输入两个整数:";
    cin >> num1 >> num2;
    cout << "两个整数中的较大者:" << Max(num1, num2) << endl;
    cout << "请输入 3 个整数:";
    cin >> num1 >> num2 >> num3;
    cout << "3 个整数中的最大者:" << Max(num1, num2, num3) << endl;
    cout << "请输入 3 个实数:";
    cin >> n1 >> n2 >> n3;
```

```
    cout << "3个实数中的最大者:" << Max(n1, n2, n3) << endl;
    return 0;
}
int Max(int n1, int n2)
{
    return n1 > n2 ? n1 : n2;
}
int Max(int n1, int n2, int n3)
{
    int max;
    max = Max(n1, n2);
    max = Max(max, n3);
    return n1 > n2 ? n1 : n2;;
}
double Max(double n1, double n2, double n3)
{
    double max;
    max = n1 > n2 ? n1 : n2;
    max = n3 > max ? n3 : max;
    return  max;
}
```

程序执行结果如下：

```
————求最大值————
请输入两个整数:10 20
两个整数中的较大者:20
请输入 3 个整数:10 20 30
3 个整数中的最大者:20
请输入 3 个实数:11.1 22.1 33.1
3 个实数中的最大者:33.1
```

在本例中，函数重载名字相同，形参不同，实际上还是多个不同的函数。函数重载的返回值类型不能区分不同的函数体。当使用具有默认参数值的函数重载形式时，须注意防止调用的二义性。例如，有下面两个函数：

```
int Max(int x, int y, int z = 1);
int Max(int x, int y);
```

第一个函数定义了一个带默认值的 Max 函数，有 3 个形参 x、y、z，其中 z 默认为 1。第二个函数重载了 Max 函数，有两个形参 x、y。当调用函数 Max(a,b)时，编译器无法确认调用哪一个函数，这就产生了调用的二义性。因此，在使用时要杜绝一个函数既有默认参数值又是重载函数，以避免二义性的发生。

5.6 案例实战与实训

5.6.1 案例实战

开发一个党员管理信息系统。党员信息包括姓名、性别、支部信息、党员类型和出生日期，要求实现登录密码验证、主菜单以及党员信息的添加、查找和输出功能。

【案例分析】

(1) 党员信息的存储。本系统涉及多个党员信息管理，用数组分别存储党员信息，通过数组下标识别对应党员的所有信息。党员的最大数量可以用符号常量 MaxNum 定义；基本信息可以定义为字符串 string 类型；党员实际人数用 count 表示，为了便于各个函数引用，count 定义为全局变量。

(2) 密码验证登录。设置初始密码 password 为字符串符号常量，将其定义为全局变量以方便修改。密码登录验证函数 PasswordValid 实现 3 次输入错误密码即拒绝访问。密码正确时调用主菜单函数 menu。

(3) 主菜单函数。menu 函数实现显示添加、查找、显示党员信息和退出系统 4 个选项，提示用户输入 1～4，根据用户输入的值执行相应的功能，用户可以循环操作这 4 个基本功能。

(4) 添加党员信息。提示用户输入党员人数，并依次输入党员信息。每输入一个党员信息，党员人数 count 要增加 1。

(5) 查找党员信息。提示用户输入要查找的党员的姓名，然后用顺序查找法依次比较党员的姓名。如果相等，就输出党员信息；如果不相等，就继续下一次比较；如果比较完所有党员的姓名都不相等，则输出系统没有此党员的信息。

(6) 显示党员信息。依次输出所有党员信息，注意系统的输出格式控制。

(7) 退出系统。实现退出系统功能。

【程序代码】

```
#include<iostream>
#include<string>
#include<iomanip>
using namespace std;
const int MaxNum = 100;                          //定义数组大小
const string password = "abcd";
int count = 0;                                   //记录党员人数
string name[MaxNum];                             //党员姓名
string sex[MaxNum];                              //党员性别
string branch[MaxNum];                           //支部信息
string type[MaxNum];                             //党员类型
string birthday[MaxNum];                         //出生日期
//所有函数的原型声明
int PasswordValid();
void menu();                                     //主菜单函数
void append();                                   //添加党员信息函数
void search();                                   //查找党员信息函数
void show();                                     //显示党员信息函数
//主函数
int main()
{
    if (PasswordValid())
        menu();
    return 1;
```

```
}

int PasswordValid()
{
    string ps;
    int n = 0;
    cout << "请输入登录密码:" << endl;
    while (1)
    {
        cin >> ps;
        if (password == ps)
        {
            cout << "密码正确!" << endl;
            return 1;
        }
        else
        {
            cout << "输入密码错误!";
            n++;
            if (n == 3)
            {
                cout << "密码已输入 3 次,您无权操作!\n";
                return 0;
            }
        }
    }
}
void menu()
{
    char c;   int i;
    do {
        for (i = 0; i < 60; i++)
            cout << "*";
        cout << endl;
        cout << "\t 1: 添加党员信息\n\t 2: 查找党员信息\n";
        cout << "\t 3: 显示党员信息\n\t 4: 退出系统\n";
        cout << "\t 请输入选项[1~4]:\n";
        do { c = getchar(); } while (c != '1'&&c != '2'&&c != '3'&&c != '4'&&c != '5');
        getchar();
        switch (c)
        {
            case '1': append(); break;
            case '2': search(); break;
            case '3': show(); break;
            case '4': exit(0);
        }
        cout << "按任意键返回主菜单:\n"; getchar();
    } while (1);
    return;
}
```

```
void append()
{
    int n;
    cout << "请输入要添加信息的党员人数:";
    cin >> n;
    cout << "请输入党员基本信息:\n";
    for (int i = 0; i < n; i++)
    {
        cout << "党员姓名:"; cin >> name[count];
        cout << "党员性别(男/女):"; cin >> sex[count];
        cout << "支部信息:"; cin >> branch[count];
        cout << "党员类型(预备党员/党员):"; cin >> type[count];
        cout << "出生日期(年/月/日):"; cin >> birthday[count];
        count++;
    }
}
void search()
{
    string SearchName;
    cout << "请输入要查找的党员的姓名:";
    cin >> SearchName;
    for (int i = 0; i < count; i++)
        if (SearchName == name[i])
        {
            cout << "党员姓名:" << setw(14) << name[i] << endl;
            cout << "性别:" << setw(14) << sex[i] << endl;
            cout << "出生日期:" << setw(14) << birthday[i] << endl;
            return;
        }
    cout << "抱歉!没有找到此党员的信息!\n";
}
void show()
{
    cout << setw(14) << "党员姓名" << setw(14) << "党员性别"
         << setw(14) << "出生日期" << setw(14) << "党员类型" <<  endl;
    for (int i = 0; i < number; i++)
    {
        cout << setw(14) << name[i]<< setw(14) << sex[i];
        cout << setw(14) << birthday[i] << setw(14) << type[i] << endl;
    }
    return;
}
```

说明：

(1) 党员信息用数组存储，定义为全局变量，以方便各个函数引用。

(2) 每次登录后录入的党员信息并没有保存。因为党员信息用数组存储，运行时只是存储在内存中的。如果要长期保存，要用单独的文件或者数据库存储党员信息。关于文件的操作在12.3节介绍。

(3) 党员其他信息(如籍贯、支部、思想汇报等)以及其他基本操作(如修改、删除、排序等)可以采用模块的形式自行添加扩充。

5.6.2 案例实训

实训 1：编写一个学生信息管理系统，实现学生信息的输入、输出、查找和排序功能。

实训 2：开发一个学分管理系统。假设每位学生在校期间必须完成基础课 50 学分、专业课 50 学分、选修课 24 学分、人文类课程 8 学分、实践性课程 20 学分才能够毕业。因此，在管理学分时，要考虑每个学分所属于的课程类别。系统要求实现信息录入、统计、查询、修改、删除和排序等功能。

习题 5

1. 填空题

(1) 在 C++ 中，一个函数一般由两部分组成，分别是________和________。

(2) 当一个函数没有返回值时，函数的类型应定义为________。

(3) 在一个函数中又调用另一个函数，则称这样的调用过程为函数的________调用。

(4) 在调用函数的过程中出现直接或间接调用该函数本身，这种函数称为________函数。

(5) 如果一个函数经常会被调用且定义简短，那么可以将这个函数定义为________函数，定义时使用关键字________。

(6) 同一个函数名可以对应多个不同函数的实现，称为________。

(7) 以下程序的输出结果为________。

```
#include<iostream>
using namespace std;
int num = 10;
void Fun(int num)
{
    num =20;
}
int main()
{
    num = 30;
    Fun(num);
    cout << "num=" << num;
    return 0;
}
```

(8) 以下程序的输出结果为________。

```
#include<iostream>
using namespace std;
int Fun(int a, int b, int c)
{
    a = 5;
    b = a + 2;
```

```
    c = a * b;
    return (c);
}
int main()
{
    int a = 10, b = 20, c = 30;
    c = Fun(a, b, c);
    cout << a << "," << b << "," << c ;
    return 0;
}
```

（9）以下程序的输出结果为________。

```
#include<iostream>
using namespace std;
void Fac(int n);
int main()
{
    Fac(4);
    return 0;
}
void Fac(int n)
{
    int i;
    if (n)
    {
        Fac(n - 1);
        for (i = 1; i <= n; i++)
            cout << n;
        cout << endl;
    }
    return;
}
```

（10）以下程序的输出结果为________。

```
#include<iostream>
using namespace std;
int Fac(int n)
{
    if (n == 1)
        return 10;
    else
        if (n % 2 == 0)
            return  Fac(n - 1) + 1;
        else
            return Fac(n - 1) + 2;
}
int main()
{
    cout << Fac(4) << endl;
```

```
    return 0;
}
```

2. 单项选择题

(1) 对于 C++ 的函数，以下说法中错误的是(　　)

A. C++ 程序执行从主函数开始

B. 在函数调用之前，必须进行函数的定义或声明

C. 函数的定义不能嵌套，但函数的调用可以嵌套

D. 主函数是 C++ 程序中不可缺少的函数

(2) 以下函数声明中正确的是(　　)。

A. int Fun(int x,int y);　　B. int Fun(int x;int y)

C. int Fun(int x,int y)　　D. int Fun(int x, y);

(3) 对于函数声明 void Fun();，以下说法中不正确的是(　　)。

A. 函数声明通常放在程序的开始部分

B. 函数声明是一条独立的语句，必须以分号结尾

C. 函数 Fun()无参数传入

D. 函数 Fun()有一个返回值，其类型为 void

(4) 关于 return 语句，以下说法中错误的是(　　)。

A. 在函数中通过 return 语句返回一个函数值

B. 无返回值的函数体中不应出现 return(表达式)语句

C. 当函数返回值的类型为 void 时，函数体中可以省略 return 语句

D. return 语句中的表达式类型决定函数返回值的类型

(5) 对于函数声明 void Fun(int x);，下面调用正确的是(　　)。

A. int y=Fun(9);　　B. Fun(9);

C. Fun(f(9));　　D. x=Fun();

(6) 关于函数重载，以下说法中正确的是(　　)。

A. 函数名不同，但形参的个数与类型相同

B. 函数名相同，返回值不同，与形参无关

C. 函数名相同，形参的个数和类型也相同

D. 函数名相同，形参的个数或类型不同

(7) 两个函数声明分别为 int Fun(int x, int y=1);和 int Fun(int x);，则(　　)。

A. 它们不能在同一个程序中定义

B. 它们可以在同一个程序中定义，但不可重载

C. 它们可以在同一个程序中定义并可重载

D. 以上说法均不正确

(8) 下列函数参数默认值定义中错误的是(　　)。

A. Fun(int x, int y=0)　　B. Fun(int x = 100)

C. Fun(int x = 0, int y)　　D. Fun(int x = f(int a, int b))

(9) 以下关于函数的描述中正确的是(　　)。

A. 函数参数默认值只能设定一个

B. 一个函数的参数若有多个，则参数默认值的设定可以不连续

C. 函数必须设定默认值

D. 在设定参数的默认值后，该参数后面定义的所有参数都必须设定默认值

(10) 当一个函数功能不太复杂，但要求被频繁调用时，应选用(　　)。

A. 重载函数　　B. 内联函数　　C. 递归函数　　D. 嵌套函数

(11) 调用函数时，如果实参是一个数组名，则向函数对应形参传送的是(　　)。

A. 数组的首元素　　B. 数组每个元素的地址

C. 数组的首地址　　D. 数组每个元素的值

(12) 以下叙述中错误的是(　　)。

A. 函数被调用时，系统才为形参分配内存

B. 实参和对应形参的数据类型必须一致

C. 实参可以是变量、常量或表达式

D. 形参可以是变量、常量或表达式

(13) 以下关于静态局部变量的说法中正确的是(　　)。

A. 静态局部变量的作用域为程序运行的全过程

B. 静态局部变量定义在函数体之外

C. 存储类别定义为 static 的局部变量是静态局部变量

D. 当某一函数被调用时，系统才为它的静态局部变量分配存储空间

(14) 以下程序的输出结果为(　　)。

```
#include<iostream>
using namespace std;
int main()
{
  int i = 1, j = 2, k = 3;
  if (i < k)
  {
      int i = 5, j = 6;
      k = i + j;
  }
  cout << i << ' ' << j << ' ' << k << endl;
}
```

A. 1 2 3　　B. 5 6 11　　C. 1 2 11　　D. 5 6 3

(15) 以下程序的输出结果为(　　)。

```
#include<iostream>
using namespace std;
int Fun(int n)
{
    if (n == 0) return 0;
    return (n + Fun(n - 1));
};
int main() {
```

```
    int num = 5;
    cout << "result=" << Fun(num) << endl;
}
```

A. result=15　　B. result=0　　A. result=1　　A. result=10

3. 程序设计题

(1) 编写一个判断闰年的函数，在主函数中输入年份，调用函数判断是否为闰年。

(2) 编写两个函数，输入两个整数，求它们的最大公约数和最小公倍数。

(3) 编写一个函数，求三角形面积，参数分别是三角形的 3 条边长，要求返回该三角形的面积。要求判断三角形边的关系，必须满足：任意两边之和大于第三边，任意两边之差小于第三边。已知三角形的边长 a、b、c，求面积 area 的公式为 area=sqrt(s*(s-a)*(s-b)*(s-c))，其中，s=(a+b+c)/2，sqrt()为求平方根函数。

(4) 已知函数 ploy 用递归方法计算 x 的 n 阶勒让德多项式的值，其数学函数如下：

$$\begin{cases} 1, & n=0 \\ \text{ploy}_n(x)=x, & n=1 \\ ((2n-1)x\,\text{ploy}_{n-1}(x)-(n-1)\text{ploy}_{n-2}(x))/n, & n>1 \end{cases}$$

请写出 Ploy 函数的定义，其参数为 x 和 n。并求当 x 为 1.2、n 为 8 时 ploy 函数的值。

(5) 编写一个函数，用递归算法求解汉诺塔问题，输入 A 柱上的圆盘个数，打印输出移动圆盘顺序。

(6) 编写一个函数，利用参数的默认值，求 2～4 个整数的最大值。

第 6 章　指针与引用

引言

计算机中所有数据都要装入内存才能处理，内存以字节为单位，每一字节为一个存储单元，对应着唯一的编号，即存储单元的地址。在高级语言中地址形象地称为指针，通过指针管理内存以及对数据的间接访问，能提高程序的运行效率。指针是一种数据类型，用来存储地址。但是用来存储地址的指针变量需要分配空间，指针作为函数参数会产生副本，指针运算符会占用一定的内存开销。为了实现更高效和简洁的数据访问，C++ 提供了一种引用机制，对指针进行了优化改进，实现了对指针的封装，具有值访问的方便和指针访问的效果。使用指针和引用编程，可以提高程序代码的质量和运行效率。

学习目标

理解：指针和引用的含义和用途，内存存储管理方式。

掌握：指针与数组和函数的编程；引用作为函数参数和函数返回值的作用和使用；动态内存分配运算符的使用。

课程思政

学习效率：通过指针与引用提高程序效率引入效率问题，讲解如何提高学习效率，并引出社会效率与公平理论。

6.1　变量的地址和访问

地址和指针的概念

6.1.1　变量的地址

在计算机中，为了方便管理和存放数据，内存划分为若干存储单元，每个存储单元存放八位二进制数，即 1 字节。内存中每一字节都有一个编号，这个编号就是地址。通过地址能找到存储单元，然后在存储单元中存取数据。

在 C++ 程序中定义一个变量，在编译时系统会根据变量的类型分配存储空间。例如，short int 类型的变量分配 2 字节的存储单元，float 类型的变量分配 4 字节的存储单元。变量的地址就是系统为变量分配的存储单元的首地址，即分配给变量的存储单元的第一个地址。例如：

```
short int i=10;
float k=20;
```

在程序编译时，系统将自动分别给变量 i 和 k 分配 2 字节和 4 字节的存储单元。假设给变量 i 分配的存储单元的地址为 2000 和 2001，给变量 k 分配的存储单元的地址为 2100～2103，则变量 i 的地址（即起始地址）是 2000，变量 k 的地址（即起始地址）是 2100。变量 i、k 在内存中的存储如图 6.1 所示。

注意　存储单元的地址和存放的值都是整数，但含义不同。内存中变量的地址常用十六进制表示。

6.1.2　变量的访问

1. 直接访问方式

直接访问方式就是按变量名（即变量的地址）存取变量的方式。例如，在图 6.1 所示的例子中要访问变量 k，系统将通过变量名与地址的对应关系找到 k 的地址 2100，从 2100～2103 中读出数据 20，这个过程就是变量的直接访问方式。

2. 间接访问方式

间接访问方式是将变量的地址放在另一个存储单元中，先到另一个存储单元中取得变量的地址，再由变量的地址找到变量并进行数据存取。

例如，如图 6.2 所示，定义变量 p 存放变量 k 的地址。若要访问变量 k，先访问变量 p 得到 k 的地址，再通过地址找到 k 的存储单元存取数据，这个过程就是变量的间接访问方式。

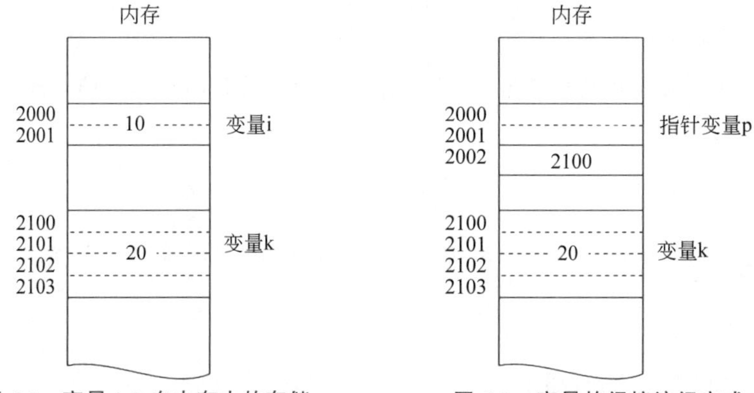

图 6.1　变量 i、k 在内存中的存储　　图 6.2　变量的间接访问方式

在内存中可以根据地址准确地找到存储单元，存储这个地址就是指针。指针就是变量存储单元的地址，存放指针的变量就是指针变量。指针变量是一个特殊的变量，它是专门用来存放另一个变量的地址的。例如，在图 6.2 中，变量 k 的指针是 2000，变量 p 中存放 k 的地址，因此变量 p 为指针变量，此时称指针变量 p 指向变量 k。

6.2　指针变量的定义与引用

6.2.1　指针变量的定义

变量必须先定义再使用，指针变量同样需要遵循这个原则。指针变量的定义格式如下：

```
[存储类型] 数据类型 *指针名;
```

存储类型为可选项，用于说明指针变量的存储类型，例如 static。数据类型是指针变量所指向的存储单元中存放的数据的类型。*是指针变量的定义符，表明后面的变量是指针变量。指针名是指针变量的名称,必须是合法的标识符。

例如,定义如下指针变量:

```
int *p1, *p2;
char *pc;
float *pf;
```

上面分别定义了指针变量 p1、p2、pc、pf。其中,p1 的值是某个整型变量的地址,或者说 p1 指向某个整型变量。同理,其他指针变量指向对应数据类型的变量。

6.2.2 指针变量的赋值

指针变量的值是内存地址,不允许直接使用整型常量赋值。指针变量必须在定义后赋予具体的值,否则指针变量指向一个不确定的位置,在后续的操作中可能会使系统的重要数据遭到篡改,导致系统的运行出现问题。指针变量的赋值可以通过以下两种方式进行。

1. 用变量的地址给指针变量赋值

取地址运算符(&)可以用来取变量的地址,然后将该地址赋给一个指针变量。值得注意的是,变量的类型必须与指针变量的类型一致。例如:

```
int *p, k;
p=&k;                                    //p 指向整型变量 k
```

2. 用相同类型的指针变量赋值

将一个指向某变量的指针变量的值赋给另一个同类型的指针变量。例如:

```
int k, *p1, *p2;
p1=&k;
p2=p1;
```

在定义指针变量后,如果指针变量暂时没有指向某个变量,可以给指针变量赋值为 NULL。例如:

```
int *p;
p=NULL;                             //表示空指针,等价于 p=0,即该指针不指向任何存储单元
```

注意 p=NULL 与未对 p 赋值是完全不同的。p=NULL 是合法的,但指针变量定义后未对其赋值是错误的。

6.2.3 指针变量的引用

定义一个指针变量并赋值指向一个变量后,程序就可以通过指针变量间接引用目标变量。下面介绍指针变量引用中两个相关的运算符和指针变量的引用方法。

1. 与指针变量引用相关的运算符

1) 取地址运算符 &

取地址运算符 & 用于变量名之前,表示取该变量的存储单元地址。例如:

```
int k=20, *p=&k;
```

该语句表示取变量 k 所占据的内存的首地址,并将这个地址赋给指针变量 p。

2）指针运算符 *

指针运算符 * 用于指针变量名之前，表示取该指针变量所指向的变量的存储单元的值。例如：

```
int k=20, *p;
p=&k;
```

上面定义了一个指针变量 p，将整型变量 k 的地址赋给 p，使 p 指向 k，* p 表示指针变量 p 所指向的目标变量 k 的存储单元的值，即 * p 的值为 20。

注意　& 与 * 运算符都是单目运算符，右结合。& 的作用是取变量的地址；* 的作用是取指针所指向的变量的值，& 与 * 互为逆运算。

2. 指针变量的引用

1）通过指针变量访问其指向的目标变量

【例 6.1】 输入两个数，利用指针变量实现按从小到大的顺序输出。

```
#include<iostream>
using namespace std;
int main()
{
    int a, b, *pa, *pb;
    cin>>a>>b;
    pa=&a;
    pb=&b;
    if (a>b)
    {
        int *t;
        t=pa;
        pa=pb;
        pb=t;
    }
    cout<<"a="<<a<<", b="<<b<<endl;
    cout<<"min="<<*pa<<", max="<<*pb<<endl;
    return 0;
}
```

程序运行时，输入和运行结果如下：

```
20 10
a=20, b=10
min=10, max=20
```

程序中，通过 t=pa;、pa=pb;和 pb=t;可以实现指针变量值的交换，使 pa 指向变量 b，pb 指向变量 a，如图 6.3 所示。

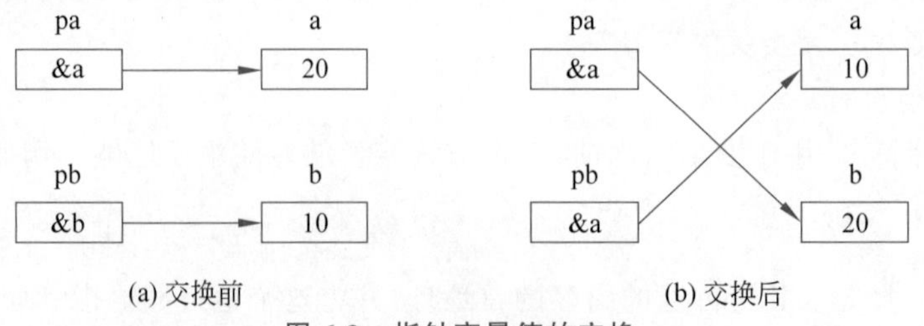

图 6.3　指针变量值的交换

2）指针变量作为函数参数

【例 6.2】 一般变量作为函数形参示例。

```
#include <iostream>
using namespace std;
void swap(int x, int y)
{
    int t;
    t=x;
    x=y;
    y=t;
}
int main()
{
    int a, b;
    cin>>a>>b;
    if (a>b)
    swap(a, b);
    cout<<"a="<<a<<", b="<<b<<endl;
    return 0;
}
```

程序运行时，输入和运行结果如下：

```
20 10
a=20, b=10
```

在上面的程序中，自定义函数 swap 的形参是整型变量，调用时把实参的值传递给形参。实参和形参是两个不同的变量，交换的是形参变量的值。返回主函数后，形参变量被释放，主函数中 a、b 的值没有改变。

【例 6.3】 指针变量作为函数形参示例。

```
#include<iostream>
using namespace std;
void swap(int *p1, int *p2)
{
    int t;
    t= *p1;
    *p1= *p2;
    *p2=t;
}
int main()
{
    int a, b, *pa, *pb;
    cin>>a>>b;
    pa=&a;
    pb=&b;
    swap(pa, pb);
```

```
    cout<<"a="<<a<<", b="<<b<<endl;
    cout<<"min="<< * pa<<", max="<< * pb<<endl;
    return 0;
}
```

程序运行时，输入和运行结果如下：

```
20 10
a=10, b=20
min=10, max=20
```

程序中，主函数里面定义了两个指针变量 pa、pb，分别用来存储变量 a、b 的地址。调用时 swap(pa, pb)，是把指针变量的值(即地址)传递给形参中的指针变量。实参和形参分别指向存储空间 a、b，自定义函数实现的是交换指针变量所指向的变量 a、b 的值，返回主函数，形参中的指针变量被释放，但是 a、b 中的值已经发生改变，达到了交换两个变量的值的目的。

6.3 指针与数组

6.3.1 指向一维数组的指针

指针是地址，指针变量就是存放地址的变量，表示该指针变量指向一个具体存储单元。数组是存放相同数据类型元素的有序集合。定义一个数组，编译时分配一段连续的存储空间。数组名表示为数组分配的存储空间的首地址，是一个地址常量。如果把一个数组的首地址或者某个数组元素的地址赋给相同类型的指针变量，那么就可以利用该指针变量实现对数组元素的访问。例如：

指针与数组

```
int a[5], * p;
p=a;
```

上面定义了一个整型数组 a，有 5 个元素，分别用 a[0]～a[4]表示。定义一个指针变量 p，将数组名(即数组元素的首地址)赋给 p，使 p 指向 a[0]。指针变量也可以指向数组中任何一个元素，即可以把数组中某个元素的地址赋给指针变量。例如：

```
int p=&a[i];                                    //* p 表示数组元素 a[i]
```

注意　p=&a[0]和 p=a 是等价的，* p、* a 和 a[0]都表示数组中的第一个元素。

6.3.2 指针运算

指针是地址，可以进行运算，但指针只能进行赋值运算、算术运算及关系运算。

1. 赋值运算

可以把变量的地址赋给指针变量。例如：

```
int i, * p1;
p=&i;                                           //把变量 i 的地址赋给指针变量 p
* p1=20;
```

2. 关系运算

指针进行关系运算的前提是两个指针变量必须指向同一连续存储空间，运算结果表示它们所指向的变量在内存中的位置关系。例如：

```
int a[10], * p1, * p2;
p1=a;   p2= * a[5];
```

p1<p2 成立表示 p1 在低位置，p2 在高位置。

3. 算术运算

1）加减运算

指针变量可与一个整数进行加减运算。加上一个整数 i，表示指向后面第 i 个元素；减去一个整数 i，表示指向前面第 i 个元素。例如：

```
int a[10], * p;
p= * a[5];
```

p－3 表示指向 a[2]，p＋3 表示指向 a[8]。

注意

(1) p＋1 不是表示指针变量的地址值加 1 字节，而是表示加一个数据元素所占的字节数。

(2) 指针变量加减一个整数，通常是指针变量指向数组中的某个元素，要注意下标的有效范围。

2）自增、自减运算

指针变量自增运算使其指向后一个元素，自减运算指向前一个元素。例如：

```
int a[10], * p1, * p2;
p1=a;   p2= * a[9];
p1++;                                    //p1 指向 a[1]
p2--;                                    //p2 指向 a[8]
```

3）指针相减运算

指针相减运算表示两个指针变量所指向的存储单元的距离，即它们之间相差的元素个数。例如：

```
int a[10], * p1, * p2;
p1=a;   p2= * a[5];
```

p2－p1 的结果为 5，即数组的下标相减，相差 5 个元素。

6.3.3 用指针访问一维数组中的元素

指针是内存的地址，它可以指向任何数据类型的存储单元，可以用指针变量实现对数组元素的访问。

1. 数组元素的指针

利用数组名＋偏移量访问数组中的元素。如果定义了整型的一维数组 int a[10]，i 是整型变量，那么 a＋i 就是自数组 a 的基地址偏移 i 个元素的地址，与 &a[i]等价。数组 a 元素的指针如图 6.4 所示。

数组中各元素可以用指针表示，那么对于该数组中元素的访问，就对应取某个地址的内容，例如 * a、* (a+1)、* (a+i)。

2. 指向数组的指针变量

利用指向数组的指针变量访问数组元素。如果定义整型一维数组 a[10]，指针变量 p 指向数组的首地址，i 是整型变量，那么，p=p+i 就表示指针变量 p 指向下标为 i 的元素，与 &a[i]是等价的。指针变量表示数组各元素的地址，如图 6.5 所示。

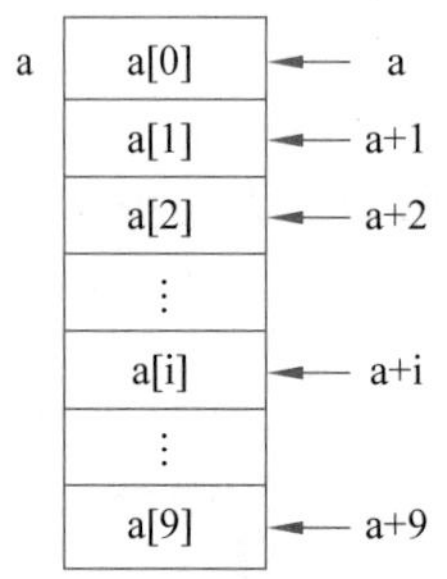

图 6.4　数组 a 元素的指针

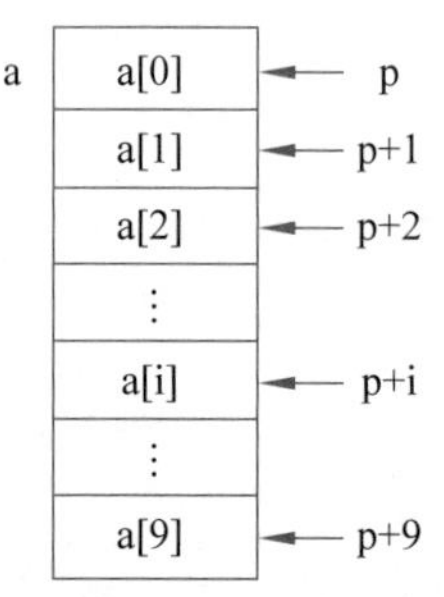

图 6.5　指向数组 a 的指针变量

数组中各元素可以用指针表示，那么对于该数组中元素的访问，就对应取某个地址的内容，例如 * p、* (p+1)、* (p+i)。

6.3.4　指向多维数组的指针

前面讨论的是指向一维数组的指针，指针变量也可以用来指向多维数组，并用来引用多维数组中的元素。本节重点针对二维数组讲解，多维数组引用可以以此类推。二维数组既可以按其在内存中的存储顺序看成一维数组，还可以利用行指针变量按行访问数组中元素。

当指针指向某个二维数组中的某个存储单元时，可以像引用一维数组一样引用二维数组中的元素。

【例 6.4】 利用指针变量输出二维数组中元素的值。

思路提示：二维数组的元素在内存中是以行为主序存放的，因此可以用一个指向普通变量的指针变量依次指向各元素进行输出。

```
#include<iostream>
#include<iomanip>
using namespace std;
int main()
{
    int a[3][4]={{1,2,3,4},{5,6,7,8},{9,10,11,12}};
    int i, j, *p;
    p=&a[0][0];                              //将二维数组的首地址赋给指针变量 p
    for(i=0; i<3; i++)
    {
        for(j=0; j<4; j++)
        {
            cout<<"a["<<i<<"]["<<j<<"]="<<left<<setw(5)<<*p;
            p++;                             //循环中 p 指针移动，指向下一个元素
```

```
        }
        cout<<endl;
    }
    return 0;
}
```

程序运行结果如下：

```
a[0][0]=1    a[0][1]=2    a[0][2]=3    a[0][3]=4
a[1][0]=5    a[1][1]=6    a[1][2]=7    a[1][3]=8
a[2][0]=9    a[2][1]=10   a[2][2]=11   a[2][3]=12
```

6.3.5 指针数组

如果数组中所有元素都是指针型数据元素，那么该数组称为指针数组。也就是说，该数组中的每一个元素都相当于一个指针变量，可以存放一个地址。

一维指针数组定义格式如下：

类型名 * 数组名[数组长度]

类型名是数组元素所指向的变量的类型；数组名是一个标识符，表示数组的首地址。由于数组元素为指针，数组名又是数组存储空间的首地址，因此数组名是二级指针，数组元素是一级指针。例如：

```
int *p[5];
char *p1[5], p2[4];
```

【例 6.5】 利用指针数组求一维数组的最小值。

```
#include<iostream>
using namespace std;
int main()
{
    int a[6]={60,95,87, 55, 80, 75};
    int i, min;
    int *p[6];
    for(i=0; i<6; i++)
        p[i]=&a[i];
    min=*p[0];
    for(i=1; i<6; i++)
        if(*p[i]<min)
            min=*p[i];
    cout<<"数据中最小值为:"<<min<<endl;
    return 0;
}
```

程序运行结果如下：

```
数据中最小值为:55
```

指针数组还可以用来指向多个字符串，对于字符串的处理。在字符指针数组中，每个指针数组元素存储一个字符指针，用来存放字符所在存储单元的地址。

【例 6.6】 利用指针数组表示多个字符串。

```
#include<iostream>
using namespace std;
int main()
{
    char * p[5] = { "China", "Russia", "America", "Canada", "France" };
    int i;
    for (i = 0; i < 5; i++)
        cout << p[i] << "   ";
    return 0;
}
```

程序运行结果如下：

```
China   Russia   America   Canada   France
```

6.3.6 数组指针

数组指针是指向数组地址的指针，它是一个指针变量，指向一个数组。指向一维数组的指针变量的定义格式如下：

类型名(* 数组名)[数组长度]

值得注意的是，定义的数组长度应与该指针所指向的一维数组的长度相等。例如：

```
int (* p)[5];
```

上面定义了一个指向具有 5 个元素的一维整型数组的指针。注意，指针的增量是以它所指向的一维数组长度为单位的。如果 p 增加 1，那么表示指针 p 指向往后移动 20 字节的存储单元。指针数组通常与二维数组结合使用。

【例 6.7】 利用数组指针表示二维数组的元素。

```
#include<iostream>
#include<iomanip>
using namespace std;
int main()
{
    int a[3][4]={1,2,3,4,5,6,7,8,9,10,11,12};
    int i, j;
    int (* p)[4];
    p=a;
    for(i=0; i<3; i++){
        for(j=0; j<4; j++)
            cout<<setw(4)<<p[i][j];
        cout<<endl;
    }
    return 0;
}
```

程序运行结果如下：

```
1  2  3  4
5  6  7  8
9  10  11  12
```

6.4 指针与字符串

6.4.1 字符串的存储方式

在 C++ 中,可以使用字符数组和字符指针存储字符串。

1. 字符数组的存储方式

例如:

```
char str[]="I study C++!";
```

上面的语句表示定义字符数组时将字符串整体以赋值的形式存储到数组中。str 是字符数组名,表示字符串。

2. 字符指针的存储方式

例如:

```
char * str="I study C++!";
```

字符串"I study C++ !"在内存中以字符数组形式存储,上面的语句表示指针 str 指向"I study C++ !"的首地址。这里的=表示将字符串 I study C++ !首字符的地址赋给 str,如图 6.6 所示。

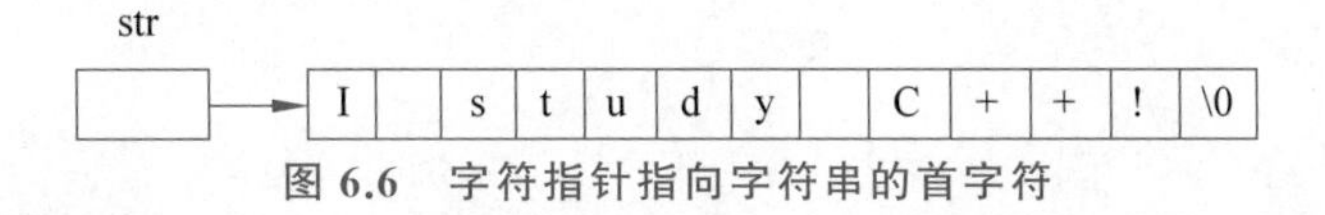

图 6.6 字符指针指向字符串的首字符

【例 6.8】 使用指针与下标方式访问字符串。

```
#include<iostream>
using namespace std;
int main()
{
    char * str="I study C++!";
    int i=0;
    cout<<str<<endl;
    while(*(str+i))
    {
        cout<<str[i];
        i++;
    }
    return 0;
}
```

程序运行结果如下:

```
I study C++!
I study C++!
```

6.4.2 字符数组与字符指针处理字符串的区别

字符数组与字符指针处理字符串有以下 3 方面的区别。

1. 赋值方法不同

可以把一个字符串常量赋给一个字符指针变量，但是不能把一个字符串常量赋给一个字符数组，因为数组名是一个地址常量，不能重新赋值。例如：

```
char * str1, str2[80];
str1="hello world!";                                   //正确
str2="hello world!";                                   //错误
```

2. 系统分配内存单元的方法不同

字符数组定义后，系统将分配一段连续的内存空间，字符数组名就是这段连续内存空间的首地址。而字符指针变量定义后，系统将分配一个存放指针值的内存空间。这个字符指针因没有明确的指向对象，而成为野指针。例如，下面的用法是错误的：

```
char * str;
cout<<str;                                             //错误
```

针对这种情况，字符指针在定义后要指向具体的对象。

3. 修改地址的方法不同

在程序中，可以通过修改指针的值使字符指针指向字符串中的任何位置，但字符数组名只能被引用，而不能修改。例如：

```
char str[]="hello world!", * p=str;
p=p+6;
cout<<p;                                               //输出 world!
```

6.5 引用

通过指针变量实现数据的间接访问，提高了程序的运行效率。但是指针变量需要分配内存空间，指针作为函数参数仍然产生副本，指针运算符 * 会产生一定的内存开销。在 C++ 语言中引入引用概念，可以进一步实现更简洁、高效的数据访问。

引用

6.5.1 引用的概念

在 C++ 中，提供了一种为变量起一个别名的机制，这个别名就是引用。声明引用的过程也就是为某个变量建立别名的过程。

引用的声明格式如下：

数据类型 &引用名=变量名;

例如：

```
int a ;
int &b=a;
```

这里声明 b 是 a 的引用，即声明 b 是 a 的别名。注意，引用标识符 & 标识这里定义的是一个引用，它不是取地址运算符。

【例 6.9】 引用声明和使用。

```
#include<iostream>
using namespace std;
int main()
{
    int a=1;
    int &b=a;                                    //b 是变量 a 的引用
    cout<<"a="<<a<<endl;
    cout<<"b="<<b<<endl;
    b=2;
    cout<<"a="<<a<<endl;
    cout<<"b="<<b<<endl;
    cout<<"&a="<<&a<<endl;
    cout<<"&b="<<&b<<endl;
    return 0;
}
```

程序运行结果如下：

```
a=1
b=1
a=2
b=2
&a=0079FB1C
&b=0079FB1C
```

从上面的例子可以看出，建立变量引用关系后，使用引用名或变量名操作变量，两者效果是一样的。

使用引用时需要注意以下几点：

(1) 声明引用时，除了引用作为函数参数或返回引用的函数这两种情况外，必须初始化。

(2) 一旦为一个变量声明了一个引用，该引用就不能再作为别的变量的引用。

(3) 引用和其所代表的变量使用同一个内存空间，它并不单独占用内存空间。

(4) & 出现在赋值运算符的左边或函数形参表中时为引用，否则为取地址。

引用实现了指针的封装，使数据操作更加安全。引用不占用新的内存空间，节省了内存开销。通过引用对变量进行访问，程序简单、清晰，更好理解。

注意 引用本质上是常量地址，初始化后不能再改变。

6.5.2 引用与函数

在 C++ 中，函数的参数传递有值传递、地址传递和引用传递。引用传递是引用最主要的用途。引用作为函数的参数时，就是与它对应的实参的别名，在函数中所有对引用形参的操作就相当于对与它对应的实参的操作。所以，这种方法既有传值方式方便、自然的特点，又能像地址传递方式那样能更新实参值。

【例 6.10】 定义一个函数形参为引用，实现 3 个整数的排序。

```
#include<iostream>
using namespace std;
void Sort(int &, int &, int &);                    //排序函数的声明
int main()
{
    int a,b,c;
    cout<<"请输入排序的 3 个数:";
    cin>>a>>b>>c;
    cout<<"排序之前:";
    cout<<a<<"  "<<b<<"  "<<c<<endl;
    Sort(a,b,c);
    cout<<"排序之后:";
    cout<<a<<"  "<<b<<"  "<<c<<endl;
    return 0;
}
void Sort(int &x, int &y, int &z)                  //将形参全部定义为引用参数
{
    int temp;
    if(x>y)
    {
        temp=x;  x=y;  y=temp;
    }
    if(x>z)
    {
        temp=x;  x=z;  z=temp;
    }
    if(y>z)
    {
        temp=z;  z=y;  y=temp;
    }
}
```

程序运行时，输入和运行结果如下：

```
请输入排序的 3 个数:12  -5  89
排序之前:12  -5  89
排序之后:-5  12  89
```

在程序中，Sort 函数中的形参 x、y、z 是引用，在函数体中直接使用 x、y、z 对变量进行操作。该函数被调用时，x、y、z 初始化为实参变量 a、b、c 的别名，共用内存空间，该函数中对 x、y、z 的排序也就是对 a、b、c 的排序。

6.6 动态内存分配

在定义数组时需要确定数组长度，编译时系统自动为其分配内存空间，这属于静态内存分配。然而，数组的长度通常在运行时才知道，它所需的内存空间取决于输入的长度。例如，计算班级学生课程平均分时，需要存储班级所有学生的成绩数据，但程序执行前并不清

楚班级学生人数,所以只能把数组长度定义得足够大,这样会导致内存空间的极大浪费。在这种情况下,需要在程序运行时才给数组分配内存空间,即动态内存分配。

在 C++ 中,使用 new 运算符动态分配内存空间,使用 delete 运算符释放内存空间。

动态内存分配

6.6.1 new 运算符

1. 为变量申请内存空间

使用 new 运算符申请一个变量的内存空间的格式如下:

<数据类型> *<指针变量> = new <数据类型>;

它表示申请指定数据类型的内存空间,指针指向的数据类型应与关键字 new 后给定的数据类型相同。如果申请内存空间成功,则返回其首地址;否则,返回一个空指针。例如:

```
int *p= new int;                    //开辟一个存放整型数据的内存空间
int *p=new int(10);                 //开辟一个存放整型数据的内存空间,并初始化为 10
```

2. 为数组申请内存空间

用 new 运算符申请一块连续的内存空间,即创建一个数组。使用 new 运算符可以创建一维数组和二维数组。

1) 使用 new 创建一维数组

使用 new 运算符创建一维数组的格式如下:

<数据类型> 指针=new 数据类型[下标表达式];

数据类型表示分配的内存空间存放的数据类型,下标表达式表示数组元素的个数。如果申请内存空间成功,则返回其首地址。例如:

```
int *p=new int[10];                 //开辟一个存放 10 个整型数据的内存空间
```

动态创建一维数组通常根据输入变量的值确定申请的存储单元(即数组元素)个数。例如:

```
int n;
cin>>n;
int *p=new int[n];
```

n 是变量,根据输入的 n 的值动态申请 n 个连续的存储单元,真正实现了动态内存分配。如果是静态内存分配,定义的数组长度只能是整型常量。

注意 *在为数组动态分配内存空间时,不能对数组中的元素初始化。*

2) 使用 new 创建二维数组

动态创建二维数组时,先动态创建行,再动态创建每一行即列。二维数组要从逻辑上理解上行和列:先创建一个指针的指针,即指向一个指针数组,数组长度为行;再让指针数组中的每个指针都指向一个动态一维数组,即列。行和列都是变量,由用户输入它们的值。例如:

```
int m,n;                                    //m 为行数,n 为列数
cin>>m>>n;
int **arr = new int* [a];                   //创建行
for (int i = 0; i <m; i++)
    arr[i] = new int[b];                    //创建列
```

6.6.2 delete 运算符

当在程序中不再需要使用 new 运算符申请的内存空间时，就必须用 delete 运算符释放它。

delete 运算符的使用格式如下：

```
delete 指针名;                          //释放非数组内存单元
delete []指针名;                        //释放数组内存单元
```

例如：

```
int * p1=new int(1);
delete p1;
double * p2=new double[5];
delete []p2;
```

使用 delete 运算符时，有以下注意事项：

(1) 指针名是指向需要释放的内存空间的指针的名字。

(2) 内存空间释放后，指针本身并不被删除，必要时还可以重新赋值。

(3) 在释放数组内存空间时，运算符后或指针名前必须加上[]。

在进行动态内存分配时，有时会遇到内存泄漏问题，导致内存泄漏的问题的原因有以下两点：

(1) 从定义指针的函数返回前没有释放在函数中申请的内存空间，函数结束指针将退出作用域，不能再用。

(2) 指向动态分配内存的指针在其指向的内存空间没有释放前被重新赋值，导致程序无法访问指针原来指向的内存空间，也没有办法释放它。

所以使用动态内存分配时，在需要时用 new 运算符进行申请，在不需要时应及时用 delete 运算符进行释放，以避免造成内存泄漏。

【例 6.11】 编程求人数未知的多名学生某门课程的平均分。

```
#include<iostream>
using namespace std;
int main()
{
    int count,i;
    int * score;
    double total=0;
    cout<<"请输入学生人数:";
    cin>>count;
    score=new int[count];                    //根据人数动态申请内存空间
    if (!score)
    {
        cout<<"分配空间失败!"<<endl;
        exit(0);
    }
    cout<<"请依次输入"<<count<<"个学生的成绩:"<<endl;
    for(i=0; i<count; i++)
```

```
    {
        cin>>score[i];
        total+=score[i];
    }
    cout<<"平均分:"<<total/count<<endl;
    delete []score;                              //释放为 score 分配的内存空间
    return 0;
}
```

程序运行时,输入和运行结果如下:

```
请输入学生人数:4
请依次输入 4 个学生的成绩:
78  98  65  66
平均分:76.75
```

6.7 案例实战与实训

6.7.1 案例实战

开发一个班级成绩管理系统。一个班有 5 个学生,初始化数学、语文、英语和 C++ 程序设计课程考试成绩,利用指针和引用求学生平均成绩和课程平均成绩。

【案例分析】

(1) 学生成绩存储。

5 个学生的 4 门课程成绩要用二维数组存储,可以初始化课程成绩。如果人数未定,可以动态申请二维数组,在程序运行时从键盘输入学生成绩。

(2) 存储用户输入的选项。

根据用户输入的选项选择计算学生平均成绩或课程平均成绩,编写函数 void getChoice(char &letter)存储用户输入的选项信息,形参用引用实现,即用户输入的选项存储在引用变量 letter 中。

(3) 求学生平均成绩。

求学生平均成绩函数的原型为 void stuAver(int (*p)[4]),形参为指向数组的指针。学生平均成绩可用局部变量一维数组存储。

(4) 求课程平均成绩。

求课程平均成绩函数的原型为 void courAver(int *p),形参为指针变量。课程平均成绩用局部变量一维数组存储。

(5) 主程序。

定义并初始化学生成绩,调用用户输入选项函数 getChoice,根据用户输入的选项调用不同的函数求学生的平均成绩或课程平均成绩,用 switch 结构实现。

【程序代码】

```
#include<iostream>
#include<iomanip>
using namespace std;
```

```
void  getChoice(char &letter);                      //输入用户选择
void stuAver(int( * p) [4]);                        //求学生平均成绩
void courAver(int * p);                             //求课程平均成绩
int main() {
    int stu[5][4] = { {75, 80, 88, 90}, {89, 68, 78, 75}, {80, 85, 95, 88},
                      {78, 89, 95, 55}, {70, 80, 75, 95} };
    int i, j;
    char ch;
    cout << "请选择成绩计算的方式" << endl;
    cout << "S: 学生平均成绩" << endl;
    cout << "C: 课程平均成绩" << endl;
    getChoice(ch);                                  //调用函数
    switch (ch)
    {
        case 'S':
        case 's':
            stuAver(stu);                           //调用函数
            break;
        case 'C':
        case 'c':
            courAver( * stu);                       //调用函数
            break;
    }
    return  0;
}
void  getChoice(char &letter)                       //形参为引用
{
    do {
        cout << "请输入 S 或 C:" << endl;
        cin >> letter;
    } while (letter != 'S' && letter != 's' &&letter != 'C' && letter != 'c');
}
void stuAver(int( * p) [4])                         //形参为指向数组的指针
{
    int i, j;
    float stuaver[5] = { 0 };
    for (i = 0; i < 5; i++) {
        for (j = 0; j < 4; j++)
            stuaver[i] = stuaver[i] + * ( * (p + i) + j);
        stuaver[i] = stuaver[i] / 4.0;
        cout << stuaver[i] << "  ";
    }
}
void courAver(int * p)                              //形参为指针变量
{
    int i, j;
    float couraver[4] = { 0 };
    for (i = 0; i < 5; i++) {
        for (j = 0; j < 4; j++) {
            couraver[j] = couraver[j] + * (p);
```

```
            p++;
        }
    }
    for (i = 0; i < 4; i++) {
        couraver[i] = couraver[i] / 5.0;
        cout << couraver[i] << "  ";
    }
}
```

程序运行时，输入和运行结果如下：

```
请选择成绩计算的方式
S：学生平均成绩
C：课程平均成绩
请输入 S 或 C:
S
83.25  77.5  87  79.25  80
```

6.7.2 案例实训

实训1：编写程序，从键盘输入 N 个整数，求最大值、最小值及它们的下标。要求：①使用动态内存空间；②用函数实现输入；③用函数实现求最大值、最小值及下标；④用主程序验证(形参使用引用)。

实训2：输入 n 个整数，用指针方法对这 n 个整数由小到大进行排序。要求：①用动态内存空间；②用函数实现排序，形参用指针实现；③编写完整的主函数。

习题 6

冒泡法排序

1. 填空题

(1) 若定义 int a;，则 &a 的含义为________。

(2) 若定义 int a; int &b=a;，则 & 的含义为________。

(3) 指针可以进行的运算有________、________和________。

(4) 若定义 double x;，则使指针 p 可以指向变量 x 的定义语句是________，使指针 p 指向变量 x 的赋值语句是________。

(5) 运算符________用于申请所需的内存空间，运算符________用于释放不需要的内存空间。

(6) 已知数组 x 定义为 int x[10];，并能顺利执行语句 p1=x;，则 p1 的声明语句是________。

(7) 若有以下定义和语句，则++(*p)的值是________。

```
int a[5]={0,1,2,3,4}, *p;
p=&a[3];
```

(8) 若有以下定义和语句，则 *--p 的值是________。

```
int a[5]={0,1,2,3,4}, *p;
p=&a[3];
```

2. 单项选择题

(1) 若有以下定义,则变量 p 所占内存空间的字节数是(　　)。

```
float *p;
```

A. 1.　　B. 2　　C. 4.　　D. 8

(2) 若有以下定义,下面的说法中错误的是(　　)。

```
int a=10, *p=&a;
```

A. 声明变量 p,其中 * 表示 p 是一个指针变量

B. 声明变量 p 只可以指向一个整型变量

C. 变量 p 经初始化,获取变量 a 的地址

D. 变量 p 的值是 10

(3) 若有以下定义,则下面均代表地址的一组选项是(　　)。

```
int *p, a=10;
p=&a;
```

A. a, p, *&a　　B. &*a, &a, *p

C. &p, *p, &a　　D. &a, &*p, p

(4) 若有以下程序段,则下面的叙述中正确的是(　　)。

```
char s[]="china";
char *p;
p=s;
```

A. s 与 p 完全相同

B. 数组 s 中的内容和指针变量 p 中的内容相同

C. 数组 s 的长度和 p 所指向的字符长度相等

D. *p 与 s[0]相等

(5) 以下程序的运行结果为(　　)。

```
char str[]="abc", *p=str;
cout<<*(p+2);
```

A. 67　　B. 0

C. 字符 c 的地址　　D. 字符 c

(6) 若有以下定义,则对数组元素的正确引用是(　　)。

```
char a[], *p=a;
```

A. *&a[5]　　B. a+2　　C. *(p+5)　　D. *(a+2)

(7) 若有以下定义,则下面的叙述中正确的是(　　)。

```
char *b[2]={"1234", "5678"}
```

A. 数组 b 的两个元素中各存放了字符串"1234"和"5678"的首地址

B. 数组 b 的两个元素中各存放了包含 4 个字符的一维数组的首地址

C. B 是一个指针,指向含有两个数组元素的字符型一维数组

D. 数组 b 的两个元素值分别是"1234"和"5678"

(8) 下列关于引用的说法中错误的是(   )。

A. 任何变量都可以被引用

B. 不允许把为一个变量建立的引用重新用作另一变量的别名

C. 引用和其所代表的变量使用同一块内存空间

D. 如果程序需要先指向一个对象,然后又指向另一个对象,此时应采用引用

(9) 以下程序的运行结果为(   )。

```
#include<iostream>
using namespace std;
int a[]={2,4,6,8,10};
int y=1, x, *p;
p=&a[1];
for(x=0; x<3; x++)
    y+=*(p+x);
cout<<y<<endl;
```

A. 19   B. 13   C. 21   D. 29

3. 程序设计题

(1) 设有一个包含10个元素的整型数组,用3种不同的方法输出各元素。

(2) 设有一个字符串str1,其内容为"Hello!",利用指针将该字符串的内容复制到另一个字符串str2中,并逆序输出字符串str1。

(3) 输入一串英文文字,统计其中字母(不区分大小写)的数目。

(4) 编写一个函数,其功能是对传入的两个浮点数求和与求差,并通过形参将结果传回调用函数。

(5) 有10个数围成一圈,求出相邻3个数之和的最小值。

(6) 编写函数fun(char *p),其功能是将一个数字字符串转换为一个整数,并用主函数验证。

(7) 编写函数func(char *p1,char *p2),其功能是比较两个字符串的大小,返回值为两个字符串中第一个不相等的字符的差值,并用主函数验证。

(8) 输入N个整数,编程实现对称交换,即逆序存放。要求:①使用动态内存空间;②用函数实现输入;③用函数实现输出;④用函数实现对称交换;⑤用主程序验证(形参使用指针)。

第7章　结构体与共用体

引言

学生通常有学号、姓名、性别、成绩等数据，如果分别定义变量存储这些数据，不能反映出它们之间的内在联系。如果涉及多个学生实体的数据处理，则需要使用多个一维数组或二维数组分别存储每个学生的数据，各个学生的对应数据的处理较分散，逻辑性不强。C++ 提供了一种构造数据类型——结构体，可以实现实体属性数据的封装，能充分反映数据成员的内在关系。

结构体变量按照结构体类型定义数据成员的顺序分配内存空间，各数据成员是相互独立的。为了进一步节省内存空间，C++ 提供了一种构造数据类型——共用体。共用体类型中各数据成员共用一个内存空间。本章是今后学习 C++ 面向对象程序设计中的重要概念——类的基础，要理解并掌握结构体和共用体的存储结构和编程思想。

学习目标

了解：结构体和共用体的适用范围和区别。

熟悉：结构体和共用体类型以及变量的定义。

掌握：结构体和共用体的初始化和引用；结构体数组编程。

课程思政

团队教育：通过结构体对属性数据的封装和共用体共用内存空间的特性引入团队教育，讲解创新创业团队如何合作共赢，培养学生的团队精神和集体荣誉感。

结构体类型与结构体变量

7.1　结构体类型与结构体变量

结构体类型是一种组合数据类型，即把反映同一实体不同属性特征的各数据成员分别进行定义并封装在一起。结构体中定义的数据成员称为结构体成员。结构体成员可以是基本数据类型，也可以是已定义的构造数据类型。结构体类型是一种自定义类型，需要先定义类型，然后才能用类型定义结构体变量。

7.1.1　结构体类型

结构体类型定义形式如下：

```
struct 结构体类型名
{
    数据类型 1 成员名 1;
    数据类型 2 成员名 2;
     ⋮
```

```
    数据类型 n 成员名 n;
};
```

其中,struct 是定义结构体的关键字;结构体类型名是用户自定义的名字,要符合 C++ 标识符的命名规则;在花括号内对各数据成员分别进行定义,每个成员可以是基本类型,也可以是构造类型(如已定义的结构体)。右花括号后面要用分号表示结构体类型定义的结束。

例如,定义学生结构体类型如下:

```
struct student
{
    char num[10];                               //学号
    char name[10];                              //姓名
    char sex;                                   //性别
    float score;                                //成绩
}
```

结构体类型名为 student;类型成员有 4 个,字符数组 num 存放学号,字符数组 name 存放姓名,字符变量 sex 存放性别,单精度浮点型变量 score 存放成绩,各成员同属学生结构体类型。

7.1.2 结构体变量

定义结构体类型只是定义结构体数据成员的构成情况,系统不会为结构体类型分配实际的内存空间。必须先定义结构体类型,才能定义结构体变量,变量才能获得内存空间。

定义结构体变量有以下 3 种方式。

1. 先定义结构体类型,再定义结构体变量

例如,利用前面定义的结构体类型 student 定义 stu1、stu2 两个结构体变量:

```
struct student stu1, stu2;
```

或

```
student stu1, stu2;
```

其中,struct student 或 student 代表已定义的结构体类型,可以直接使用该类型定义变量。

注意 定义结构体变量时,在 C 语言中结构体类型用"struct 结构体类型名"表示,在 C++ 中可以用"struct 结构体类型名"或者直接用结构体类型名表示。

2. 在定义结构体类型的同时定义结构体变量

例如,在定义结构体类型 student 的同时定义两个 student 类型的结构体变量 stu1 和 stu2:

```
struct student
{
    char  num[10];
    char name[10];
    char sex;
    float score;
}stu1,stu2;
```

3. 直接定义结构体变量

例如，在定义结构体类型的同时省略结构类型名，直接定义两个结构体变量 stu1 和 stu2：

```
struct
{
    char num[10];
    char name[10];
    char sex;
    float score;
}stu1,stu2;
```

上面在定义变量 stu1 和 stu2 时省略了结构体类型名，以后就不能再用这种结构体类型定义其他结构体变量。因此，定义结构体变量时最好使用前两种方式。

系统对结构体变量按照数据成员定义的顺序依次分配内存空间，数据成员内存空间是相互独立的，结构体变量的地址是第一个数据成员的地址。student 结构体变量 stu1 在内存中的存储结构如图 7.1 所示。

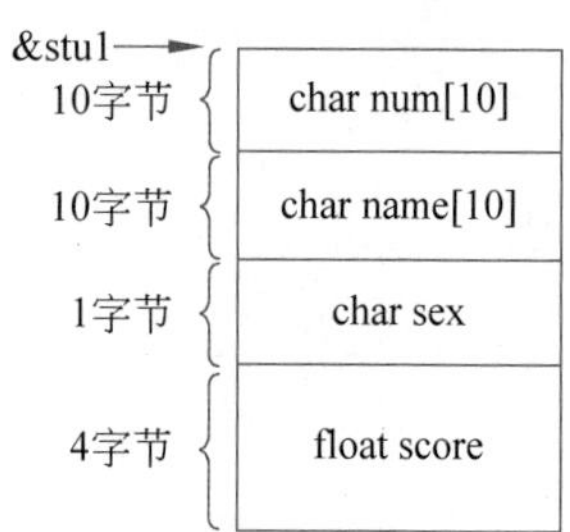

图 7.1　student 结构体变量在内存中的存储结构

注意　结构体变量存储空间字节数应大于或等于各数据成员空间之和。因为结构体变量存储空间分配遵循数据成员对齐等原则，存在用于填充的额外内存空间。

7.1.3　结构体变量的初始化、引用和结构体指针变量

1. 结构体变量的初始化

结构体变量的初始化是指在定义结构体变量时为每个成员赋值。其语法格式如下：

struct 结构体类型名 结构体变量名={初值 1,初值 2, …};

初值的个数、顺序和数据类型均应与定义结构体时成员的个数、顺序和数据类型保持一致。例如：

```
struct student stu1={"20210101","zhang san",'m',95};
```

字符串"20210101"赋给 stu1.num，字符串"zhang san"赋给 stu1.name，字符'm'赋给 stu1.sex，数值 95 赋给 stu1.score。

2. 结构体变量的引用

结构体变量是作为一个整体被定义的，但不能作为一个整体进行访问，只能通过结构体变量中的成员进行访问。

访问结构体成员变量的语法格式如下：

结构体变量.成员名

其中，“.”是成员运算符，在运算符中优先级最高，左结合，用于访问一个结构体变量中的成员变量。对结构体中的成员变量可以像一般变量一样进行各种运算。例如：

```
struct student stu1;
stu1.sex='m';
```

若结构体成员本身又是一个结构体类型的变量，则要通过若干成员运算符“.”访问到最低一级的成员。

【例 7.1】 结构体变量的引用示例。

```
#include<iostream>
using namespace std;
struct teacher
{
    char num[10];
    char name[10];
    char sex;
    double salary;
};
struct teacher teac1 = {"20220001","张三",'m',10000}, teac2;
int main()
{
    cin >> teac2.num >> teac2.name >> teac2.sex >> teac2.salary;
    cout << teac1.num<<'\t'<<teac1.name << '\t' << teac1.sex
         << '\t' << teac1.salary << endl;
    cout << teac2.num<<'\t'<<teac2.name << '\t' << teac2.sex
         << '\t' << teac2.salary << endl;
    return 0;
}
```

程序运行时，输入 teac2 的成员数据，执行结果如下：

```
20220001        张三      m       10000
20220002        李四      m       11000
```

在本程序中，结构体类型定义和变量定义放在主函数的前面，结构体变量 teac1 和 teac2 是全局变量。结构体变量的定义也可以放在函数体内。

注意 对结构体变量只能逐个成员进行引用，不能整体引用，即不能整体对结构体变量进行输入、处理和输出。

3. 结构体指针变量

指向结构体变量的指针称为结构体指针变量，它存放结构体变量的起始地址。利用结构体指针变量间接引用结构体变量的成员的格式如下：

(* 指针变量).成员名

或

指针变量->成员名

【例 7.2】 用结构体指针变量引用结构体变量的成员。

```
#include<iostream>
#include<string>
using namespace std;
```

```
    struct teacher                                   //定义结构体类型
    {
        int num;
        string name;
        char sex;
        float salary;
    };
int main()
{
    teacher teac;                                    //定义结构体变量
    teacher * p =&teac;                              //定义结构体指针变量 p 指向 teac
    teac.num = 20220001;
    teac.name = "Zhang San";
    teac.sex = 'm';
    teac.salary = 11000;
    cout << teac.num << "  " << teac.name << "  " << teac.sex
    << "  " << teac.salary<< endl;
    //通过指针变量应用结构体变量中的成员变量
    cout << (* p).num << "  " << (* p).name <<"  " << p->sex <<"  "
         << p->.salary << endl;
    return 1;
}
```

程序运行结果如下：

```
20220001  Zhang San  m  11000
20220001  Zhang San  m  11000
```

结构体数组

7.2 结构体数组

结构体数组就是数组中的每个元素都是一个结构体类型的变量，它们都分别包括各个成员项。例如，定义了一个学生结构体类型，如果要处理多个学生的数据，需要定义结构体数组存储这些数据。

7.2.1 结构体数组的定义

结构体数组定义与结构体变量定义一样，可以采用以下 3 种方式。

1. 先定义结构体类型，再定义结构体数组

利用已定义的结构体类型定义结构体数组，其定义形式如下：

[struct] 结构体类型名 数组名[长度];

其中，数组名要符合 C++ 标识符名命规则，长度表示数组元素个数。结构体数组在内存中分配一段连续的内存空间，依次存放每个数组元素。数组元素的存储单元是按结构体成员的顺序分配的。数组名代表结构体数组中第一个元素在内存中的首地址。例如：

```
struct  student
{
```

```
    int  num;
    char name[20];
    char sex;
    int age;
};
struct student stu[2];
```

结构体数组 stu 有两个元素，stu[0]和 stu[1]，每个元素在内存中按学号、姓名、性别、成绩 4 个成员变量的顺序存储。

2. 定义结构体类型的同时定义结构体数组

定义结构体类型时，在结构体类型定义后面加上数组名[长度]，例如：

```
struct  student
{
    int num;
    char name[20];
    char sex;
    int age;
}stu[2];
```

3. 直接定义结构体数组

省略结构体类型名，定义结构体类型的同时定义数组，例如：

```
struct
{
    int num;
    char name[20];
    char sex;
    int age;
}stu[2];
```

7.2.2 结构体数组的初始化

结构体数组初始化就是在定义结构体数组的同时对结构体数组元素的数据成员赋初始值。结构体数组初始化有以下两种方式。

1. 分行初始化

分行初始化，内层每一对花括号表示一行，即一个数组元素，外层再用一对花括号把所有行都括起来。如果对全部数组元素都进行初始化，数组的维数可以省略。例如：

```
struct  student
{
    int num;
    char name[20];
    char sex;
    int age;
};
struct  student  stu[ ]={{100,"Wang Lin",'M',20}, {101,"Li Gang",'M',19},
                         {110,"Liu Yan",'F',19}};
```

2. 顺序初始化

数组元素的所有成员变量的值使用一对花括号括起来，数据之间用逗号分隔，按存储结构顺序依次进行赋值，第一个数组元素初始化完成后自动进行下一个数组元素初始化，以此类推。例如：

```
struct  student
{
    int num;
    char name[20];
    char sex;
    int age;
};
struct  student  stu[ ]={100,"Wang Lin",'M',20,101,"Li Gang",'M',19,110,
                   "Liu Yan",'F',19};
```

7.2.3 结构体数组的引用

结构体数组的引用是对结构体数组元素的成员变量进行引用，其格式如下：

数组名[下标].成员名

注意 结构体数组元素不能整体引用，只能对数组元素的成员变量逐个进行引用。例如：

```
struct student
{
    char num[10];
    char name[10];
    char sex;
    float score;
}stu[3];
```

stu[1].score++表示对数组中的第二个元素 stu[1]的 score 成员做增 1 运算；strcpy(stu[0].name,"ZhaoDa")；表示将字符串"ZhaoDa"复制到第一个元素 stu[0]的 name 成员中。

【例 7.3】 设有 3 个候选人，最终只能有一人当选为领导。今有 10 个人参加投票，从键盘先后输入这 10 个人所投候选人的名字，最后输出各候选人得票结果。

```
#include<iostream>
#include<string>
using namespace std;
struct person
{
    char name[20];
    int count;
}leader[3] = {"Li",0,"Zhang",0,"Wang",0};
int main()
{
    int i, j;  char leader_name[20];
    for (i = 1; i <= 10; i++)
```

```
    {
        cin >> leader_name;
        for (j = 0; j < 3; j++)
            if (strcmp(leader_name, leader[j].name) == 0)
                leader[j].count++;
    }
    for (i = 0; i < 3; i++)
        cout << leader[i].name << ":" << leader[i].count << endl;
}
```

程序运行时,输入和运行结果如下:

```
Li  Zhang Wang  Li  Li  Li  Wang  Wang  Wang  Li
Li:5
Zhang:1
Wang:4
```

在本例中,每个候选人信息包括姓名和得票数,定义包含两个数据成员的 person 结构体类型,两个数据成员分别存储候选人的名字和得票数。采用顺序存储方式初始化所有候选人的姓名和得票数,最后用 for 循环输出结构体数组 leader 中 3 个候选人的姓名和得票数。

7.3 共用体

共享单车、共享充电宝、共享雨伞等共享经济活动节约了大量的资源,提高了资源的利用率。那么,数据存储是否可以共用一段内存空间呢? C++ 提供了一种共用内存空间的构造数据类型,即共用体。

共用体(union)中"共用"是指多种不同类型的变量从同一地址开始存放各个成员的值,共同占用同一个内存空间,但在某一时刻只有一个成员起作用。共用体也是一种用户自定义数据类型,是由若干数据成员组成的。各成员均从同一地址开始存放,即各成员所占用的内存空间是相互覆盖的。共用体变量所占内存空间的大小等于其所有数据成员中所占内存空间最大者,这样才能保证存储所有成员变量。

共用体与结构体的区别如下:共用体是所有成员变量共享一个内存空间,在任一时刻只有一个成员可以访问;结构体中各成员变量的空间是独立分配的,在任一时刻,结构体中的所有成员都是可访问的。

共用体

7.3.1 共用体类型

共用体类型的定义同结构体类型一样,只是把关键字由 struct 改成了 union,定义形式如下:

```
union 共用体类型名
{
    数据类型 1 成员名 1;
    数据类型 2 成员名 2;
    ⋮
```

```
    数据类型 n 成员名 n;
};
```

其中，union 为共用体关键字；共用体类型名自定义，要符合 C++ 标识符的要求；在花括号中定义共用体数据成员，右花括号后面的分号表示共用体类型定义的结束。

7.3.2 共用体变量

共用体变量的定义和结构体变量类似，也有 3 种方式：先定义共用体类型，再定义共用体变量；定义共用体类型的同时定义共用体变量；定义共用体类型时省略共用体名，同时定义共用体变量。以下是定义共用体类型及共用体变量 3 种方式的示例：

```
union stu_tea
{
    float score;
    double salary;
};
stu_tea s1,s2;
```

```
union stu_tea
{
    float score
    double salary;
}s1,s2;
```

```
union
{
    float score;
    double salary;
}s1,s2;
```

在上面定义的共用体变量 s1 中，成员变量 score 为 float 型，占 4 字节；salary 为 double 型，占 8 字节。因此，s1 占用的内存空间为 8 字节。

共用体和结构体在变量的初始化上有所不同。系统允许对结构体中的每个数据成员按照定义的次序进行初始化。对共用体来说，只允许对其第一个成员进行初始化，而不允许初始化其他成员。例如：

```
stu_tea s1={12};                              //正确
stu_tea s2={12,34};                           //错误
```

共用体变量的引用方式与结构体相同，只能通过成员运算符“.”访问共用体变量。使用共用体要注意以下几点：

(1) 共用体成员采用的是覆盖技术，每一时刻共用体变量只有一个成员起作用。在存入一个新的成员后，原有的成员就失去作用。

(2) 共用体变量的地址和它的各成员的地址是同一地址。

(3) 共用体变量在定义时可以进行初始化，但只能对共用体变量的第一个成员进行初始化。

(4) 共用体变量可作为结构体成员，结构体变量也可作为共用体成员。还可定义共用体数组。

【例 7.4】 共用体程序示例。

```
#include<iostream>
using namespace std;
union Data
{
    char c_data;
    short s_data;
    long l_data;
};
int main()
```

```
{
    Data x;
    x.c_data = 'm';       cout << "c_data=" << x.c_data << endl;
    x.s_data = 10;        cout << "s_data=" << x.s_data << endl;
    x.l_data = 100;       cout << "l_data=" << x.l_data << endl;
    cout << "c_data=" << x.c_data << endl;
    cout << "s_data=" << x.s_data << endl;
    return 0;
}
```

程序运行结果如下：

```
c_data=m
s_data=10
l_data=100
c_data=d
s_data=100
```

在上面的程序中，从上往下输出最近一次变量的赋值没有问题。但是，注意观察一下最后 x.c_data 和 x.s_data 的值，为什么是这两个值？原因是共用体变量成员共用内存空间，最后一次赋值是将 100 赋给 x.l_data，把共用内存空间中以前的值覆盖了，此时共用内存空间中是有值的，只是不是原来的值。

为什么输出 x.c_data 的值为 d？因为 100 在内部是以二进制补码形式存储的，最后一字节对应的字符就是 d。

为什么输出 x.s_data 的值为 100？因为长整型 100 的二进制补码形式在内部存储占 4 字节，高位为 0，所以低位的 2 字节在 x.s_data 的内存空间里面对应的值刚好是 100。

注意，共用体各数据成员共用一段内存空间，但是某一时刻，只有最近赋值的成员变量值有效，有时使用起来不是很方便。现在内存空间越来越大，在程序所占内存不是很大的情况下可以不使用共用体。因此，在实际编程中很少使用共用体，但共用体的基础知识还是要掌握的。

7.4 案例实战与实训

7.4.1 案例实战

开发一个简易的成绩管理系统，编写 input 函数输入 3 名学生的成绩数据，包括每个学生的学号(num)、姓名(name)、3 门课的成绩(score[3])，编写 print 函数输出这组学生的成绩，并用主函数进行验证。

【案例分析】

(1) 数据存储。

定义 student 结构体类型，定义结构体数组 stu[3]用来存储 3 名学生的成绩数据，学生人数用符号常量表示。

(2) 学生信息输入。

编写函数 void input(student stu[])实现学生信息的输入，数组名作为函数参数，数组的长度(即学生人数)用全局符号常量表示。

（3）学生信息输出。

编写函数 void print(student stu[])实现学生信息的输出，数组名作为函数参数，数组的长度（即学生人数）用全局符号常量表示。

（4）主函数。

结构体数组定义为全局变量。在主函数中对函数原型进行声明，依次调用 input 和 print 函数进行学生信息的输入和输出。

【程序代码】

```
#include<iostream>
#include<iomanip>
using namespace std;
const int n = 5;
struct student
{
    char num[6];
    char name[8];
    int score[4];
}stu[n];
int main()
{
    void input(student stu[]);
    void print(student stu[]);
    input(stu);
    print(stu);
    return 0;
}
void input(student stu[])
{
    int i, j;
    for (i = 0; i < n; i++)
    {
        cout << "Please input scores of student " << i + 1 << ":" << endl;
        cout << "no.:";
        cin >> stu[i].num;
        cout << "name:";
        cin >> stu[i].name;
        for (j = 0; j < 3; j++)
        {
            cout << "score" << j + 1 << ":";
            cin >> stu[i].score[j];
        }
    }
}
void print(student stu[])
{
    int i, j;
    cout << "no.    name    score1   score2   score3" << endl;
    for (i = 0; i < n; i++)
```

```
    {
        cout << stu[i].num << "    " << setw(3) << stu[i].name << "    ";
        for (j = 0; j < 3; j++)
            cout << setw(5) << stu[i].score[j] << "    ";
        cout << endl;
    }
}
```

程序运行时，依次输入学生信息，运行结果如下：

```
Please input scores of student 1:
no.:1001
name:杨明
score1:87
score2:98
score3:88
Please input scores of student 2:
no.:1002
name:李英
score1:78
score2:87
score3:98
Please input scores of student 3:
no.:1003
name:王娜娜
score1:97
score2:87
score3:67
no.      name     score1   score2   score3
1001     杨明      87       98       88
1002     李英      78       87       98
1003     王娜娜    97       87       67
```

7.4.2 案例实训

实训1：定义一个结构体日期(包括年、月、日)类型，编写函数判断是否为闰年，求日期是该年的第多少天，求明天，求昨天，并用主程序进行验证。对于某日，程序能计算并输出该日在本年中是第几天。

实训2：定义描述复数类型的结构体变量，编写减法函数sub与乘法函数mul，分别完成复数的减法与乘法运算。在主函数中定义4个复数类型变量c1、c2、c3、c4，输入c1、c2的复数值，调用sub函数完成c3=c1-c2操作，调用mul函数完成c4=c1 * c2操作。最后输出c3、c4的复数值。

习题7

1. 填空题

(1) 用于访问一个结构体变量中的某个结构体成员要用________运算符。

(2) 因为共用体成员采用________技术，所以每一时刻共用体变量只有一个成员起作用，其他成员不起作用。

(3) 运行以下程序后，a.x 的值为________，a.c 的值为________。

```
#include<iostream>
using namespace std;
struct n
{
    int x;
    char c;
};
void func(struct n b)
{
    b.x=20;
    b.c='y';
}
int main()
{
    struct n a={10,'x'};
    func(a);
    return 0;
}
```

(4) 设有以下结构体定义，则对字符串"Paul"的引用可以表示为________。

```
struct person
{
    char name[9];
    int age;
}p[3]={{"John",17},{"Paul",20},{"Mary",19}};
```

(5) caculate 函数的功能是计算 5 名学生 3 门课的平均分，请填空。

```
#include<iostream>
using namespace std;
const int m=3;
const int n=5;
struct student
{
    int number;
    char name[12];
    float score[m];                        //m门课的成绩
    float ave;                             //平均分
};
void caculate(student s[],int n)
{
    int i,j;
    float sum;
    for(i=0;i<n;i++)
    {
        sum=0;
        for(j=0;i<m;j++)
```

```
            sum=________;
        ________;
    }
    return;
}
int main()
{
    student pers[n];
    for(int i=0;i<n;i++)
    cin>>pers[i].number>>pers[i].name>>pers[i].score[0]>>pers[i].score[1]>>
pers[i].score[2];
    ________;
    for(int i=0;i<n;i++)
        cout<<pers[i].ave<<"    ";
    return 0;
}
```

2. 单项选择题

(1) C++ 结构体类型变量在程序执行期间(　　)。

A. 所有成员一直驻留在内存中　　B. 只有一个成员驻留在内存中

C. 部分成员驻留在内存中　　D. 没有成员驻留在内存中

(2) 以下关于结构体的叙述中错误的是(　　)。

A. 结构体是用户定义的一种数据类型

B. 结构体中可设定若干不同类型的数据成员

C. 结构体中成员的数据类型可以是另一个已定义的结构体变量

D. 在定义结构体时,可以为成员设置默认值

(3) 设有以下定义,下面的说法中错误的是(　　)。

```
struct person
{
    int num;
    char name[10];
    float score[3];
}wang;
```

A. struct 是结构体的关键字　　B. wang 是结构体类型名

C. num、name、score 是结构体成员名　　D. wang 是用户声明的结构体变量

(4) 设有以下定义,若对变量 person 赋值,则正确的赋值语句是(　　)。

```
struct date {int y,m,d;};
struct work
{
    char name[10];
    char sex;
    struct date birthday;
}person;
```

A. m=11;　　B. date.m=11;

C. person.birthday.m=11;　　D. birthday.m=11;

（5）以下关于共用体的叙述中错误的是(　　)。

A. 在定义共用体变量时可以进行初始化

B. 共用体变量的地址和它各成员的地址都是同一地址

C. 共用体变量和结构体变量的初始化方法相同

D. 共用体变量可以作为结构体变量的成员

3. 程序设计题

（1）输入 5 个学生的一组信息，包括学号、姓名、数学成绩、英语成绩、计算机成绩，求每个学生的平均分和总分，并按照总分从高到低的顺序输出学生信息。

（2）输入 10 个学生的学号、姓名和成绩，输出学生的成绩等级和不及格人数。每个学生的信息包括学号、姓名、成绩和成绩等级，要求定义并调用 input()函数(用于输入学生信息)、output()函数(用于输出学生成绩等级和不及格人数)和 set_grade()函数(用于设置学生的成绩等级并统计不及格人数)。成绩与成绩等级的对应关系为：85～100 为 A，70～84 为 B，60～69 为 C，0～59 为 D。

（3）建立一个通讯录，其记录包括姓名、生日和电话号码。其中，生日又包括年、月、日 3 项。编写程序，定义一个嵌套的结构体类型，输入 n(n<10)个联系人的信息，再按年龄大小依次输出所有联系人的信息。

第8章　类与对象

引言

C++ 是经典的面向对象程序设计语言。对象是现实中客观存在的事物,万物皆对象。类是具有相同属性和行为的一组对象的集合。面向对象程序设计以对象为核心,具有封装性、继承性和多态性三大基本特征。封装性是通过类体现的,实现了对象公有属性数据和对属性数据操作的封装。例如,学生的属性数据(如学号、姓名、成绩等)和对属性数据的操作(如成绩的查询)封装在一起,它们都属于学生对象,引用起来非常方便。本章是学习面向对象程序设计的基础,一定要重点掌握。

学习目标

了解:面向过程程序设计和面向对象程序设计的区别。

熟悉:类和对象的概念和编程思想。

掌握:构造函数和析构函数的定义、调用和使用;对象数组的编程。

课程思政

团队教育:通过类和对象的概念和思想,引入"物以类聚,人以群分""近朱者赤,近墨者黑",引导学生结交正能量的朋友;引入团队主题,进行团队教育,提高团队能力;启发学生领悟人生的哲学原理,提高学生正确认识、分析和解决问题的能力。

8.1　面向对象程序设计

C++ 是最经典的面向对象程序设计(Object Oriented Programming,OOP)语言。C++ 程序设计分为面向过程程序设计[即结构化程序设计(Structured Programming,SP)]和面向对象程序设计两部分。要理解面向过程程序设计存在的问题,以及为什么要学习面向对象程序设计,掌握面向对象程序设计的基本概念和基本特征。

8.1.1　面向过程程序设计存在的问题

面向对象
程序设计

面向过程程序设计是以过程为中心,分析出解决问题所需的步骤,然后用函数实现这些步骤,最后依次调用函数,将它们组合在一起。例如,可以把大学时光分成学习、生活和娱乐几部分,每一部分都有具体的事情做,将这些融合到一起,才是一个多姿多彩的大学时光。

面向过程的 C++ 程序的基本结构如图 8.1 所示。

面向过程的 C++ 程序可由多个源程序组成,每个源程序又由函数组成。面向过程程序设计对于较为简单的需求通常能够很好地满足。然而,面向过程程序设计存在以下问题:如果问题比较复杂,在项目开始之初就完成模块的合理划分往往比较困难;当数据结构改变

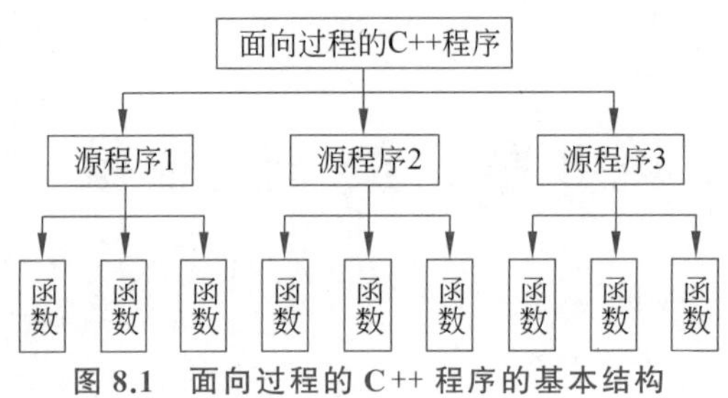

图 8.1　面向过程的 C++ 程序的基本结构

时，所有相关的处理过程都要进行相应的修改，程序的可维护性极差；程序的可重用性差，开发效率低下，难以适应并行处理、分布式处理等新环境的需求。

C++ 面向对象程序设计很好地解决了这些问题。面向对象程序设计对于复杂的需求能较好地满足。它将数据以及对数据的操作封装在一起，组成一个相互依赖、不可分割的整体，即类。通过创建类的实体，即对象，完成各种操作，提高了软件的可重用性、可维护性、可扩充性和可靠性等。

8.1.2　面向对象程序设计的基本概念

作为典型的面向对象程序设计语言，C++ 以对象为中心，把数据和对数据的操作方法封装成一个整体。例如，把学生的属性数据和对属性数据的操作封装在一起，创建一个学生对象，由该学生对象独立调用这些操作完成一些事情，例如学习、运动和竞赛，就可以很好地完成系统开发任务。

面向对象程序设计的基本概念主要有对象、类和抽象。

1. 对象

对象是现实世界中客观存在的事物。例如，每个学生、每个教师、每个班级、每个学校、每个国家、每本书等都是一个具体的对象。万物皆对象，世界是由对象组成的。

在现实中，对象＝属性＋行为，即对象是用对象具体的属性特征和行为描述的；在程序中，对象＝数据＋方法，即对象是通过对象具有的属性数据和对数据的操作方法描述的。例如，张三是一个学生，张三的学号、姓名、性别、课程成绩等是用来描述张三的属性特征的数据。要获取、修改张三的属性数据，如学号、课程成绩等，是对张三对象的属性数据的操作。

2. 类

类是具有相同属性和行为的一组对象的集合，它提供一个抽象的描述，其内部包括属性和行为两个主要部分。例如，张三、李四等是学生，这些学生虽然具体的属性（如学号、姓名、性别）不同，但是他们都具有学号、姓名、性别等基本特征，这些学生共有的基本特征称为学生类的属性，对属性的操作称为方法。

3. 抽象

抽象是通过特定的实例抽取出共同特征形成概念的过程。类提供一个抽象的描述，是具有相同属性和行为的一组对象的集合，相当于数据类型；对象是类的一个实例，相当于变量。例如，中国的 56 个民族抽象出来的共同属性和行为封装在一起，得到民族类；依据抽象出来的民族类模型，对每个民族进行描述和操作，每个民族都是一个对象。

抽象是类的本质，即只关注那些与当前目标有关的本质特征，把具有共同性质的事物划分为一类，得出一个抽象的概念。

8.1.3 面向对象程序设计的基本特征

面向对象程序设计有三大基本特征：封装性、继承性、多态性。

封装是面向对象程序设计的核心思想，将对象的属性和行为封装起来，不需要让外界知道具体实现细节，维护起来非常方便。封装就是隐藏对象的属性和实现细节，仅对外提供公开接口。例如，机器人内部封装了许多功能，人们可以通过与机器人的交互操纵机器人。

继承性主要描述的是类之间的关系，通过继承，在无须重新编写原有类的情况下，对原有类的功能进行扩展。例如，中国优良的传统美德，如凿壁偷光、悬梁刺股，在今天对中国传统文化的继承和发扬中要赋予新的时代含义，弘扬中国优秀的民族精神。

多态性指在一个类中定义的属性和方法被其他类继承后，它们可以具有不同的数据类型或表现出不同的行为。多态是类被继承后表现出的多种形态。例如，名人是历史和当代著名人物的抽象，具有著名人物共同的属性和行为。但是不同类型的著名人物可以具有不同的属性和行为，表现出多种形态。

注意　万物皆对象，通过面向对象的方式，将现实世界的事物抽象成对象，将现实世界中的关系抽象成类和继承，可以帮助人们更好地认识世界。

8.2 类

类

面向对象程序设计的核心是对象和类。要定义对象，必须先定义类。类是从一类对象抽象出来的具有共同属性和行为的模型。本节主要探讨类的定义和类的成员两方面的内容。

8.2.1 类的定义

类是一种自定义类型，类的定义包括类的声明和类的实现两部分。声明部分主要给出类的数据成员和成员函数以及它们的访问权限，从而实现对数据的封装。数据成员定义了该类对象共有的属性数据。成员函数定义了该类对象共有的行为特征，即对数据成员操作的方法，是由多个函数的原型声明组成的。类的实现，即类成员函数的实现，通常在类的外部给出。

类的声明语法格式如下：

```
class<类名>
{
    成员访问限定符:
        <数据成员说明>;
    成员访问限定符:
        <成员函数说明>;
};
```

其中，class 是定义类的关键字，类名是由程序员定义的，要符合 C++ 标识符的要求。数据成员是类的静态属性,成员函数是对数据成员操作的方法。花括号后面的分号表示类的声明的结束。类的声明中的成员函数只是原型说明。

类的实现(即成员函数的实现)语法格式如下:

```
函数类型 类名::成员函数名(参数表)
{
    函数体
}
```

注意 在类外定义成员函数时,成员函数名前面要加类名和作用域限定符::。如果函数名前没有类名和作用域限定符,则表示的函数不是类中的成员函数,是普通函数。

【例 8.1】 团队成员类 Team 的声明。

```
class Team
{
    private:
        string name, position;              //团队成员的姓名、职位
    public:
        void assign();                      //团队成员信息输入,任务分配
        void solve();                       //任务的完成方案
};
```

以上是团队成员类 Team 的声明,类名为 Team,peivate 和 public 为访问限定符,private 表示私有访问权限,public 表示公有访问权限。私有数据成员 name 和 position 表示团队成员的姓名和职位;公有方法 assign 实现对成员信息(任务分配)的输入,solve 表述任务的完成方案。

8.2.2 类的成员

类是事物的抽象描述。定义类,就是定义从对象中抽象出来的共有属性及方法,即数据成员和成员函数。例如,团队成员类对象抽象出来的共有属性为成员变量,包括姓名、职位;共有方法为成员函数,包括任务分配、任务的完成方案。

描述成员需要使用相应的访问限定符,即要定义数据成员和成员函数的访问权限。访问限定符有 3 个,分别是 private、protected 和 public。它们的含义分别如下:

(1) private 修饰的成员称为私有成员,通常是类的数据成员,用来描述该类对象的属性。私有成员只能由类中的函数访问,不可通过该类的对象进行访问。在成员访问权限省略的情况下默认为私有类型。

(2) protected 修饰的成员称为保护成员,通常也是类的数据成员。它可以被本类的成员和本类的派生类访问,类外的其他函数不可以访问。保护成员与私有成员的区别是它可以被派生类成员访问。

(3) public 修饰的成员称为公有成员,通常是类的一些操作,即成员函数。它是类提供给用户操作的功能接口。它可以被本类的其他成员函数及类外部定义的对象访问。

注意 不同访问限定符的作用域不同。private 修饰的成员只能在本类使用,protected 修饰的成员在本类和派生类使用,public 修饰的成员可以被本类、派生类和其他类使用。

访问限定符的作用域如表 8.1 所示。

表 8.1 访问限定符的作用域

访问限定符	属性说明	本类	派生类	其他类
private	私有成员	√	×	×
protected	保护成员	√	√	×
public	公有成员	√	√	√

【例 8.2】 定义学生类 Student。该类中有数据成员学号、姓名、3 门课程的成绩，实现学生信息的输入、输出和求平均值。

类的定义如下：

```
class Student
{
private:
    string name;                                  //姓名
    String  num;                                  //学号
    float socre[3];                               //3 门课程的成绩
public:
    void setdata();                               //输入学生信息
    void stu_ave();                               //3 门课程的平均成绩
    void print();                                 //显示学生信息
};
```

类的实现如下：

```
void Student::setdata()
{
    cout << "请输入学生的学号:";
    cin >> num;
    cout << "请输入学生的姓名:";
    cin >> name;
    cout << "请输入学生 3 门课程的成绩:";
    cin >> score[0] << score[1] << score[2];
    return;
}
float Student::stu_ave()
{
    return (score[0] + score[1] + score[2]) / 3;
}
void Student::print()
{
    cout << "学生的学号:";
    cout << num << endl;
    cout << "学生的姓名:";
    cout << name << endl;
    cout << "学生 3 门课程的成绩:";
    cout << score[0] << "   " << score[1] << "   " << score[2] << endl;
    return;
}
```

在程序中，学生的数据成员(学号、姓名和 3 门课程的成绩)定义为私有成员，只能被本类中的成员函数访问，即可以直接引用。学生信息的输入、输出和求平均值定义为公有成员，可以被类外定义的对象和函数访问。如果只有一个类，可以不定义保护属性。保护属性只有在多个类之间有继承关系时使用才有意义。

注意 如果类的成员函数功能较复杂，代码行较多，类的声明与成员函数的实现分开可以使程序逻辑更清晰，便于修改和维护。如果类的成员函数代码比较简单，只有几行，可以放到类的声明中。成员函数实现较复杂时也可以放到类的声明中，只是可读性较差。

【例 8.3】 定义学生类 Student，类的声明和类的实现放在一起。

```
class Student
{
private:
    string name;                                //姓名
    Stirng  num;                                //学号
    float socre[3];                             //3 门课程的成绩
public:
    void setdata( )                             //输入学生信息
    {
        …
    }
    float stu_ave( )                            //求平均值
    {
        …
    }
    void print( )                               //显示学生信息
    {
        …
    }
};
```

8.3 对象

万物皆对象，客观世界中任何一个事物都可以看成一个对象。类是从对象中抽象出来的共同属性和行为的模型。因此对象是类的实例(instance)，一个对象必须属于一个类。在定义对象前，必须定义好对象所属的类。由此可见，类与对象的关系是：类是对象的抽象，对象是类的具体实例；类是抽象的，不占用内存空间，而对象是具体的，占用一定的内存空间。

8.3.1 对象的定义

对象

对象只有定义才能够使用。同结构体变量的定义一样，对象的定义主要有以下 3 种方法。

(1) 先声明类，后定义对象。例如：

```
class Student
{
```

```
private:
    …
public:
    …
};
Student s1, * s2,s3[10];
```

(2) 在声明类的同时直接定义对象。例如：

```
class Student
{
private:
    …
public:
    …
}s1, * s2,s3[10];
```

(3) 在声明类时不给出类名,直接定义对象。例如：

```
class
{
private:
    …
public:
    …
}s1, * s2,s3[10];
```

一般常用第一种方式,先定义类,再定义对象。同普通数据类型定义变量一样,类相当于数据类型,对象相当于变量。定义类后,后面就可以重复使用。

定义对象时,需要调用构造函数生成对象。系统自带一个无参构造函数,用户可以自定义构造函数。

先定义类再定义对象主要有以下 3 种形式。

(1) 调用无参构造函数生成对象,语法格式如下：

类名 对象名;

例如：

```
Student s1, * s2,s3[3];
```

Student 是已定义的类,s1 是对象名,s2 是指向对象的指针,s3 是包含 3 个元素的对象数组。如果用户定义了无参构造函数,就调用用户定义的无参构造函数;否则,就调用系统自带的构造函数生成对象。

(2) 调用有参构造函数生成对象,语法格式如下：

类名 对象名(参数列表);

系统根据参数自动调用有参构造函数生成一个对象,并给对象数据成员分配内存空间。

(3) 使用 new 运算符生成对象,语法格式如下：

类名 * 指针对象 = new 类名(参数列表);

这种形式定义了一个指向对象的指针,指针指向用 new 申请的一个对象。

注意　创建对象时，系统会自动调用用户定义的构造函数或系统自带的无参构造函数生成对象。构造函数的相关知识将在8.4节中详细介绍。

8.3.2 对象的使用

对象的使用主要是对象成员的引用。对象成员的引用主要有以下两种方法。

（1）使用成员运算符“.”访问对象的公有成员。引用格式为

```
对象名.数据成员;
对象名.成员函数();
```

例如：

```
Student s;
```

数据成员引用可以使用s.name、s.num和s.score[0]。

成员函数调用可以使用s.setdata()和s.print()。

（2）使用指针运算符“->”访问对象的公有成员。引用格式为

```
对象指针名->数据成员;
对象指针名->成员函数();
```

例如：

```
Student s1, * s2=&s1;
```

数据成员引用可以使用s2->name、s2->.num和s2->score[0]。

成员函数调用可以使用s2->.setdata()和s2->print()。

对象指针s2指向s1，是s1的地址，通过s2访问的是s1的成员。

8.3.3 this指针

在对象的使用中，常常还会用到this指针。this指针是系统自带的指向当前对象的指针，不需要用户定义。如果成员函数形参或者函数内有与类同名的局部变量时，在表示当前类的成员时必须用this指针，以免产生歧义。

【例8.4】 this指针使用示例。

```
class A
{
private:
    int x;
public:
    void disp(int x)
    {
        this->x=x;                          //this->x表示当前对象的数据成员x
        cout << this->x;                    //输出当前对象的数据成员x
    }
};
```

本例定义了A类，有私有数据成员x和公有成员函数disp。成员函数disp有形参变量x，函数体中this->x表示当前对象的数据成员x，赋值运算符右边单独的x是形参变量x。当形参与数据成员同名时，使用this指针也增强了程序的可读性。

8.3.4 C++ 多文件结构

多文件结构

在程序设计中,如果类的数据成员和成员函数较多,将类的定义、成员函数的实现和主函数放到一个源程序文件中,代码逻辑结构不是很清晰,可读性较差。C++ 提供了多文件结构,实现了代码的分层,可以使程序逻辑结构更清晰。C++ 的多文件结构就是将类的定义、类的实现和类的使用分开,与系统分析、系统设计和系统实现对应起来,便于项目开发以及程序代码的修改维护。

C++ 的多文件结构如图 8.2 所示。

(1) 类的定义,即类的数据成员和成员函数的声明,通常存储在扩展名为.h 的头文件中。

(2) 类的实现,即类的成员函数定义,存储在扩展名为.cpp 的源文件中。

(3) 类的使用,即使用类定义对象,例如在主函数的.cpp 文件中使用类定义对象。

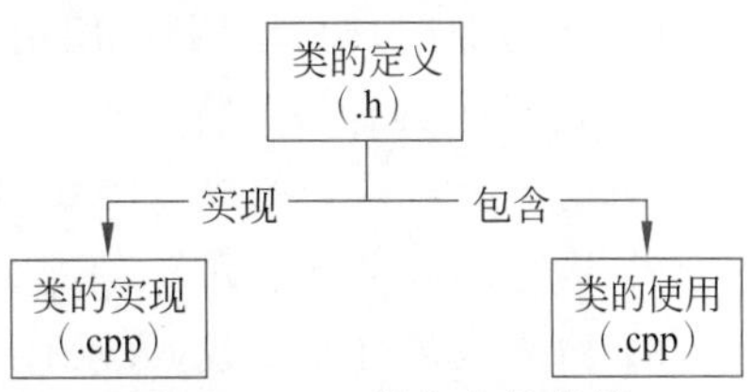

图 8.2 C++ 的多文件结构

注意 在类的实现和主程序中,使用前需要在首行使用头文件包含预处理指令进行联编,从而生成一个完整的程序。

【例 8.5】 C++ 的多文件结构示例。

在图 8.3 所示的示例代码中,定义了一个 Team 类,team.h 文件是类的声明;team.cpp 文件是类的实现,即类成员函数的定义;主程序文件 main.cpp 中创建了一个 manager 对象,调用了分配任务的 essign 方法。

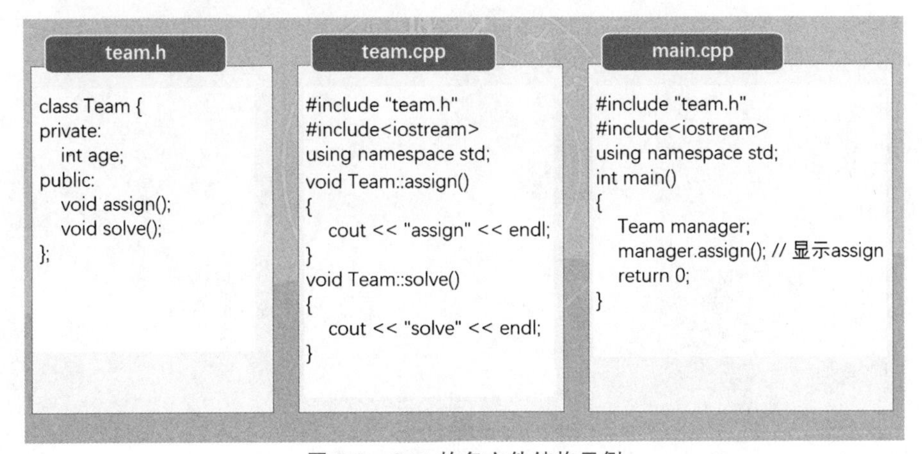

图 8.3 C++ 的多文件结构示例

需要注意的是,team.cpp 和 main.cpp 首行使用了头文件包含命令 #include "team.h" 进行联编。

8.4 构造函数与析构函数

构造函数与析构函数

创建一个对象,一般情况下要将对象初始化。对象初始化是对对象的数据成员进行初始化,即给数据成员赋初始值。由于数据成员一般情况下为私有访问属性,因此不能直接引用赋值。那么，如何给对象数据成员赋初始值呢？对象的初始化主要有两种方法：一是使用类中提供的公有普通成员函数完成，这种方法不方便，需要显式调用；二是使用公有的构造函数对对象进行初始化。构造函数是在定义对象时自动调用的，比较安全可靠。

8.4.1 构造函数

构造函数是类的一个特殊成员函数，函数名和类名相同，没有函数类型和返回值。其功能是在创建对象时被自动调用，使用特定的值将对象的数据成员初始化，并为对象分配内存空间。构造函数具有如下特点：

（1）构造函数是类的成员函数，名字必须与类名相同。

（2）构造函数没有返回值，不需要声明函数类型。

（3）构造函数可以重载，可以有一个或多个参数，也可以带默认参数。

（4）构造函数需要被声明为公有成员函数，因为对象是在类外创建的。

（5）构造函数在创建对象时由系统自动调用。

（6）如果用户没有定义构造函数，C++ 系统会自动生成一个默认构造函数，即函数体为空的无参构造函数。

构造函数可以带参数，也可以不带参数，带参数的构造函数定义的语法格式为

```
类名::类名(参数)
{
    函数体
}
```

【例 8.6】 构造函数基本形式示例。

```
//类的定义
class A
{
    int x;
public:
    A();                                    //无参数的构造函数
    A(int a);                               //带参数的构造函数
};
//类的实现
A::A()
{
    x=10;                                   //函数体，一般用于为数据成员赋值
}
A::A(int a)
{
    x=a;                                    //函数体，一般用于为数据成员赋值
}
```

在本例中，定义了 A 类，在类中定义了一个无参数的构造函数 A 和一个带参数的构造函数 A(int a)。无参数的构造函数通常要对数据成员赋初始值，带参数的构造函数通常用形参对数据成员赋初始值。

8.4.2 带参数的构造函数

定义对象时用特定的数据对对象中的数据成员进行初始化，可以用带参数的构造函数实现。在使用带参数的构造函数进行初始化时，给出的对象实参应该与构造函数中的形参进行对应，自动匹配构造函数。

使用带参数的构造函数进行初始化时，定义对象的格式如下：

类名 对象名(实参列表)；

【例8.7】 定义一个Date类，数据成员有year、month、day，成员函数有带参数的构造函数以及set、input和show函数。

```
#include<iostream>
using namespace std;
//类的定义
class Date
{
private:
    int year;
    int month;
    int day;
public:
    Date(int y, int m, int d);                //带参数的构造函数
    void  set(int, int, int);
    void  input();
    void  show();
};
//类的实现
Date::Date(int y, int m, int d)               //带参数的构造函数对数据成员初始化
{
    year = y; month = m; day = d;
}
void Date::set(int y, int m, int d)           //一般成员函数，进行数据成员赋值
{
    year = y; month = y; day = d;
}
void Date::input()                            //一般成员函数，从键盘输入对数据成员赋值
{
    cout << "请输入日期(年、月、日):";
    cin >> year >> month >> day;
    return;
}
void Date::show()                             //一般成员函数，输出日期
{
    cout << "当前日期:" << year << "年" << month << "月" << day <<"日"<<endl;
    return;
}
//主函数
int main()
```

```
{
    Date d(2022, 1, 1);
    d.show();
    d.input();
    d.show();
    d.set(2021, 1, 1);
    d.show();
    return 1;
}
```

程序运行时,输入和运行结果如下:

```
当前日期:2022年1月1日
请输入日期(年、月、日):2023 1 1
当前日期:2023年1月1日
当前日期:2021年1月1日
```

在本例中,定义了一个日期类Date,私有数据成员有year、month、day,带参数的构造函数用形参y、m、d对数据成员year、month、day进行赋值,一般成员函数set用形参对数据成员进行赋值,无参input函数实现从终端设备上输入对数据成员进行赋值,show函数输出日期。主函数中定义了一个d对象,自动调用带参数的构造函数。

注意　定义对象时,系统根据对象名后的参数自动匹配调用相应的构造函数。

8.4.3 初始化构造函数

带参数的构造函数可以用初始化列表对数据成员进行初始化,称为初始化构造函数。初始化构造函数的定义格式如下:

```
函数名(形参表):数据成员1(参数),数据成员2(参数),…,数据成员n(参数)
{
    函数体
}
```

函数名后面的括号中为形参,冒号后面的数据成员中的参数是实参,等价于把参数的值赋给数据成员。

例如,定义了Date类的无参数的初始化构造函数如下:

```
Date:: Date ():year(2005),month(3),day(15)
{
    …
}
```

无参数的初始化构造函数把常量值赋给数据成员,即year=2005,month=3,day=15。

带参数的初始化构造函数如下:

```
Date:: Date(int y, int m, int d):year(y),month(m),day(d)
{
    …
}
```

带参数的初始化构造函数依次调用初始化列表,把构造函数的形参值赋给数据成员,即year=y、

month＝m、day＝d。

注意　初始化构造函数的执行顺序是：先依次执行初始化列表，再执行函数体中的代码。使用初始化构造函数可以提高程序的运行效率。初始化构造函数主要用于调用父类的构造函数，在第10章还要介绍。

8.4.4　带默认值的构造函数

普通函数可以带有默认值。构造函数作为类的成员函数，同样可以带有默认值。其规则同普通函数带默认值一样，默认值不能同时出现在构造函数的声明和定义处，而只能出现在形参表最右端。在定义对象时，没有对应的实参值时使用默认值，减少了数据的传递，提高了程序的运行效率。

【例8.8】　带默认值的构造函数示例。

```
#include<iostream>
using namespace std;
class Date
{
private:
    int year, month, day;
public:
    Date(int y = 2000, int m = 1, int d= 1)      //带默认值的构造函数
    {
        year = y; month = m; day = d;
    }
    void show()
    {
        cout << year << "." << month << "." << day << endl;
    }
};
int main()
{
    Date d1,d2(2023), d3(2023, 12), d4(2023, 12, 31);
    d1.show();
    d2.show();
    d3.show();
    d4.show();
    return 1;
}
```

程序运行结果如下：

```
2000.1.1
2023.1.1
2023.12.1
2023.12.31
```

在上面的程序中，用Date类定义了t1、t2、t3、t4对象。其中t1对象的3个参数用默认值；t2对象的实参值2023传递给year，另外两个参数用默认值；t3对象的实参值2023传递给year，实参值12传递给month，day用默认值；t4对象的3个实参值传递给3个形参，没

有用默认值。

8.4.5 重载构造函数

构造函数与普通的成员函数一样可以重载。重载构造函数，就是函数名与类名相同，形参不同。在创建对象时，根据参数的类型、个数和顺序自动匹配调用相应的构造函数，一个对象只能调用一个构造函数。

【例 8.9】 重载构造函数示例。

```
#include<iostream>
using namespace std;
class Date
{
private:
    int year, month, day;
public:
    Date(int y)                                     //一个 int 类型参数的构造函数
    {
        year = y; month = 1; day = 1;
    }
    Date(int y, int m)                              //两个 int 类型参数的构造函数
    {
        year = y; month = m; day = 1;
    }
    Date(int y, int m, int d)                       //3 个 int 类型参数的构造函数
    {
        year = y; month = m; day = d;
    }
    void show()
    {
        cout << year << "." << month << "." << day << endl;
    }
};
int main()
{
    Date d1(2020), d2(2021, 12), d3(2022, 12, 31);
    d1.show();
    d2.show();
    d3.show();
    return 1;
}
```

程序运行结果如下：

```
2020.1.1
2021.12.1
2022.12.31
```

在本例中，定义了一个 Date 类，进行了构造函数重载，类中定义了 3 个构造函数，分别带 1 个、2 个和 3 个参数。在主程序中，定义对象时，对象名后面的参数与形参的类型、个数

和顺序自动匹配调用对应的构造函数。

8.4.6 拷贝构造函数

拷贝构造函数就是构造函数的参数是该类的对象,使用该对象对当前对象进行初始化,即把形参中对象的数据成员依次赋值给当前对象的数据成员。如果没有定义拷贝构造函数,系统自带一个默认的拷贝构造函数。

拷贝构造函数定义的一般格式如下:

<类名>::<拷贝构造函数名>(const <类名>&<引用别名>)

其中,拷贝构造函数名与类名相同,其形参一般用常对象引用;使用 const 是为了保护形参对象的数据,以免其被修改;使用引用别名,在调用时不产生新的对象,可以提高程序的执行效率。拷贝构造函数的形参名也可以是对象。

例如:

```
class Date
{
    int year,month,day;
public:
    Date( int y,int n,int d)                    //构造函数
    {
        year=y; month=m;day=d;
    }
    Date(const  Date &d)                        //拷贝构造函数
    {
        year=d.year;
        month=d.month;
        day=d.day;
    }
};
```

定义对象:

```
Date d1(2023,1,1);                              //调用第一个构造函数
Date d2(d1);                                    //调用第二个构造函数
```

拷贝构造又分为浅拷贝和深拷贝两种。深拷贝是指类中的数据成员含有指针,需要重新申请内存空间,再将值复制过去的情况,目的是保证当前对象和形参中对象的数据成员是完全相互独立的,互相不干扰。浅拷贝是指类中的数据成员含有指针,只复制地址,使用同一个内存空间,可能会产生异常。

【例 8.10】 深拷贝和浅拷贝程序示例。

```
#define _CRT_SECURE_NO_WARNINGS                  //strcpy 函数不安全警告处理
#include<iostream>
#include<cstring>
using namespace std;
class PensonInfo
{
private:
```

```
    char * name;
public:
    PensonInfo(char s[])
    {
        this->name = new char[strlen(s)];
        strcpy(name,s);
    }
    /*  PensonInfo(const PensonInfo &x)          //深拷贝
    {
        this->name =new char[strlen(x.name)];    //重新申请空间
        strcpy(this->name,x.name);               //赋值内容
    }   */
    PensonInfo(const PensonInfo &x)              //浅拷贝
    {
        this->name = x.name;
    }                                            //赋值地址
    void rename(char n[])                        //改名函数
    {
        strcpy(name, n);
        return;
    }
    void show()
    {
        cout << name<<endl;  return;
    }
};
int main()
{
    char c1[] = "litingting", c2[] = "yangweiming";
    PensonInfo s1(c1), s2 = s1;
    s1.show();
    s2.show();
    cout << "改名后的输出结果为:"<<endl;
    s2.rename(c2);
    s1.show();
    s2.show();
    return 1;
}
```

注释掉深拷贝函数(如上面的程序中所示),程序运行结果如下:

```
litingting
litingting
改名后的输出结果为:
yangweiming
Yangweiming
```

注释掉浅拷贝函数,程序运行结果如下:

```
litingting
litingting
```

```
改名后的输出结果为:
litingting
yangweiming
```

本例中定义了 Person Info 类,私有成员是存放姓名的指针变量 name,成员函数有构造函数 PensonInfo(char s[])、PensonInfo(const PensonInfo &x) 、改名函数 rename(char n[])和信息输出函数 void show()。为了说明问题,程序中同时给出了深拷贝函数和浅拷贝函数,分别进行验证。深拷贝对象赋值时,在函数体中重新申请内存空间再赋值,s1 和 s2 对象指向的是两个不同的内存空间。深拷贝对象赋值如图 8.4 所示。浅拷贝对象赋值时,函数体中只是赋值的地址,s1 和 s2 对象指向的是同一个内存空间。浅拷贝对象赋值如图 8.5 所示。

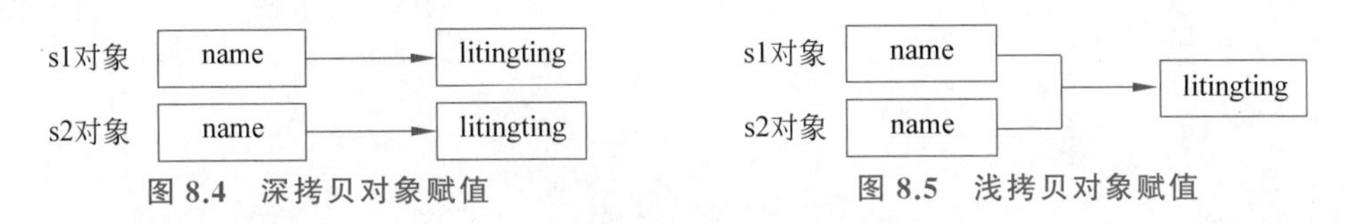

图 8.4 深拷贝对象赋值　　图 8.5 浅拷贝对象赋值

类中的数据成员如果含有指针,要使用深拷贝函数,即要重新申请内存空间再赋值;如果不含有指针,不存在内存空间分配问题,使用浅拷贝函数即可。

拷贝构造函数在以下 3 种情况下自动调用:

(1) 用对象初始化同一个类中的另一个对象。

(2) 函数的形参是对象,传递参数时自动调用拷贝构造函数。

(3) 函数返回值是对象,函数执行结束时,自动调用拷贝构造函数对无名临时对象进行初始化。

8.4.7 析构函数

析构函数是一种特殊的成员函数,其功能是当对象被撤销时释放该对象所占的内存空间。析构函数的函数名和类名相同,但要在函数名前面加一个~符号。析构函数没有函数类型,也没有返回值。

类中的析构函数的定义格式如下:

```
<类名>::~析构函数名()
{
    函数体
}
```

其中,析构函数名与类名相同。每个类都必须有一个析构函数。如果用户没有定义析构函数,将使用系统自带的一个函数体为空的析构函数。析构函数可以由系统调用,也可以由程序显式调用。析构函数的显式调用格式如下:

```
对象名.类名::析构函数名();
```

在以下两种情况下,系统自动调用析构函数:

(1) 对象使用 new 创建,使用 delete 释放时,系统自动调用析构函数。

(2) 定义了一个局部临时对象,当不再需要它时自动调用析构函数。例如,函数体中定义的对象在函数结束时自动调用析构函数。

注意

(1) 析构函数不能重载。

(2) 析构函数的执行顺序与构造函数相反。

【例 8.11】 构造函数和析构函数程序示例。

```
#include<iostream>
using namespace std;
class Date
{
public:
    Date(int y = 2023, int m = 1, int d = 1);          //构造函数
    ~Date();                                            //析构函数
    void Show();
private:
    int year, month, day;
};
Date::Date(int y, int m, int d)
{
    year = y; month = m; day = d;
    cout << "带默认参数的构造函数已被调用。\n";
}
Date:: ~Date()
{
    cout << "析构函数被调用!";
    cout << year << "." << month << "." << day << endl;
}
void Date::Show()
{
    cout << year << "." << month << "." << day << endl;
}
void fun1()
{
    Date t(2021, 1, 1);                                 //定义对象
    t.Show();
}
void fun2()
{
    Date *p = new Date(2022, 1, 1);                     //创建对象
    p->Show();
    delete p;                                           //析构对象
}
int main()
{
    Date d1, d2(2023, 12);
    d1.Show();
    d2.Show();
    cout << "调用 fun1 函数:" << endl;
    fun1();
```

```
    cout << "调用 fun2 函数:" << endl;
    fun2();
    return 0;
}
```

程序运行结果如下：

```
带默认参数的构造函数已被调用。
带默认参数的构造函数已被调用。
2023.1.1
2023.12.1
调用 fun1 函数:
带默认参数的构造函数已被调用。
2021.1.1
析构函数被调用!2021.1.1
调用 fun2 函数:
带默认参数的构造函数已被调用。
2022.1.1
析构函数被调用!2022.1.1
析构函数被调用!2023.12.1
析构函数被调用!2023.1.1
```

在上面的程序中定义了日期类 Date，在类中声明了数据成员 year、month 和 day 以及带默认值的构造函数、析构函数和显示函数 show。在类外定义了类的构造函数、析构函数和 show 函数以及 fun1、fun2 两个普通函数。在主程序中，定义了 d1 和 d2 对象，自动调用构造函数。调用普通函数 fun1，在函数中定义了 t 对象，自动调用构造函数，函数结束时自动调用析构函数。调用普通函数 fun2，在函数中，p 指针指向用 new 生成的对象，调用构造函数，执行 delete 时自动调用析构函数。最后自动调用析构函数依次释放 d2、d1。

一定要注意构造函数和析构函数的调用顺序。对于普通函数内部的对象，定义对象时自动调用构造函数，函数结束时自动调用析构函数；对于主函数中定义的对象，按照先构造的对象后析构的顺序调用相应的函数。

8.5 对象数组

在程序设计中，往往要对多个相同对象进行编程。例如，定义了一个学生类，要对班级中多个学生的数据进行访问，就需要使用对象数组。对象数组就是元素为对象的数组。

对象数组的定义格式如下：

类名　数组名[长度];

其中，类名是已经定义的类的名字，数组元素是所属类类型的对象；数组名为自定义的对象数组的名字，要符合 C++ 标识符的要求；长度为数组元素个数。对象数组可以定义成一维数组，也可以定义成二维数组。例如：

```
Date s1[10], s2[3][4];
```

其中，s1 是一维对象数组名，有 10 个日期对象；s2 为二维对象数组名，有 12 个日期对象。

创建一个对象数组时，对象数组中的每个元素(即对象)都要调用构造函数。如果不对数组元素进行初始化，则调用无参构造函数；如果要为数组中的对象分别指定参数，则根据参数自动匹配调用对应的构造函数。

注意　如果构造函数的参数不止一个时，在对象数组初始化时必须采用函数调用形式。

【例 8.12】 定义商品类 Goods。

```
class Goods
{
private:
    string num,name;
    float price
public:
    Goods(string s)
    {
        num=s; name=""; price=0;
    }
    Goods(string number,string sname,float pricetag)
    {
        num=number; name=sname; price=pricetag;
    }
    Goods(int pricetag)
    {
        num=""; name=""; price=pricetag;
    }
};
Goods ss[3]={"computer",Goods("10001,"book",35),12.5};
```

在上面的程序中，定义了 ss 对象数组，有 3 个对象元素。初始化时，ss[0]根据参数值"computer"的类型自动调用第一个构造函数，ss[1]采用显式调用的形式调用第二个构造函数，ss[2]根据参数值 12.5 的类型匹配自动调用第三个构造函数。注意，如果初始化时值的个数小于数组元素的长度，剩余的数组元素将调用默认的构造函数。

同其他类型数组一样，对象数组元素的访问采用"数组名[下标]"形式表示单个对象，再通过成员运算符(.)访问成员。

对象数组访问的一般格式如下：

```
数组名[下标]                              //单个对象
数组名[下标].成员函数();                  //单个对象的成员函数
```

【例 8.13】 学生参加考试，有 n 个学生，每个学生参加语文、数学和英语 3 门课程考试。要求定义学生类，实现学生信息输入、求总分和输出功能。

```
#include <iostream>
#include <iomanip>
using namespace std;
class Student
{
private:
    char name[20];                        //姓名
    char Id[8];                           //学号
    float score[3];                       //成绩;
```

```
    char scoreName[3][6] = { "语文","数学","英语" };
    float sum;
public:
    void setdata();
    float sum_score();                              //求总分
    void print();
};
void Student::setdata()
{
    cout << "\n 输入学生姓名:";
    cin >> name;
    cout << "输入学生学号:";
    cin >> Id;
    for (int i = 0; i < 3; i++)
    {
        cout << "请输入" << scoreName[i] << "成绩:";
        cin >> score[i];
    }
    return;
}

float Student::sum_score()
{
    float sum = 0;
    for (int i = 0; i < 3; i++)
        sum += score[i];
    return sum;
}

void Student::print()
{
    cout << setw(8)<< name << setw(8) << Id;
    for (int i = 0; i < 3; i++)
        cout << setw(8) << score[i];
    cout << setw(8) << sum_score() << endl;
}
int main()
{
    int n = 0;
    cout << "********************成绩管理系统************************\n";
    cout << "\n 请输入学生人数:";
    cin >> n;
    Student * stu = new Student[n];
    for (int i = 0; i < n; i++)
        stu[i].setdata();
    cout << "输出学生成绩:\n\n";
    cout << "     姓名   学号     语文     数学    计算机      总分\n";
    for (int i = 0; i < n; i++) {
        stu[i].print();
    }
```

```
    return 1;
}
```

程序运行结果如下：

```
********************成绩管理系统*************************

请输入学生人数:2

输入学生姓名:张雯雯
输入学生学号:10001
请输入语文成绩:98
请输入数学成绩:78
请输入英语成绩:99

输入学生姓名:李婷婷
输入学生学号:10002
请输入语文成绩:88
请输入数学成绩:87
请输入英语成绩:98
输出学生成绩:

姓名    学号    语文  数学  计算机  总分
张雯雯  10001   98    78    99      275
李婷婷  10002   88    87    98      273
```

8.6 案例实战与实训

8.6.1 案例实战

1. 日期类

设计 Date 类，该类采用 3 个整型成员 month、day 和 year 存储日期，成员函数实现输入、输出、闰年判断、求明天、求给定日期是当年的第几天，并用主程序分别验证。

【案例分析】

(1) 定义日期类。

类的定义、类的实现和主程序分开，实现代码的分层。定义日期类 Date，有 3 个私有数据成员 month、day 和 year。定义一个无参构造函数和一个有参构造函数，再定义一个公有成员函数实现输入、输出、闰年判断、求明天、求给定日期是当年的第几天。

(2) 类成员函数的实现。

新建一个源程序实现类成员函数，注意要包含定义类的头文件。

(3) 主函数。

新建一个源程序作为主程序，即主函数，定义两个日期对象，分别调用无参构造函数和有参构造函数，并分别调用成员函数进行验证。注意要包含定义类的头文件。

【程序代码】

(1) 类的定义。定义类的头文件为 dae.h。

```
#include<iostream>
using namespace std;
class Date
{
private:
    int y;                                       //日期的年
    int m;                                       //日期的月
    int d;                                       //日期的日
public:
    Date()                                       //无参构造函数
    {    }
    Date(int year, int month, int day)           //有参构造函数
    {
        y = year;
        m = month;
        d = day;
    }
    void input();                                //输入年月日
    void output();                               //输出年月日
    int isleapyear();                            //判断是否是闰年
    void tomorrow();                             //求明天
    void days();                                 //求给定日期是这一年的第几天
};
```

(2) 类的实现。新建源程序 date.cpp，定义类的成员函数实现。

```
#include "date.h"                                //包含定义日期类的头文件
void Date::input()                               //日期的输入
{
    cout << "今天是:" ;
    cin >> y >> m >> d;
}
void Date::output()                              //日期的输出
{
    cout << y << "/" << m << "/" << d << endl;
}
int Date::isleapyear()                           //判断是否为闰年
{
    if ((y % 4 == 0 && y % 100 != 0) || (y % 400 == 0))
        return 1;
    else
        return 0;
}
void Date::tomorrow()                            //求明天的日期
{
//如果是 12 月 31 日,y++,m=1,d=1
//如果是 30 天的月份的最后一天求明天,m++,d=1
//如果是 2 月的最后一天求明天,考虑闰年和平年情况,m++,d=1
//其他情况,d++
}
```

```
void Date::days()                              //求给定日期是当年的第几天
{
    int Days[13] = { 0,31,28,31,30,31,30,31,31,30,31,30,31 };   //存放月的天数
    int a = 0;
    if (isleapyear())                          //调用闰年判断函数
        Days[2] = 29;                          //如果是闰年,修改 2 月的天数
    for (int i = 0; i < m; i++)
    {
        a += Days[i];
    }
    a+=d;
    cout << "是" << y << "年的第" << a << "天" << endl;
}
```

（3）主程序 main.cpp。

```
#include<iostream>
#include "date.h"                              //包含定义日期类的头文件
using namespace std;
int main()
{
    int y = 2022, m = 7, d = 23, x = 0;
    Date d1,d2 = { y,m,d };                    //定义 d1 和 d2 对象,d2 自动调用构造函数
    d1.input();                                //调用日期输入函数
    d1.output();                               //调用日期输出函数
    d1.isleapyear();                           //调用判断闰年函数
    d1.tomorrow();                             //调用求明天函数
    d1.days();                                 //调用求给定日期是当年的第几天函数
    d2.output() ;                              //调用日期输出函数
    return 1;
}
```

2. 评分管理信息系统

定义歌手记分类，实现歌手信息输入、评委评分输入、求最高分、求最低分以及去掉最高分和最低分后求平均分等功能。

【案例分析】

（1）定义歌手记分类，多个歌手要用对象数组。

（2）歌手和评委人数从终端输入，要动态分配内存空间，歌手和评委人数定义为全局变量。

（3）定义普通函数 meno，实现输入歌手和评委人数，动态生成歌手对象数组，返回指向数组的指针。

（4）定义普通函数 SortSinger，实现对象数组中的歌手按照最后得分进行排序的功能。

（5）在主程序中，首先调用 menu 函数，输入歌手和评委人数，动态生成歌手对象数组。然后输入歌手的基本信息，输入评委评分，调用 SortSinger 函数进行排序。最后按排名输出歌手最后得分。

（6）输入输出要注意格式控制。

【案例实现】

```
#include<iostream>
#include<string>
using namespace std;
int SingerNum, JudgeNum;                          //定义全局变量:歌手人数与评委人数
class CompetitionResult
{
private:
    string num;
    string name;
    double * score;                               //指向数组的指针,存储评委的评分
    double average;                               //选手最后的得分
public:
    CompetitionResult(string = "", string = "");
    ~CompetitionResult() {}
    void SetSingerInformation();                  //输入歌手信息
    void SetScore();                              //输入评委的评分
    double MaxScore();                            //求最高分
    double MinScore();                            //求最低分
    void SetAverage();                            //求选手的最后得分
    double GetAverage();                          //获取选手的最后得分
    string GetName();                             //获取歌手姓名
};
//类的实现
CompetitionResult::CompetitionResult(string n1, string n2)
{
    num = n1;
    name = n2;
    score = new double[JudgeNum];
    for (int i = 0; i < JudgeNum; i++)
        score[i] = 0;
    average = 0;
}
void CompetitionResult::SetSingerInformation()   //输入歌手编号和姓名
{
    cout<< "请输入歌手的编号和姓名:";
    cin >> num >> name;
    cout << endl;
}
void CompetitionResult::SetScore()                //输入评委的评分
{
    for (int i = 0; i < JudgeNum; i++)
    {
        cout << "评委" << i + 1 << ":";
        cin >> score[i];
    }
    cout << endl;
}
double CompetitionResult::MaxScore()              //求最高分
```

```
{
    double Max = score[0];
    for (int i = 1; i < JudgeNum; i++)
        if (Max < score[i])
            Max = score[i];
    return Max;
}
double CompetitionResult::MinScore()              //求最低分
{
    double Min = score[0];
    for (int i = 1; i < JudgeNum; i++)
        if (Min > score[i])
            Min = score[i];
    return Min;
}
void CompetitionResult::SetAverage()              //求选手的最后得分
{
    double total = 0;
    for (int i = 0; i < JudgeNum; i++)
        total += score[i];
    total = total - MaxScore() - MinScore();
    average = total / (JudgeNum - 2);
}
double CompetitionResult::GetAverage()            //获取歌手最后得分
{
    return average;
}
string CompetitionResult::GetName()               //获取歌手姓名
{
    return name;
}
//主界面。输入歌手和评委人数,动态生成歌手对象数组
CompetitionResult * menu()                        //返回指向数组的指针
{
    cout << "输入歌手人数:";
    cin >> SingerNum;
    cout << "输入评委人数:";
    cin >> JudgeNum;
    CompetitionResult * Singer;
    Singer = new CompetitionResult[SingerNum];
    return Singer;
}
//对歌手按最后得分从大到小排序
void SortSinger(CompetitionResult * Singer)
{
    cout << "************评委评分管理系统************" << endl;
    for (int i = 0; i < SingerNum; i++)
    {
        for (int j = i; j < SingerNum; j++)
        {
```

```
            if (Singer[j].GetAverage() > Singer[i].GetAverage())
            {
                CompetitionResult temp = Singer[i];
                Singer[i] = Singer[j];
                Singer[j] = temp;
            }
        }
    }
    return;
}
//主程序
int main()
{
    int i;
    CompetitionResult * Singer = menu();
    cout << "输入歌手的信息:" << endl;
    for (i = 0; i < SingerNum; i++)
    {
        cout << "歌手" << i + 1 << ":" << endl;
        Singer[i].SetSingerInformation();
    }
    cout << "************************************" << endl;
    cout << "输入评委给歌手的评分:" << endl;
    for (i = 0; i < SingerNum; i++)
    {
        cout << "歌手" << Singer[i].GetName() << ":" << endl;
        Singer[i].SetScore();
    }
    cout << "************************************" << endl;
    SortSinger(Singer);
    cout << "歌手的最后得分:" << endl;
    for (i = 0; i < SingerNum; i++)
    {
        cout << endl << "第" << i + 1 << "名" << Singer[i].GetName() << ":" <<
endl;
        cout << "最高分=" << Singer[i].MaxScore() << "  ";
        cout << "最低分=" << Singer[i].MinScore() << "  ";
        Singer[i].SetAverage();
        cout << "最后得分=" << Singer[i].GetAverage() << endl;
    }
    return 0;
}
```

8.6.2 案例实训

实训1：编写商品类，商品信息有商品名称、计量（重量或件数）和单价，编写成员函数实现商品信息的输入、输出和总价计算，编写主函数验证。

实训2：定义学生类Student，数据成员有学号（num）、姓名（name）以及高数、英语、C++课程的成绩（grade[3]）和总分（totalscore），成员函数有带参数的构造函数、输入学生数据的

input 函数、显示学生数据的 display 函数和计算 3 门课程总分的 count 函数。编程输入 3 个学生的数据，输出总分最高的学生信息。

习题 8

1. 填空题

(1) this 指针始终指向调用成员函数的________。

(2) 在 C++ 中，访问一个指针所指向的对象的成员所用的运算符是________。

(3) 类成员的访问权限有 public、________和________ 3 种。

(4) 若在类外定义成员函数，必须在函数名前加上类名，类名后加________。

(5) 若 A 类中包含成员对象 x，则创建 A 类的对象时，先执行________的构造函数；如果没有该构造函数，再执行________的构造函数。

(6) 构造函数在________被创建时自动执行，对象消失时自动执行的成员函数称为________。

(7) 设一个类的名称为 MyClass，使用这个类的一个对象初始化该类的另一个对象时，可以调用________完成。

2. 单项选择题

(1) 类的定义中成员默认的访问权限是(　　)。

A. public　　B. private　　C. protected　　D. static

(2) 设一个类的构造函数为 A(int aa, int bb) { a = aa−−; b = a * bb; }，则执行 A x(4, 5);语句后，x.a 和 x.b 的值分别为(　　)。

A. 3 和 15　　B. 5 和 4　　C. 4 和 20　　D. 20 和 5

(3) 设 A 为类名，执行 A x;语句时将自动调用该类的(　　)。

A. 有参构造函数　　B. 无参构造函数　　C. 拷贝构造函数　　D. 赋值构造函数

(4) 下列关于构造函数的描述中错误的是(　　)。

A. 构造函数可以设置默认参数　　B. 构造函数在定义类对象时自动执行

C. 构造函数可以是内联函数　　D. 构造函数不可重载

(5) 下列关于设置默认参数值的描述中正确的是(　　)。

A. 不允许设置默认参数值

B. 在指定了默认值的参数右边不能出现没有指定默认值的参数

C. 不能在函数的声明中指定参数的默认值

D. 设置默认参数值时必须全部都设置

(6) 设 AA 为类名，a 为该类的公有成员函数，x 为该类对象，则访问 x 对象中成员函数 a 的格式为(　　)。

A. x.a　　B. x.a()　　C. x−>a　　D. (*x).a()

(7) 下列关于类的对象的说法中错误的是(　　)。

A. 同一个类定义的两个对象可以相互赋值

B. 对象是类的实例

C. 对象是现实生活中具有共同特征的一类事物的抽象

D. 对象的成员包括两个：数据成员和成员函数

(8) 若 Sample 类中的一个成员函数声明为 void set(Sample &a);，则 Sample &a 的含义是(　　)。

A. 指向 Sample 类的名为 a 的指针

B. a 是 Sample 类的对象引用，用作 set 函数的形参

C. 将 a 的地址赋给变量 set

D. 变量 Sample 与 a 按位与的结果作为 set 函数的参数

(9) 下列关于类的成员的描述中正确的是(　　)。

A. 类的定义中只能说明函数成员的函数头，不能定义函数体

B. 类中的函数成员可以在类体中定义，也可以在类体之外定义

C. 类中的函数成员在类体外定义时也必须与类的声明放在同一文件中

D. 在类体之外定义的函数成员不能操作该类的私有数据成员

(10) 下列选项中，(　　)是析构函数的特征。

A. 一个类只能定义一个析构函数　　B. 析构函数在对象创建时调用

B. 析构函数的定义只能在类体内　　D. 析构函数可以有一个或多个参数

(11) 通常拷贝构造函数的参数是(　　)。

A. 某个对象名　　B. 某个对象的成员名

B. 某个对象的引用名　　D. 某个对象的指针名

(12) 下列关于拷贝构造函数的描述中错误的是(　　)。

A. 拷贝构造函数的名字与类名相同　　B. 类中只有一个拷贝构造函数

C. 拷贝构造函数可以有多个参数　　D. 拷贝构造函数没有返回值

3. 程序阅读题

(1) 阅读下列程序，写出程序运行结果。

```
#include<iostream>
using namespace std;
class C
{
public:
    C(int i) { c = i; }
    C( ) { c = 0; cout << "Default constructor called." << c << endl; }
    ~C( ) { cout << "Destructor called." << c << endl; }
    void print( ) { cout << c << endl; }
private:
    int c;
};
int main( )
{
    C *p;
    p = new C[4];
    for (int i = 0; i < 4; i++)
        p[i] = C(i + 1);
    for (int i = 0; i < 4; i++)
        p[i].print( );
```

```
    delete[] p;
    return 1;
}
```

(2) 阅读下列程序,写出程序运行结果。

```
#include<iostream>
using namespace std;
class myclass
{
    int a, b;
public:
    myclass(int i = 0, int j = 0);
    void show( );
};
myclass::myclass(int i, int j)
{
    a = i;
    b = j;
}
void myclass::show( )
{
    a += b;
    b += a;
    cout << "a = " << a << " " << "b = " << b << endl;
}
int main( )
{
    myclass ob1;
    ob1.show( );
    myclass ob2(2);
    ob2.show( );
    myclass ob3(2.5);
    ob3.show( );
    return 1;
}
```

(3) 阅读下列程序,写出程序运行结果。

```
#include<iostream>
using namespace std;
class A
{
private:
    int x;
public:
    A( ){  };
    A(int a){ x = a; }
    A(A &a){ x = a.x + 1; }
    void disp( )
    {
        cout << "x = " << x << endl;
    }
```

```
};
int main( )
{
    A a1(1);
    a1.disp( );
    A a2(a1);
    a2.disp( );
    return 0;
}
```

(4) 阅读下列程序,写出程序运行结果。

```
#include<iostream>
using namespace std;
class A
{
public:
    A( )
    {
        a1 = a2 = 0;
        cout << "Defaule constructor called!\n";
    }
    A(int i, int j);
    ~A( )
    {
        cout << "Destructor called!\n";
    }
    void print( )
    {
        cout << "a1 = " << a1 << " , " << "a1 = " << a2 << endl;
    }
private:
    int a1, a2;
};
A::A(int i, int j)
{
    a1 = i;
    a2 = j;
    cout << "Constructor called!\n";
}
int main( )
{
    A a, b(5, 8);
    a.print( );
    b.print( );
    return 0;
}
```

3. 程序设计题

(1) 有4名学生参加3门课程考试。要求定义学生类,数据成员有学号、姓名和3门课程成绩。成员函数有输入学生信息(学号、姓名和成绩的函数)(用构造函数实现)和求每个学生的平均分的函数。

(2) 设计 Date 类，该类采用 3 个整型成员 month、day 和 year 存储日期，成员函数有判断闰年、输入日期、输出日期、求指定日期是当年的第几天，编写主函数验证。

(3) 编写商品类，商品信息有商品名称、数量（重量或件数）、单价，编写成员函数实现商品信息的输入、输出和总价计算，编写主函数验证。

(4) 定义商品类（Goods），具有商品名称（Name）、商品价格（Price）、商品数量（number）等属性，操作包括 Sale（销售商品，余额不足时给予提示）、Add（商品上架）和 ShowMe（显示商品信息），编写主函数验证。

(5) 设计 Date 类，该类采用 3 个整型成员 month、day 和 year 存储日期，编写成员函数实现输入日期、输出日期、判断闰年、求明天、求给定日期是当年的第几天、求日期加上一个整数的日期、求两个日期相差的天数，并用主函数分别验证，还要包括构造函数、析构函数和拷贝构造函数的定义。

(6) 定义学生类 Student，数据成员有学号（num）、姓名（name）和高数、英语、C 语言 3 门课程的成绩（grade[3]）和总分（totalscore），成员函数有默认构造函数、带参数的构造函数、输入学生数据的 input 函数、显示学生数据的 display 函数和计算 3 门课程总分的 count 函数。

第9章 静态与友元

引言

共享单车、共享汽车、共享充电宝等共享经济产品层出不穷，给大家带来了很多方便，节约了社会资源。类对象的数据成员是相互独立的，不同对象的数据成员各有其值，互不相干。如果要共享某个数据成员，该如何实现呢？C++ 中提供了静态机制，可以通过定义静态数据成员实现共享。另外，类具有封装和信息隐蔽的特性，只有类的成员函数才能访问类的私有成员。但是，为提高程序运行效率，有时需要非成员函数也能访问类的私有成员，这可以通过 C++ 提供的友元机制实现。本章主要学习静态数据成员、静态成员函数的定义与应用以及友元函数、友元成员函数和友元类的含义与使用。

学习目标

- 了解：静态与友元的用途。
- 熟悉：静态和友元程序的执行过程。
- 掌握：静态和友元的编程。

课程思政

社会主义核心价值观：共享与创新，通过静态属性由对象共有引入资源共享和创新发展观念，培养学生的资源节约意识和创新能力。

9.1 静态

在学生类中，定义了存储某门课程成绩的数据成员，要求该门课程的平均分，该怎么求呢？平均分等于总分除以人数，有两种方法求总分：一是使用全局变量，在类外函数或者主函数中求，但这种方法破坏了类的封装性；二是使用静态成员，把总分定义成静态变量，在多个对象之间共享使用。

静态成员作为类的成员，可以实现多个对象之间的数据共享。使用静态成员不会破坏信息隐蔽的原则，保证了程序的安全性。

静态成员包括静态数据成员和静态成员函数。

9.1.1 静态数据成员

静态

类的普通数据成员在类的每一个对象中都有自己独立的内存空间，可以存储不同的数值，这体现了每个对象独立的特征。静态数据成员是的类数据成员的一种特例，每个类只为静态数据成员分配一个内存空间，它由该类的所有对象共同拥有，从而实现了同一个类不同对象之间的数据共享。静态数据成员具有静态生存期，从程序运行开始直到程序运行结束。

声明静态数据成员时，在数据成员前面加关键字 static，其格式为

static 数据类型 静态数据成员名

例如，在 Student 类中定义一个存储总分的静态数据成员变量 total：

```
static int total;
```

说明：

(1) 静态数据成员要求在类内声明，在类外初始化。静态数据成员初始化格式为

数据类型 类名::静态数据成员名=初始值;

例如：

```
int Student::total=0;
```

(2) 静态成员如果没有初始化，则自动赋初值为 0。

(3) 静态数据成员的访问方式有两种：一是通过类名访问；二是通过用对象名访问。访问静态数据成员的格式如下：

类名::静态数据成员名
对象名.静态数据成员名

例如：

```
Student s;
```

则可以用 s.total 或 Student::total 访问静态数据成员 total。

(4) 静态数据成员受访问权限控制，即有私有成员、公有成员和保护成员之分。

【例 9.1】 定义矩形类 Rectangle，实现计算矩形面积、显示矩形信息（长、宽、面积）和统计矩形个数的功能。

```
#include<iostream>
using namespace std;
class Rectangle
{
private:
    int length;
    int width;
public:
    Rectangle(int = 0, int = 0);
    ~Rectangle();
    void Show();                                    //显示矩形信息函数
    int Area();                                     //求矩形面积函数
    static int count;                          //声明静态数据成员 count 表示矩形个数
};
int Rectangle::count = 0;                           //初始化静态数据成员 count=0
Rectangle::Rectangle(int l, int w) :length(l), width(w) //初始化构造函数
{
    count++;                                        //静态数据成员 count 计数
}
Rectangle::~Rectangle()
```

```
{
    count--;
}
int Rectangle::Area()                                          //求矩形面积函数
{
    return (length * width);
}
void Rectangle::Show()                                         //显示矩形信息函数
{
    cout << "length=" << length << "  ";
    cout << "width=" << width << "  ";
    cout << "Area=" << Area() << endl;                         //调用求矩形面积函数
}
int main()                                                     //主函数
{
    Rectangle rect1(1, 3);
    rect1.Show();
    cout << "count=" << Rectangle::count << endl;              //通过类名::成员名访问
    Rectangle rect2(3, 7);
    rect2.Show();
    cout << "count=" << Rectangle::count << endl;              //通过类名::成员名访问
    Rectangle rect3(5, 9);
    rect3.Show();
    cout << "count=" << rect3.count << endl;                   //通过对象名.成员名访问
    return 0;
}
```

程序运行结果如下：

```
length=1  width=3  Area=3
count=1
length=3  width=7  Area=21
count=2
length=5  width=9  Area=45
count=3
```

在本例中，矩形类 Rectangle 中定义了存储对象个数的静态数据成员 count，在类外对静态数据成员 count 进行了初始化，初始值为 0。类的构造函数在初始化列表中对数据成员进行了初始化，在函数体执行 count++；析构函数执行 count--。count 实现了矩形计数功能。对 count 的访问，前两次是通过在 count 前面加类名和作用域限制符实现的，第三次是通过在 count 前面加对象名和成员运算符实现的。

注意 如果类的某个数据成员要为类所公有，被类对象共享，可以定义为静态数据成员，以节省内存空间，提高程序运行效率。

9.1.2 静态成员函数

静态数据成员受访问权限的控制。如果将静态数据成员定义为私有的，就不能在类外进行访问。为了解决这个问题，通常会定义对应的公有静态成员函数以访问私有的静态数据成员，实现对静态数据成员操作的封装。

静态成员函数不能直接访问非静态数据成员和非静态成员函数。因为静态成员函数与静态数据成员一样，都属于整个类，是被一个类中所有对象共享的成员函数，并不属于某个特定的对象。

声明静态成员函数的格式如下：

static 函数类型 静态成员函数名(参数表)

定义静态成员函数的格式如下：

函数类型 类名::静态成员函数名(参数表) {…}

调用静态成员函数的格式如下：

类名::静态成员函数名(参数表)

【例 9.2】 定义学生类 Student，其中包括学生的学号、姓名、性别和某门课程的成绩。需要实现学生信息的输入、显示、计算课程平均分的功能。

```
#include<iostream>
#include<string>
#include<iomanip>
using namespace std;
class Student
{
private:
    string num;                                 //学号
    string name;                                //姓名
    string sex;                                 //性别
    double score;                               //课程成绩
    static int count;                           //静态数据成员，存储学生人数
    static double sum;                          //静态数据成员，所有学生总分
public:
    Student(string = "", string = "", string = "", double = 0);
    void Input();
    void Show();
    static double Average();                    //静态成员函数，计算平均分
    ~Student() { }
};
int Student::count = 0;                         //初始化静态数据成员
double Student::sum = 0;                        //初始化静态数据成员
Student::Student(string n1, string n2, string ch, double s)
{
    num=n1; name=n2; sex=ch; score=s;
}
void Student::Input()
{
    cout << "num="; cin >> num;
    cout << "name="; cin >> name;
    cout << "sex="; cin >> sex;
    cout << "score="; cin >> score;
    count++;                                    //学生计数
    sum += score;                               //累加成绩
```

```
}
void Student::Show()
{
    cout << num << setw(10) << name << setw(10)<<sex;
    cout << setw(10) << score << endl;
}
double Student::Average()                          //求平均分的静态成员函数
{
    return sum / count;
}
int main()
{
    int n, i;
    cout << "input  student  number:";
    cin >> n;
    Student * stu=new Student[n];
    for (i = 0; i < n; i++)
    {
        cout << "number" << i + 1 << ":" << endl;
        stu[i].Input();
    }
    cout << "num" << setw(10) << "name" ;
    cout << setw(10) << "sex" << setw(10) << "score" << endl;
    for (i = 0; i < n; i++)
        stu[i].Show();
    cout << "average=" << Student::Average() << endl;
    return 0;
}
```

程序运行时,根据提示依次输入数据,程序运行结果如下:

```
input  student  number:2
number1:
num=1001
name=李文文
sex=男
score=98
number2:
num=1002
name=杨婷
sex=女
score=89
num       name      sex       score
1001      李文文    男        98
1002      杨婷      女        89
average=93.5
```

在本例中,学生人数和总分定义为私有静态数据成员,实现了类对象的共享。公有静态成员函数 average 实现了对私有静态数据成员的访问,即总分除以学生人数得到平均分。在类的外部,这里就是主函数,直接通过类名作用域限定符调用 average 函数,间接实现了对私有静态数据成员 count 和 sum 的访问。公有静态成员函数把对私有静态数据成员的操作封装了起来，进行统一处理，程序的逻辑性更强，安全性更高。

注意

(1) 静态成员属于类对象公有。

(2) 静态成员受访问权限的控制。

(3) 静态成员的访问方式有两种：通过类名或通过对象名。

(4) 静态数据成员的初始化必须在类外进行，不能通过构造函数进行初始化。

(5) 静态成员函数的作用是为了访问私有的静态数据成员，不能访问非静态数据成员。

(6) 静态成员函数没有 this 指针，它不属于任何一个对象。

9.2 友元

类具有封装和信息隐蔽的特性，只有类的成员函数才能直接访问类的私有成员。为提高程序运行效率，有时需要非成员函数访问类的私有成员。由于类外非成员函数只能访问类的公有成员，如果将类的数据成员定义为公有成员，破坏了类的封装性。这种情况如何处理呢？

解决访问类的私有成员的问题有两种方法：一是通过类外对象调用公有成员函数访问私有数据成员；二是使用友元机制。友元机制提供了普通函数、类的成员函数和不同类的成员函数之间进行数据共享的机制。友元直接访问类的私有数据成员，提高了编程的灵活性和程序执行效率。

友元分为友元函数和友元类。

友元

9.2.1 普通函数声明为类的友元函数

在 C++ 中，可以将一个普通函数声明为一个类的友元函数，也可以将一个类的成员函数声明为另一个类的友元函数。

声明友元函数时，用关键字 friend 进行说明。将普通函数声明为类的友元函数的格式如下：

```
friend 函数类型 友元函数名(参数表);
```

说明：

(1) 友元函数为非成员函数，一般在类中进行声明，在类外进行定义。

(2) 友元函数的声明可以放在类声明中的任何位置，即不受访问权限的控制。

(3) 友元函数可以通过对象名访问类的所有成员，包括私有成员。

【例 9.3】 定义一个点类 Point 和一个普通函数，将普通函数声明为类 Point 的友元，求两点间的距离。

```
#include<iostream>
#include<cmath>
using namespace std;
class Point
{
```

```
private:
    int x, y;
public:
    Point(int = 0, int = 0);                              //带默认值的构造函数
    ~Point() {}                                           //析构函数
    void Show();                                          //显示函数
    friend double Distance(Point p1, Point p2);           //声明为友元
};
Point::Point(int x1, int y1) :x(x1), y(y1) {  }
void Point::Show()
{
    cout << "点(" << x << " , " << y << ")" << endl;
}
double Distance(Point p1, Point p2)                       //普通函数,求两点距离
{
    return sqrt((p1.x - p2.x) * (p1.x - p2.x) + (p1.y - p2.y) * (p1.y - p2.y));
}
int main()
{
    Point p1(5, 8), p2(-3, -9);                           //定义 p1、p2 两个对象
    p1.Show();       p2.Show();
    cout << "Distance:" << Distance(p1, p2) << endl;      //调用函数求距离
    return 0;
}
```

程序运行结果如下：

```
点(5 , 8)
点(-3 , -9)
Distance:18.7883
```

在本例中，定义了 point 类，公有成员函数有带默认值的构造函数、析构函数和显示函数 show，用 friend 关键字声明了友元函数 distance，私有数据成员为 x、y 坐标。在类外编写了类的构造函数和 show 函数的实现，定义了求两点之间距离的普通函数 distance。

distance 函数的形参为类对象 p1、p2，在函数体中直接引用 p1、p2 的私有数据成员，如 p1.x、p1.y、p2.x、p2.y，求两点之间的距离。distance 为在类外定义的普通函数，声明为 Point 类的友元，因此可以直接访问类中的私有数据成员，提高了程序的执行效率。主函数中调用 distance 函数时直接使用实参 p1、p2，因为 distance 函数不属于任何对象，只是一个普通函数。

9.2.2 成员函数声明为类的友元函数

可以将一个类的成员函数声明为另一个类的友元函数，格式如下：

```
friend 函数类型 类名::友元函数名(参数表);
```

说明：

(1) 如果友元函数是一个类的成员函数，则在定义友元函数时要加上其所在类的类名。

(2) 访问友元函数时，需要在友元函数的前面加上本函数的对象名。

（3）如果同一函数需要访问不同类的对象，最适用的方法是使它成为这些类的友元函数。

（4）关键字 friend 在函数定义中不能出现，只能在声明友元函数时出现。

【例 9.4】 定义学生类 Student 和教师类 Teacher。在教师类中定义一个能修改学生成绩的成员函数。

```
#include<iostream>
#include<iomanip>
#include<string>
using namespace std;
class Student;                                              //类的提前声明
class Teacher                                               //定义教师类
{
private:
    string num;
    string name;
public:
    Teacher(string = "", string = "");
    void Show_Teacher();
    void SetScore(Student&, double);                        //修改指定学生成绩
};
Teacher::Teacher(string n1, string n2) :num(n1), name(n2) {  }
void Teacher::Show_Teacher()
{
    cout << setw(8) << "num" << setw(8) << "name" << endl;
    cout << setw(8) << num << setw(8) << name << endl;
}
//定义学生类
class Student
{
public:
    Student(string = "", string = "", double = 0);
    void Show();
    friend void Teacher::SetScore(Student &stu, double s);  //声明为友元函数
private:
    string num;     string name;      double score;
};
Student::Student(string n1, string n2, double s) :num(n1), name(n2), score(s)
{  }
void Student::Show()
{
    cout << setw(8) << "num" << setw(8) << "name" << setw(8) << "score" << endl;
    cout << setw(8) << num << setw(8) << name << setw(8) << score << endl;
}
void Teacher::SetScore(Student& stu, double s)             //修改指定学生成绩
{
    stu.score = s;                                          //直接引用私有数据成员
}
//主程序
```

```
int main()
{
    Teacher t1("20130956", "杨明");
    Student s1("2022001", "王鹏", 90);
    cout << "修改之前:" << endl;
    s1.Show();
    t1.SetScore(s1, 99);
    cout << "修改之后:" << endl;
    s1.Show();
    return 1;
}
```

程序运行结果如下：

```
修改之前:
    num     name    score
2022001     王鹏       90
修改之后:
    num     name    score
2022001     王鹏       99
```

在本例中，定义了学生类 Student 和教师类 Teacher。学生类中的公有成员有带默认值的构造函数、析构函数和显示函数 show，私有成员有 num、name 和 score。教师类中的公有成员有带默认值的构造函数、析构函数和显示函数 show_teacher，私有成员有 num 和 name。教师类中定义了一个修改学生成绩的成员函数 SetScore。因为是提前引用 Student 类更新学生的成绩，形参定义为引用或者指针。

学生类中把教师类的成员函数 SetScore 声明为友元，SetScore 函数才能直接访问学生类中的私有数据。SetScore 函数中的代码 stu.score=s;实现了教师类中的成员函数直接修改学生数据的功能。

注意 在 Teacher 类中声明的成员函数 SetScore(Student&, double)提前声明了 Student 类，此时形参必须是 Student 类对象的引用或者指针，而且成员函数的定义必须在 Student 类定义之后才能定义。因为定义 student 类之后，在 Teacher 类中才可以引用其成员。

9.2.3 友元类

在 C++ 中，可以将整个类声明为另一个类的友元，称为友元类。友元类的声明格式如下：

```
friend  class 友元类名;
```

说明：

(1) 友元类的声明同样可以在类的声明中的任何位置。

(2) 友元类的所有成员函数都将成为友元函数。

【例 9.5】 定义学生类 Student 和教师类 Teacher。在教师类中定义一个能修改学生成绩的成员函数，教师类声明为学生类的友元类。

```
#include<iostream>
#include<string>
#include<iomanip>
using namespace std;
class Student;                                          //类的提前声明
class Teacher
{
private:
    string num;
    string name;
public:
    Teacher(string = "", string = "") {}
    ~Teacher() {}
    void Show_Teacher()
    {
        cout << "num:" << num << "    " << "name:" << name<<endl;
    }
    void SetScore(Student &, double);                   //修改指定学生成绩
};
class Student
{
private:
    string num;
    string name;
    double score;
public:
    Student(string = "", string = "", double = 0) {}
    ~Student() {}
    void Show_Student()
    {
        cout << "num:" << num << endl;
        cout << "name:" << name << endl;
        cout << "score:" << score << endl;
    };
    friend class Teacher;                               //声明类 Teacher 为友元类
};
void Teacher::SetScore(Student &stu, double s)          //修改指定学生成绩
{
    stu.score = s;                          //直接引用私有学生对象中的私有数据成员
}
```

在本例中，定义了教师类和学生类，在教师类中定义了一个修改学生成绩的成员函数 SetScore(Student &,double)。教师类为学生类的友元，因此 SetScore 为学生类的友元函数，可以直接访问学生类中的私有数据成员。

说明：

(1) 友元关系具有单向性。如果声明类 A 是类 B 的友元，则类 A 的所有成员函数都将变成友元函数，都可以访问类 B 的所有成员；但类 B 的成员函数却不能访问类 A 的私有成员和保护成员。

(2)友元关系不具有传递性。如果类A是类B的友元,类B是类C的友元,类A和类C之间如果没有声明,就没有任何友元关系,不能进行数据共享。

(3) 友元的提出方便了程序的编写,但是破坏了数据的封装性和隐藏性。为了提高程序的可维护性,应该尽量减少友元的使用。当不得不使用友元时,要尽量调用类的成员函数,而不是直接对类的数据成员进行操作。

9.3 案例实战与实训

9.3.1 案例实战

设计酒店管理系统,要求定义酒店类和客人类。客人类为酒店类的友元类,可以直接获取酒店基本信息,实现客人的添加、查找、修改、删除和浏览功能。

【案例分析】

(1) 定义客人类。客人类的数据成员包括编号、姓名、房间号和费用,还包括酒店总收入、总人数。常用的基本操作包括:初始化客人入住信息,获取客人编号、姓名、房间号、房费、酒店总人数和总收入信息,增加总人数,减少总人数,显示客人信息。总人数、总收入声明为静态数据成员,修改总人数和总收入以及获取总人数和总收入的函数为静态成员函数。

(2) 定义酒店类。酒店类的数据成员包括酒店名称和房间类别,基本操作为初始化酒店名称。声明客人类为酒店类的友元类,客人类的成员函数可以直接访问酒店名称和房间类别信息。

(3) 定义管理函数。管理函数完成各种业务管理操作。

(4) 定义主程序。初始化酒店对象和客人对象,循环调用用户界面函数,根据输入的编号调用各种管理函数。

【程序代码】

```
#include<iostream>
#include<string>
#include<iomanip>
#define M 100                                        //客人数最大值
using namespace std;
//***********客人类***********
class Hotel;                                         //前置声明
class Guest
{
private:
    int num;                                         //客人编号
    string name;                                     //姓名
    int room;                                        //房间号
    int fee;                                         //费用
    static double sum;                               //总收入
    static int count;                                //总人数
public:
    Guest(int = 0, string = " ", int = 0, int = 0);
    //初始化客人入住信息:编号、姓名、房间号和费用
    static double  Sumfee();                         //静态成员函数,计算总收入
```

```
    static int pep();                             //静态成员函数,计算总人数
    void show(Hotal h);                           //显示客人信息
    void setName();                               //设置姓名
    void setFee();                                //设置房费
    int getNum() { return num; }                  //获取客人编号
    string getName() { return name; }             //获取客人姓名
    int getRoom() { return room; }                //获取房间号
    int getFee() { return fee; }                  //获取房费
    void total_add();                             //增加静态数据成员:总人数和总收入
    void total_sub();                             //减少静态数据成员:总人数和总收入
};
//初始化静态数据成员
int Guest::count = 0;
double Guest::sum = 0;
//************酒店类*********
class Hotel
{
public:
    Hotel(string = "");
private:
    string HotelName;                             //酒店名称
    string RoomType[3];                           //房间类别
    friend class Guest;                           //定义友元类
};
//**********定义各种管理函数**********
int menu();                                       //用户界面函数
int Vaild_room(Guest * e, int room);              //检测客人的房间号状态
int Vaild_Num(Guest * e, int num);                //检测客人的编号状态
void addGuest(Guest * e);                         //添加客人
void deleteGuest(Guest * e, Hotel h);             //删除客人信息
Guest& searchGuest(Guest * e);                    //查找客人
void updateGuest(Guest * e);                      //更新客人信息
//主程序
int main()
{
    Guest g[M];
    Hotel h("夏季假日酒店");
    while (1)
    {
        switch (menu())
        {
            case 1:addGuest(g);
                break;
            case 2: Guest g1 = searchGuest(g);g1.show(h);break;
            case 3:updateGuest(g);
                break;
            case 4:deleteGuest(g, h);
                break;
            case 5:cout << "总人数:" << Guest::pep() << endl;
                break;
```

```
            case 6:cout << "总费用:" << Guest::Sumfee() << endl;
                break;
            case 0:return 0;
            default:cout << "输出有误,请重新选择!" << endl;
        }
    }
    return 0;
}
//酒店类的实现略
//客人类的实现略
//管理类函数的实现(部分)
int menu()                                                   //用户界面函数
{
    cout << "    **************************************************" << endl;
    cout << "    *                                                *" << endl;
    cout << "    *              欢迎使用客人信息管理系统          *";
    cout << "    *                                                *" << endl;
    cout << "    *          1.添加客人信息      2.查询客人信息    *" << endl;
    cout << "    *          3.修改客人信息      4.删除客人信息    *" << endl;
    cout << "    *          5.显示所有客人信息  6.计算总收入      *" << endl;
    cout << "    *                    0.退出系统                  *" << endl;
    cout << "    *                                                *" << endl;
    cout << "    *                 请输入相应的编号               *" << endl;
    cout << "    **************************************************" << endl;
    int n;
    cin >> n;
    return n;
}
int Vaild_room(Guest * e, int room)                          //检测客人的房间号状态
{
    for (int i = 0; i < Guest::pep(); i++)
    {
        if (room == e[i].getRoom())
            return 0;
    }
    return 1;
}
void updateGuest(Guest * e)                                  //更新客人信息
{
    Guest g = searchGuest(e);
    cout << "    *********************" << endl;
    cout << "    *                   *" << endl;
    cout << "    *    选择修改的信息 *" << endl;
    cout << "    *      1.客人姓名   *" << endl;
    cout << "    *      2.房费       *" << endl;
    cout << "    *      0.保存退出   *" << endl;
    cout << "    *                   *" << endl;
    cout << "    *********************" << endl;
    int n;
    while (cin >> n)
```

```
    {
        switch (n)
        {
            case 1:g.setName(); break;
            case 2:g.setFee(); break;
            case 0:return;
        }
    }
}
```

9.3.2 案例实训

实训 1：定义一个客人类 Guest，包含客人编号（num，按先后顺序自动生成）、姓名（name）、住宿房号（room）、房费（fee），并定义静态成员 count，用于记录客人总数；提供构造函数、显示信息函数、返回客人总数的函数和全部房费收入的函数。在主函数中进行验证。

实训 2：定义学生类 Student，数据有学号（num）、姓名（name）、3 门课程成绩（socre[3]），静态成员 count 表示学生人数，实现学生信息输入、输出、求成绩总分，利用构造函数和析构函数实现学生人数的变化等功能，设计友元函数 findmax(Student a[],int n)求总成绩最高的学生。编写主函数进行验证。

习题 9

1. 填空题

(1) 若外界函数要直接访问类的私有数据成员，则必须把该函数声明为类的________________。

(2) 类 A 若声明为类 B 的友元类，则意味着类 A 中的所有成员函数都是类 B 的________________。

(3) 将类中的数据成员声明为 static 的目的是________________。

(4) 类的静态数据成员的初始化在________________________进行。

(5) 类的静态成员函数________________ this 指针。

2. 单项选择题

(1) 一个类的友元函数或友元类可以访问该类的(　　)。

A. 私有成员　　B. 保护成员　　C. 共有成员　　D. 所有成员

(2) 下列对静态数据成员的描述中正确的是(　　)。

A. 静态数据成员不可以被类的对象调用

B. 静态数据成员可以在类体内进行初始化

C. 静态数据成员不能受 protected 修饰符的限定

D. 静态数据成员可以直接用类名调用

(3) 若类 A 被声明为类 B 的友元，则(　　)。

A. 类 A 的成员即类 B 的成员　　B. 类 B 的成员即类 A 的成员

C. 类 A 的成员函数不能访问类 B 的成员　　D. 类 B 不一定是类 A 的友元

(4) 友元的作用是(　　)。

A. 提高成员的运行效率　　B. 加强类的封装性

C. 实现数据的隐藏性　　D. 增加成员函数的种类

(5) 下列关于静态数据成员的特性描述中错误的是(　　)。

A. 声明静态数据成员时前面要加 static

B. 静态数据成员要在类体外进行初始化

C. 引用静态数据成员时,要在静态数据成员名前加类名和作用域运算符

D. 静态数据成员不是所有对象共有的

(6) 用来声明类的友元的关键字是(　　)。

A. private　　B. protected　　C. public　　D. friend

(7) 下列关于友元函数的描述中正确的是(　　)。

A. 友元函数必须在类的内部实现　　B. 友元函数是类的成员函数

C. 友元函数破坏了类的封装性和隐藏性　　D. 友元函数不能访问类的保护成员

(8) C++ 中的(　　)不是类的成员,但具有类的成员的特权。

A. 构造函数　　B. 友元函数　　C. 虚函数　　D. 重载函数

(9) 下列关于静态成员函数的说法中不正确的是(　　)。

A. 静态成员函数不属于对象成员

B. 对静态成员函数的引用不需要使用对象名

C. 静态成员函数中可以直接引用类的非静态成员

D. 静态成员函数中可以直接引用类的静态成员

(10) 下面关于静态成员函数的描述中正确的是(　　)。

A. 在静态成员函数中可以使用 this 指针

B. 在建立对象前就可以为静态数据成员赋值

C. 静态成员函数在类外定义时要使用 static 关键字

D. 静态成员函数只能在类外定义

(11) 有如下程序:

```
#include<iostream>
using namespace std;
class Test
{
public:
    Test(){ n += 2; }
    ~Test() { n-= 3; }
    static int getNum() { return n; }
private:
    static int n;
};
int Test::n = 1;
int main()
{
    Test *p = new Test;
    delete p;
```

```
    cout << "n = " << Test::getNum() << endl;
    return 0;
}
```

程序运行后的输出结果是(　　)。

A. n = 0　　B. n = 1　　C. n = 2　　D. n = 3

(12) 有如下程序：

```
#include<iostream>
using namespace std;
class AA
{
private:
    int n;
public:
    AA(int k):n(k){}
    int get(){return n;}
    int get() const{return n + 1;}
};
int main()
{
    AA a(5);
    const AA b(6);
    cout << a.get() << b.get();
    return 0;
}
```

程序运行后的输出结果是(　　)。

A. 55　　B. 57　　C. 75　　D. 77

(13) 下列关于友元函数的说法中正确的是(　　)。

A. 友员函数是本类的一个成员函数

B. 友员函数可以通过对象访问本类的所有成员

C. 友员函数有 this 指针

D. 友员函数可以直接访问本类的所有成员

(14) 下列关于友元函数的描述中错误的是(　　)。

A. 友元函数是成员函数，它在类体内

B. 友元函数可直接访问类中的私有成员

C. 友元函数破坏封装性，使用时尽量少用

D. 友元类中的所有成员函数都是友元函数

(15) 已知类 A 是类 B 的友元，类 B 是类 C 的友元，则(　　)。

A. 类 A 一定是类 C 的友元

B. 类 C 一定是类 A 的友元

C. 类 C 的成员函数可以访问类 B 的对象的任何成员

D. 类 A 的成员函数可以访问类 B 的对象的任何成员

3. 程序阅读题

(1) 下面程序的运行结果是________。

```
#include<iostream>
using namespace std;
class goods
{
public:
    goods(int w) { weight=w; totalweight+=weight; }
    ~goods() { totalweight-=weight; }
    static int gettotal() { return totalweight; }
    goods(goods &gd) { weight=gd.weight; totalweight+=weight; }
private:
    static int totalweight;
    int weight;
};
int goods::totalweight=0;
int main()
{
    goods g1(50);
    cout<<goods::gettotal()<<endl;
    goods g2(100);
    cout<<g2.gettotal()<<endl;
    return 0;
}
```

(2) 下面程序的运行结果是________。

```
#include<iostream>
using namespace std;
class A
{
public:
    A(int a=0,int b=0) { i=a; j=b; c++; }
    ~A() { c--; }
    static void f() { cout<<"c="<<c<<endl; }
private:
    int i,j;
    static int c;
};
int A::c=0;
int main()
{
    A a(4,8),b,d;
    {
        A z(3,6), f;
        A::f();
    }
    A::f();
    return 0;
}
```

(3) 下面程序的运行结果是________。

```
#include<iostream>
```

```
using namespace std;
class point
{
public:
    void poi(int px=10,int py=10)
    { x=px; y=py; }
    friend int getpx(point a);
    friend int getpy(point b);
private:
    int x,y;
};
int getpx(point a)
    { return a.x; }
int getpy(point a)
    { return a.y; }
int main()
{
    point p,q;
    p.poi();q.poi(15,15);
    cout<<getpx(p);
    cout<<getpy(p)<<endl;
    cout<<getpx(q);
    cout<<getpy(q)<<endl;
    return 0;
}
```

（4）下面程序的运行结果是________。

```
#include<iostream>
using namespace std;
class B;
class A
{
public:
    A(int d,A * n){data=d;prev=n;}
    friend class B;
private:
    int data;
    A *prev;
};
class B
{
public:
    B(){top=0;}
    void push(int i) {A * n=new A(i,top);top=n;}
    int pop()
    {
        A * t=top;
        if(top)
        {
            top=top->prev;
            int c=t->data;
```

```
            delete t;
            return c;
        }
    return 0;
}
private:
    A * top;
};
int main()
{
    int c[10]={23,34,56,87,67,876,42,657,55,66};
    B s;
    for(int i=0; i<10;i++)
        s.push(c[i]);
    for(i=0; i<10; i++)
        cout<<s.pop()<<",";
    cout<<endl;
    return 0;
}
```

4. 程序设计题

(1) 设计时钟类 CTimeInfo,它应满足下述要求:

① 有一个无参数的构造函数,其初始的小时数和分钟数分别为 0、0。

② 有一个带参数的构造函数,其参数分别对应小时数和分钟数。

③ 用一个成员函数实现时间的设置。

④ 用一个友元函数实现以 12 小时的方式输出时间。

⑤ 用一个友元函数实现以 24 小时的方式输出时间。

(2) 定义工人类 Worker,包含工人的职工号、姓名、性别、工资等数据成员,成员函数包括构造函数、析构函数、显示函数和求平均工资的成员函数。在主函数中创建 3 名工人对象进行测试。

第 10 章　继承与多态

引言

继承是 C++ 中类机制的一部分，该机制使类与类之间建立一种上下级联关系，通过提供来自一个类的操作和数据成员创建新类，程序员只需要在新类中定义增补的成员即可。类的继承反映了原始的简单代码慢慢发展到丰富的高级代码的过程。通过语言内在的继承功能，自动地、滚动式地重用代码，增强代码，从而使编程方法出现根本改变，使分析问题和解决问题的模式从功能模式转向对象结构模式。

继承机制带来了对象的家族性。编译器在处理家族中的对象时，希望不同对象指引不同的操作，才能让各个类层次的对象在同一程序模块中自由操作，达到真正意义上的面向对象。因此，继承召唤多态。多态性增强了面向对象软件系统的扩展功能，提高了软件的可重用性。

学习目标

- 了解：继承的重要性，基类与派生类的关系。
- 熟悉：派生类的定义及初始化基类数据成员。
- 掌握：派生类的编程；虚基类、虚函数的编程；运算符函数重载的编程。

课程思政

弘扬优秀传统文化：通过继承和派生的概念和思想引入优秀传统文化的继承、发展和百花齐放，通过在线视频学习引导学生继承和发扬优秀传统文化。

10.1　继承

10.1.1　继承的概念

什么叫继承呢？"凿壁偷光""悬梁刺股""约法三章"这些反映传统美德的历史故事至今仍被传诵，这是一种继承的体现。所谓继承，就是从先辈处获得特性，它是客观世界事物之间的一种重要关系。

继承

在 C++ 中，类的继承是在现有类的基础上建立新类的机制，是实现软件复用的一种手段和方法，即新类从已有类中得到属性和方法，并可以在新类中添加新的属性及方法。新构建的类称为子类或派生类，现有类称为父类或基类。基类比派生类更为抽象和一般化，派生类比基类更为具体和个性化。类的继承关系示例如图 10.1 所示。

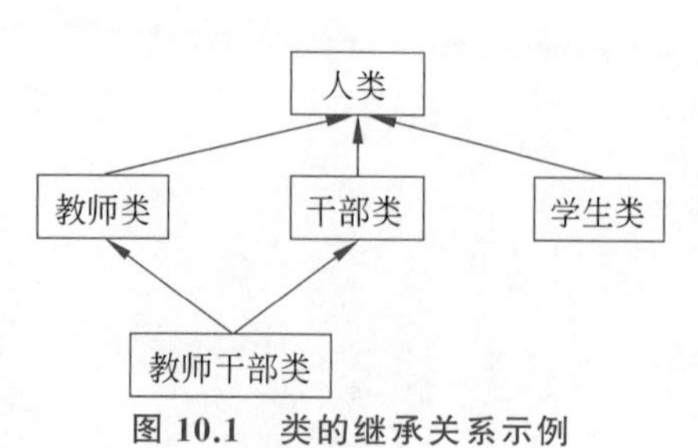

图 10.1　类的继承关系示例

在 C++ 中声明一个类的继承的格式如下：

```
class 派生类名:继承方式  基类名
{
    派生类成员声明
};
```

其中,派生类名是一个标识符,要符合 C++ 标识符命名规则;基类名是派生类所继承的类的名字;继承方式是继承基类的方式,用于说明从基类继承来的成员在派生类中的访问控制权限。继承方式有 public、private 和 protected,分别表示公有继承、私有继承和保护继承。继承方式省略时默认为私有继承。派生类成员声明为派生类增加新的成员,以及重新定义从基类继承的成员。

【例 10.1】 基类 Traditional 与派生类 Offspring 的定义及操作。

```
#include<iostream>
using namespace std;
class Traditional
{
public:
    void  virtues(){ cout<<"中华民族优秀传统美德"<<endl; }
};
class Offspring:public Traditional            //继承定义
{
public:
    Offspring(string name);
    void Inherit();
private:
    string  _name;
};
Offspring :: Offspring(string name)
{
    _name=name;
}
void Offspring :: Inherit(){
    cout<<_name<<endl;
}
int main()
{
    Offspring offspring("新时代的我们传承");
    offspring.Inherit();
    offspring.virtues();                      //基类成员
    return 0;
}
```

程序运行结果:

```
新时代的我们传承
中华民族优秀传统美德
```

类的继承需要注意以下几个问题:

(1) 基类的构造函数和析构函数不可被继承。

(2) 派生类继承了基类除构造函数析构函数之外的全部数据成员和成员函数。

(3) 派生类中除了与基类同名的成员外还可以添加新成员，用于实现新功能，这保证了派生类的功能在基类基础上的发展。

多个派生类可以继承自一个基类，如下所示：

```
class A{…};
class B:public A{…};                    //类 B 继承自类 A
class C:public A{…};                    //类 C 继承自类 A
```

在 C++ 中可以通过派生形成类的层次结构，即一个基类可以是另一个更高层次的类的派生类，同时这个基类也可以继续产生派生类，如下所示：

```
class A{…};
class B:public A{…};                    //类 B 是类 A 的派生类
class C:public B{…};                    //类 C 是类 B 的派生类
```

10.1.2 继承的权限

《中华人民共和国宪法》规定：中华人民共和国公民必须遵守宪法和法律，保守国家秘密。对于国家来说，公民保守国家秘密具有非常重大的意义。

在 C++ 的继承中，存在一些需要保护基类的“秘密信息”。通过 public、private、protected 这 3 种继承方式对基类成员访问权限进行控制。访问方式的不同主要体现在以下两方面：一方面是派生类新增成员对从基类继承来的成员的访问方式；另一方面是派生类对象对从基类继承来的成员的访问方式。

1. 公有继承方式

公有继承是通过 public 方式继承基类，公有继承的派生类定义格式如下：

```
class 派生类名:public 基类名
{
    派生类成员声明
};
```

在公有继承中，基类的私有成员在派生类中不可访问，基类的保护成员在派生类中仍然是保护成员，基类的公有成员在派生类中仍然是公有成员，如表 10.1 所示。

表 10.1 公有继承的成员访问属性控制

基 类	派 生 类
public 成员	public 成员
protected 成员	protected 成员
private 成员	不可访问

2. 私有继承方式

私有继承是通过 private 方式继承基类，私有继承的派生类定义格式如下：

```
class 派生类名:private 基类名
{
    派生类成员声明
};
```

在私有继承中，基类的私有成员在派生类中不可访问，基类的保护成员和公有成员变成了派生类中的私有成员，如表10.2所示。

表10.2　私有继承的成员访问属性控制

基　类	派　生　类
public成员	private成员
protected成员	private成员
private成员	不可访问

3. 保护继承

保护继承是通过protected方式继承基类，保护继承的派生类定义形式：

```
class 派生类名称:protected 基类名称
{
    派生类成员声明
};
```

在保护继承中，基类的私有成员在派生类中不可访问，基类的保护成员在派生类中仍然是保护成员，基类的公有成员变成了派生类中的保护成员，如表10.3所示。

表10.3　保护继承的成员访问属性控制

基　类	派　生　类
public成员	protected成员
protected成员	protected成员
private成员	不可访问

【例10.2】　在3种继承方式下派生类对基类成员的访问示例。

```
#include<iostream>
using namespace std;
class A
{
    int a;
    void put_a();
protected:
    int b;
    void put_b();
public:
    int c;
    void get_abc();
    void put_c();
};
void A::put_a()
{
    cout<<"A:: a="<<a<<endl;
}
void A::put_b()
```

```
{
    cout<<"A:: b="<<b<<endl;
}
void A::get_abc()
{
    cout<<"Enter three integers:";
    cin>>a>>b>>c;
}
void A::put_c()
{
    cout<<"A::c="<<c<<endl;
}
class B:public A
{
public:
    void get()
    {
        get_abc();
    }
    void put()
    {
        put_a();                                    //错误
        cout<<"A:: b=" <<b<<endl;
        put_c();
    }
};
int main()
{
    B r;
    r.get();
    r.put();
    r.put_c();
    r.put_b();                                      //错误
    r.put_a();                                      //错误
    return 1;
}
```

在本例中，private 成员在任何情况下均是不可访问成员，不可被继承；在公有继承方式下，基类的 public 成员和 protected 成员不改变访问权限；在保护继承方式下，基类的 protected 成员在派生类中不改变访问权限，基类的 public 成员变成派生类的 protected 成员；在私有继承方式中，基类的 public 成员和 protected 成员变成派生类的 private 成员。

10.1.3 类型兼容

类型兼容是指在公有继承方式下，派生类与基类之间具有赋值兼容的关系，可进行类型间的转换。在公有继承方式下，派生类保持了它的直接基类和间接基类的所有特征。因此，派生类对象与基类对象的类型兼容共有以下 4 种形式：

（1）派生类对象可以向基类对象赋值。

（2）派生类对象可以向基类对象的引用进行赋值或初始化。

（3）派生类对象的地址可以赋值给基类指针变量。

（4）函数形参是基类对象或基类对象的引用或指针变量，函数调用时的实参可以是派生类对象。

派生类对象向基类对象赋值时，只向基类的数据成员赋值，派生类新增的数据成员值被舍弃，不能向基类的成员函数赋值。由派生类中数据成员的排列情况可知，基类数据成员排列在最前面，因此可以使用派生类对象向基类对象赋值，基类对象会获取派生类对象中的基类数据。

```
ClassA obj_a;                    //定义基类 ClassA 对象 obj_a
ClassB obj_b;                    //定义类 ClassA 的公有派生类 ClassB 的对象 obj_b
obj_a = obj_b;                   //用派生类对象 obj_b 向基类对象 obj_a 赋值
ClassA &refa = obj_b;            //引用 refa 是 obj_a 的别名，两者共享同一段存储单元
ClassA * pa=&obj_b;              //派生类对象地址赋给基类指针变量
```

func 函数的定义如下：

```
void func(ClassA  &ref)
{
    cout<<ref.num<<endl;
}
```

函数调用时，用派生类 ClassB 的对象 obj_b 作为实参：

```
func(obj_b);                    //输出派生类 ClassB 的对象 obj_b 的基类数据成员 num
```

在 C++ 中，类对象的内存空间大小完全取决于类的数据成员。将派生类对象的地址赋给基类指针变量，由派生类中数据成员的排列情况可知，这实际上是将基类数据成员首地址赋给基类指针变量。

注意 基类对象不能赋值给派生类对象、引用和指针变量。

10.2 派生类

派生类

派生类继承了基类的成员。在构建派生类对象时，需要创建从基类继承的部分。由于基类的构造函数和析构函数是不能被派生类继承的，只能通过派生类的构造函数调用基类的构造函数对基类的数据进行初始化，同时派生类还要对新增加的成员进行初始化。

10.2.1 构造函数

构造函数分为不带参数的构造函数和带参数的构造函数。派生类在实现基类数据的初始化时，要根据基类的构造函数情况进行初始化。

1. 基类的构造函数不带参数

如果基类的构造函数为无参构造函数，派生类构造函数的定义不必显式调用基类的无参构造函数，系统会自动调用基类的无参构造函数，实现从基类继承来的成员初始化。此时，派生类的构造函数定义方式和普通类相同。初始化顺序是：先执行基类的无参构造函数，再执行派生类的构造函数。

2. 基类的构造函数带参数

如果基类的构造函数带参数，派生类的构造函数必须显式调用基类的构造函数初始化基类继承的数据成员。

派生类的构造函数的形式如下：

```
派生类名::派生类构造函数名(参数列表):基类构造函数名(参数列表)
{
    派生类新增成员的初始化
}
```

说明：

(1) 派生类构造函数的参数列表中，应包含基类和派生类构造函数需要初始化的所有数据成员的参数值，冒号后的内容包括调用的基类构造函数，还要给出派生类子对象、常量、全局变量的初始化值，通常称之为初始化列表。

(2) 当基类的构造函数使用一个或多个参数时，派生类中必须定义构造函数，提供将参数传递给基类构造函数的方法，从而实现对基类数据成员的初始化。派生类的构造函数体可能为空，仅仅为了向基类传递数据。

(3) 派生类构造函数的执行顺序是：先执行初始化列表中的基类构造函数，对子对象、常量、全局变量等进行初始化，再执行函数体中的语句。

10.2.2 析构函数

派生类不可以继承基类的析构函数。在派生类对象作用域结束时，自动调用自己和基类的析构函数实现数据成员的资源释放。若派生类中没有显式定义析构函数，编译系统会提供一个默认的析构函数。析构函数执行顺序是：先调用派生类的析构函数，再调用基类的析构函数。

【例 10.3】 定义 Animal 类和 Cat 类的公有继承关系，分析构造函数和析构函数的执行。

```
#include<iostream>
using namespace std;
class Animal
{
public:
    Animal(int con_weight, int con_age);
    ~Animal()
    {
        cout << "Animal destructor!" << endl;
        system("pause");
    }
    int get_age(){ return m_nAge; }
private:
    int m_nWeight, m_nAge;
};
Animal::Animal(int con_weight, int con_age)
{
    m_nWeight = con_weight;
```

```
    m_nAge = con_age;
    cout << "Animal constructor with param!" << endl;
}
class Cat:public Animal{
public:
    //声明带参构造函数
    Cat(string con_name, int con_weight, int con_age);
    ~Cat(){ cout << "Cat destructor!" << endl; }
private:
    string m_strName;
};
Cat::Cat(string con_name, int con_weight, int con_age):Animal(con_weight, con_
age)
{
    m_strName = con_name;
    cout << "Cat constructor with param!" << endl;
}
int main()
{
    Cat cat("Persian", 3, 4);
    cout << "cat age = " << cat.get_age() << endl;
    return 0;
}
```

程序执行结果如下：

```
Animal constructor with param!
Cat constructor with param!
cat age =4
Cat destructor!
Animal destructor!
```

10.2.3 隐藏基类函数

派生类中重新定义基类同名函数的方法称为对基类函数的覆盖或改写，覆盖后基类同名函数在派生类中被隐藏。定义派生类对象调用该函数时，调用的是自身的函数，基类同名函数不被调用。如要调用基类的同名函数，必须在函数名前面加上“基类名::”，以作用域的形式访问，格式如下：

派生类对象.基类名::函数名(参数表)

【例 10.4】 在派生类中加载与基类同名的成员函数。

```
#include<iostream>
using namespace std;
class Animal
{
public:
    void speak() { cout << "animal language!" << endl; }
};
class Cat :public Animal
```

```
{
public:
    void speak()  { cout << "cat language: miaomiao!" << endl; }
};
int main()
{
    Cat cat;
    cat.speak();
    cat.Animal::speak();                          //调用基类同名函数
    system("pause");
    return 0;
}
```

程序执行结果如下：

```
cat language: miaomiao!
animal language!
```

注意　基类的同名成员只是被隐藏了,但可以调用。

多继承

10.3　多继承

派生类的基类可以有一个,也可以有多个。如果一个派生类有多个直接基类,则这种继承方式称为多继承。多继承是由多个基类组合派生的,具有多个基类的特征。多继承的派生类与每个基类之间的关系仍然可以看作一个单继承关系,满足单继承的规则。本节主要学习多继承的声明方式、多继承的二义性及其解决方法虚基类。

10.3.1　多继承的声明及初始化

多继承的声明方式：

```
class  派生类:<继承方式>基类 1,<继承方式>基类 2,…
{
    派生类成员定义
};
```

派生类的构造函数实现新增成员的初始化以及从各基类继承的成员的初始化。执行顺序先执行基类构造函数,再初始化新增的子对象、常成员,最后初始化从各基类继承的成员。

派生类的构造函数形式如下：

```
派生类::构造函数名(参数列表):基类 1 构造函数名(参数列表 1), 基类 2 构造函数名(参数列表 2), …
{
    派生类构造函数体
}
```

10.3.2　多继承的二义性

不同类的成员定义中可以有同名的成员。在多继承中,基类之间出现同名成员时,派生类成员或对象访问基类的这组同名成员时会出现二义性，即不知道访问的是哪一个基类的成员。解决二义性的方法是加上“基类名::”作用域。调用格式如下：

```
派生类对象.基类名::成员名
```

10.3.3 虚基类

在多继承中，多个基类源于共同的间接基类时，也会出现二义性，这是因为间接基类在派生类中有多个副本。解决办法是使用虚基类。

在多重继承中，若将一个类声明为虚基类，则能保证派生类在间接地多次继承该类时只继承该基类的一个副本成员，避免了派生类中访问公共基类成员的二义性。

虚基类的定义形式如下：

```
class 派生类名:virtual 继承方式 基类名
{
    派生类成员
};
```

【例 10.5】 利用虚基类解决二义性示例。

```
#include<iostream>
using namespace std;
class Animal
{
public:
    Animal(int age):m_nAge(age)  { cout << "Animal  constructor!" << endl; }
protected:
    int m_nAge;
};
class Bird :virtual public Animal
{
public:
    Bird(int age, int fh):Animal(age)
    {
        cout << "Bird constructor!" << endl;
        m_nFlightAltitude = fh;
    }
    int get_flightaltitude() { return m_nFlightAltitude; }
private:
    int m_nFlightAltitude;
};
class Fish :virtual public Animal
{
public:
    Fish(int age, int speed):Animal(age)
    {
        cout << "Fish constructor!" << endl;
        m_nSwimSpeed = speed;
    }
    int get_swimspeed() { return m_nSwimSpeed; }
```

```
private:
    int m_nSwimSpeed;
};
class WaterBird:public Bird, public Fish        //定义水鸟类
{
public:
    WaterBird(int age, int b_age, int f_age, int fh, int   speed):Animal(age),Bird
(b_age,         fh),Fish(f_age, speed)
    {
        cout << "WaterBird constructor!" << endl;
    }
    void print_animalage ( )
    {
        cout << "age = " << Animal::m_nAge << endl;
        cout << "age = " << Bird::m_nAge << endl;
        cout << "age = " << Fish::m_nAge << endl;
    }
};
int main() {
    WaterBird waterbird(2,5, 6, 20, 30);
    cout << "waterbird flight altitude:" << waterbird.get_flightaltitude()
         << ", swimming speed:" << waterbird.get_swimspeed() << endl;
    waterbird.print_animalage();
    system("pause");
    return 0;
}
```

程序的运行结果如下：

```
Animal constructor!
Bird constructor!
Fish constructor!
WaterBird constructor!
waterbird flight altitude: 20, swimming speed:30
age = 2
age = 2
age = 2
```

注意 虚基类只在最派生类（最后一个派生出来的类）中初始化一次。最派生类是定义对象的类。

多态

10.4 多态

10.4.1 多态的概念

多态是面向对象程序设计的重要特征之一，与封装、继承共同构成了面向对象程序设计的三大特征。多态是指不同的对象接收到相同的操作指令时产生不同的动作。在程序中表现为，不同功能的函数在不同的类中具有相同的函数名，对象在调用同名函数时会执行不同的动作。

在面向对象程序设计中，多态性体现在：向不同的对象发送同一个消息，不同对象接收到消息时会产生不同的行为，即每个对象以自己的方式响应同样的消息。

在如图10.2所示的继承关系中，猫和狗对象调用同名函数speak，发出不同的叫声。

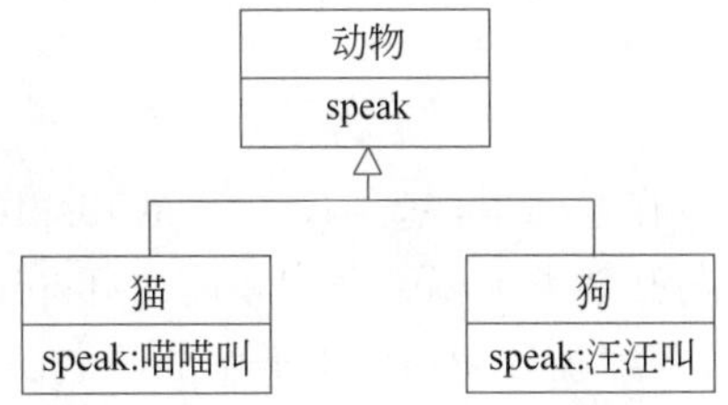

图10.2　不同类继承中的同名函数

在C++程序设计中，消息即对类的成员函数的调用，不同的行为是指不同的实现，也就是调用不同的函数。因此，多态的本质是指同一个函数的多种形态。

C++支持的多态可以按照实现的时机分为编译时多态和运行时多态两种。编译时多态又称静态联编，是指程序在编译时就可确定的多态性，通过重载机制实现；运行时多态又称动态联编，是指必须在运行中才可确定的多态性，通过继承中的虚函数实现。

10.4.2　虚函数

用关键字virtual修饰基类的公有成员函数，则该函数在派生类中可以被重新定义，即函数头一致、函数体不同的函数定义。

【例10.6】 虚函数定义及调用。

```
#include<iostream>
using namespace std;
class Base
{
public:
    virtual void display(){cout<<"Base called!\n";}
    virtual ~Base(){cout<<"Base's destructor called!\n";}
};
class Derived: public Base
{
public:
    void display(){cout<<"Derived called!\n";}
    ~Derived(){cout<<"Derived's destructor called!\n";}
};
int main()
{
    Base *p,b;
    Derived d;
    p=&b; p->display( );                    //调用的是 Base 类中的函数
    p=&d; p->display( );                    //调用的是 Derived 类中的函数
    p=new Derived; p->display();            //调用的是 Derived 类中的函数
    delete p;
}
```

程序运行结果如下：

```
Base called!
Derived called!
Derived called!
```

```
Derived's destructor called!
Base's destructor called!
Derived's destructor called!
Base's destructor called!
Base's destructor called!
```

在本例中，基类 Base 中的 display 函数声明为虚函数，公有派生类 Derived 中重新定义了与其基类虚函数原型相同的 display 函数。当使用基类指针或基类引用操作派生类对象时，系统会自动用派生类中的同名函数代替基类中的虚函数。通常，在派生类中重新定义虚函数时，virtual 可以不出现，但最好保留，以增强程序的可读性。

说明：

（1）虚函数调用条件是通过基类指针或基类引用调用派生类对象，加载哪个派生类对象，就访问哪个类的虚函数。

（2）虚函数的定义条件是派生类定义了与基类同名的函数，函数头（包括返回值类型、函数名、形参表）相同，但函数体不同。

虚析构函数的声明格式如下：

```
virtual ~类名();
```

在 C++ 中，析构函数可以定义为虚函数，但构造函数不能。因为构造函数的功能是完成对象的创建和初始化。虚析构函数是为了解决基类的指针指向派生类对象，通过基类的指针销毁派生类对象占用的内存空间。例如，本例中基类指针指向一个用 new 生成的派生对象，用 delete 销毁基类指针指向的内存空间时，不仅要调用派生类的析构函数，还要调用基类的析构函数，派生类对象的所有资源都将被回收。如果基类没有定义虚析构函数，则执行 delete 时只调用派生类的析构函数。

10.4.3 纯虚函数

C++ 中纯虚函数的声明格式如下：

```
virtual 函数返回值类型 函数名(参数表)=0;
```

纯虚函数没有函数体，其作用是在基类中为派生类保留一个函数接口，方便派生类根据需要利用它实现多态。若在一个类中声明了纯虚函数，但是在其派生类中没有实现该函数，则该函数在派生类中仍为纯虚函数。同时将包含纯虚函数的类称为抽象基类。

【例 10.7】 纯虚函数应用示例。

```
#include<iostream>
using namespace std;
class Staff                                   //职员类
{
public:
    virtual void Pay()=0;                     //声明为纯虚函数
};
class CommonWorker: public Staff              //普通员工类
{
public:
```

```
    CommonWorker(double w,double b):wage(w),bonus(b){}
    virtual void Pay()                          //重新定义虚函数
    {
        cout<<"基本工资+奖金="<<wage+bonus<<endl;
    }
protected:
    double wage;
    double bonus;
};
class Manager:public CommonWorker               //经理类
{
public:
    Manager(double w,double b,double a):CommonWorker(w,b),allowance(a){}
    virtual void Pay()                          //重新定义虚函数
    {
        cout<<"基本工资+奖金+职务津贴="<<wage+bonus+allowance<<endl;
    }
protected:
    double allowance;
};
int  main()
{
    Staff * s;                                  //基类指针
    CommonWorker c1(800,2000);
    Manager m1(1200,2000,500);
    s=&c1;                                      //基类指针指向派生类对象
    s->Pay();                                   //调用 CommonWorker 类的 Pay 函数
    s=&m1;                                      //间接基类指针指向派生类对象
    s->Pay();                                   //调用 Manager 类的 Pay 函数
    return 0;
}
```

程序运行结果如下：

```
基本工资+奖金=2800
基本工资+奖金+职务津贴=3700
```

10.5 运算符重载

运算符重载

C++ 中的类是一种新类型，对象是类的变量，可以作为函数参数、函数返回值的类型以及声明对象数组等。系统提供的基本运算符以简洁的形式实现了不同类型的变量、常量、表达式的运算。例如，算术运算符+可以作用于整型和浮点型变量，而整型和浮点型变量在内存中的表达是不相同的，要结合上下文作出不同解释，这是由系统提供的运算符重载实现。通过学习运算符重载方法和规则，可以使重载运算符适合对象的运算。

10.5.1 什么是运算符重载

运算符重载是对已有的运算符赋予多重含义，使同一个运算符在作用于不同类型的数据时做出不同的行为。

运算符重载的本质是函数重载，是 C++ 多态的一种体现，为用户提供了一个直观的接口，让运算符直接操作类的对象，使 C++ 代码更加直观、易读。运算符重载是 C++ 的可扩充性的体现。

运算符函数的格式如下：

```
返回值类型   operator 运算符(形参表)
{
    函数体
}
```

10.5.2 运算符重载的规则

在 C++ 中，大多数系统定义的运算符可以被重载，只有以下几个运算符不能被重载：

. :: ?: .* sizeof

其中.、.* 和::3 个符号有特定含义，?:和 sizeof 没有必要重载。

重载运算符遵循的规则是：只能重载 C++ 中已有的运算符，不能创建新的运算符；重载之后的运算符不能改变其原有的优先级和结合性，不能改变其操作数的个数及语法结构。应避免没有目的地使用运算符重载。

10.5.3 运算符重载的方式

运算符重载有两种实现方式：重载为类的成员函数和重载为类的友元函数。

1. 重载为类的成员函数

将运算符函数定义为类的成员函数，语法格式如下：

```
返回值类型   类名::operator 运算符(形参表)
{
    函数体
}
```

其中，operator 是关键字，是运算符重载的标志，operator 后面的运算符是要重载的运算符，operator 和运算符共同组成函数名，形参表表示该成员函数需要的操作数。运算符有单目和双目之分，当重载单目运算符时，操作数来自私有成员，运算符函数没有形参；当重载双目运算符时，一个操作数来自私有成员，形参中有一个操作数。

【例 10.8】 复数类中以成员函数重载的+运算符及其调用形式。

```
#include<iostream>
using namespace std;
class Complex                               //声明 Complex 类
{
public:
    Complex(double r=0,double i=0)
    {
        real=r;
        imag=i;
    }
    void display()
```

```
    {
        cout<<"("<<real;
        if(imag>0) cout<<"+"<<imag<<"i)";
        else if(imag<0) cout<<imag<<"i)";
        else cout<<")";
    }
    Complex operator+(Complex c);      //声明运算符+
private:
    double real,imag;
};
Complex Complex::operator+(Complex c)  //定义运算符+
{
    Complex cc;
    cc.real=real+c.real;
    cc.imag=imag+c.imag;
    return cc;
}
int main()
{
    Complex c1(1.1,2.2),c2(3.3,4.4),c3;
    c3=c1+c2;                          //成员函数+调用原型: c3=c1.operrator+(c2)
    c3.display();
    return 0;
}
```

程序运行结果如下：

```
(4.4+6.6i)
```

2. 重载为类的友元函数

将运算符函数声明为类的友元函数，语法格式如下：

```
friend 返回类型 operator 运算符(形参表)
{
    函数体;
}
```

友元函数的性质是类外的普通函数。声明为类的友元函数时，运算符的操作数都来自形参表；当重载单目运算符时，运算符函数有一个形参；当重载双目运算符时，运算符函数有两个形参。

【例 10.9】 复数类中以友元函数重载的＋运算符及其调用形式。

```
#include<iostream>
using namespace std;
class Complex                                          //声明 Complex 类
{
public:
    Complex(double r=0,double i=0)
    {
        real=r;
        imag=i;
```

```
    }
    void display()
    {
        cout<<"("<<real;
        if(imag>0) cout<<"+"<<imag<<"i)";
        else if(imag<0) cout<<imag<<"i)";
        else cout<<")";
    }
    friend Complex operator+ (Complex c1,Complex c2);      //声明友元函数
private:
    double real,imag;
};
Complex operator+ (Complex c1,Complex c2)                  //定义运算符+
{
    Complex cc;
    cc.real=c1.real+c2.real;
    cc.imag=c1.imag+c2.imag;
    return cc;
}
int main()
{
    Complex c1(1.1,2.2),c2(3.3,4.4),c3;
    c3=c1+c2;                          //友元函数调用原型:c3=operator+ (c1,c2)
    c3.display();
    return 0;
}
```

程序运行结果如下：

```
(4.4+6.6i)
```

在双目运算符中，+运算符满足交换律，对于表达式 c3＝4＋c2，运算符函数的重载形式只有友元函数重载才能实现，请自己分析其原因。

注意

（1）双目运算符重载尽量采用友元函数，可使运算符满足交换律。

（2）运算符=、[ ]、( )和－>只能采用成员函数重载。

3. 特殊运算符的重载

在 C++ 中使用流提取运算符<<和流插入运算符>>执行输入和输出操作。这两个符号在 C++ 中已经被重载，如果要直接对类对象进行输入和输出，则需要对这两个运算符进行重载，使其可以输入和输出自定义类型的数据。重载形式只能采用友元函数。

1）重载流提取运算符>>

重载流提取运算符>>的函数原型为

istream & operator >> (istream &,类 & 形参对象);

在流提取运算符>>的重载函数中，第一个参数必须是 istream 对象的引用(istream &)，第二个参数是要进行输入操作的类对象或类对象的引用；重载函数的返回值类型必须是 istream 对象的引用。

2）重载流插入运算符<<

重载流插入运算符<<的函数原型：

ostream & operator << (ostream &, 类 形参对象);

在流插入运算符<<的重载函数中，第一个参数必须是 ostream 对象的引用（ostream &），第二个参数是要进行输出操作的类对象或对象的引用；重载函数的返回值类型必须是 ostream 对象的引用。

【例 10.10】 复数类中以友元函数重载<<和>>运算符。

```
#include<iostream>
using namespace std;
class Complex                                                    //声明 Complex 类
{
public:
    Complex(double r=0,double i=0)
    {
        real = r ;
        imag = i ;
    }
    friend istream & operator>>(istream &input,Complex &c);     //重载为友元函数
    friend ostream & operator<<(ostream &output,Complex &c);    //重载为友元函数
private:
    double real,imag;
};
istream & operator>>(istream &input,Complex &c)
{
    input>>c.real>>c.imag;
    return input;
}
ostream & operator<<(ostream &output,Complex &c)
{
    output<<'('<<c.real<<'+'<<c.imag<<"i)"<<endl;
    return output;
}
int main()
{
    Complex c1;
    cin>>c1;                                   //调用原型:operator>>(cin,c1)
    cout<<c1;                                  //调用原型:operator<<(cout,c1)
    return 0;
}
```

程序运行时，输入和运行结果如下：

```
2 3
(2+3i)
```

通过例子分析，重载>>和<<可以替换之前的类中相关成员函数的功能。例如，display 函数实现复数对象的输出功能，使用<<运算符重载函数后，在主函数中的输出既简单又直观。

C++ 中还有很多运算符，类根据不同的需求选择部分运算符重载，可以简化对象的操作。

【例 10.11】 数组类抽象定义，并重载[]、=、+、==、>>运算符。

```
#include<iostream>
using namespace std;
class Array
{
public:
    Array(int n=0);
    Array(const Array&);
    ~Array();
    int& operator[](int i);                                     //获取数组中的私有成员
    int get_len();
    Array& operator=(const Array&);                             //实现对象数组的深赋值
    bool operator==(const Array &);                             //实现数组对象的比较
    Array& operator+(int);                                      //实现在数组中追加一个元素
    friend ostream& operator<<(ostream&,const Array&);   //重载<<实现数组输出
private:
    int *a;
    int length;
};
Array::Array(int n)
{
    length=n;
    a=new int [n];
}
Array::Array(const Array&t)
{
    length=t.length;
    a=new int[length];
    for(int i=0;i<length;i++)
        a[i]=t.a[i];
}
Array::~Array()
{
    delete[]a;
}
int& Array::operator[](int i)
{
    return a[i];
}
int Array::get_len()
{
    return length;
}
Array& Array::operator=(const Array&t)
{
    if(this==&t)
        return *this;
```

```
    delete[]a;
    length=t.length;
    a=new int[length];
    for(int i=0;i<length;i++)
        a[i]=t.a[i];
    return *this;
}
bool Array::operator==(const Array &t)
{
    if(length!=t.length )
        return false;
    for(int i=0;i<length;i++)
        if(a[i]!=t.a[i])
            return false;
    return true;
}
Array& Array::operator+(int x)
{
    int *p,i;
    p=new int[length+1];
    for(i=0;i<length;i++)
        p[i]=a[i];
    p[i]=x;
    delete []a;
    a=p;
    length++;
    return *this;
}
ostream& operator<<(ostream&ob,const Array&t)
{
    ob<<"the Array data is:";
    for(int i=0;i<t.length;i++)
        ob<<t.a[i]<<"  ";
    ob<<endl;
    return ob;
}
int main()
{
    Array myarr1(5);
    cout<<"input data:"<<myarr1.get_len() <<endl;
    for(int i=0;i<myarr1.get_len();i++)
        cin>>myarr1[i];
    Array myarr2=myarr1;
    cout<<"compare myarr1 and myarr2:";
    if(myarr1==myarr2)
        cout<<"equal"<<endl;
    else
        cout<<"unequal"<<endl;
    myarr1=myarr1+8;
    cout<<myarr1;
```

```
    cout<<"compare myarr1 and myarr2:";
    if(myarr1==myarr2)
        cout<<"equal="<<endl;
    else
        cout<<"unequal="<<endl;
    return 1;
}
```

程序在运行时，根据提示信息输入数据，程序运行结果如下：

```
input data:5
1 3 5 2 6
compare myarr1 and myarr2:equal
the Array data is:1   3   5   2   6   8
compare myarr1 and myarr2: unequal
```

结合类的构造函数、析构函数的相关知识，理解深赋值运算符=；重载下标运算符[ ]，实现获取私有成员的方法；重载加法运算符+，实现向数组中追加元素；重载相等运算符==，实现数组是否相等的比较；重载流插入运算符<<，实现数组元素输出。重载上述算符后，使程序更加直观、简洁。

10.6 案例实战与实训

10.6.1 案例实战

1. 抽象基类、虚函数和纯虚函数的应用

银行账户按业务分为存款账户和结算账户。存款账户包括账号、余额等信息，同时包括创建、存款、取款(可以有一定的透支额度)、查询等操作；结算账户包括账号、余额和汇款的类型(电汇、信汇、其他，涉及手续费不同)，同时包括创建、存款、取款、查询等操作。

【案例分析】

(1) 建立银行账户与存款账户、结算账户的继承关系。银行账户为上层基类，存款账户和结算账户由基类派生。

(2) 将共同的内容和操作定义在基类中，并将部分操作(如取款、查询操作)设置为虚函数或纯虚函数。

(3) 编写函数对基类账户的对象数组进行操作，显示每个账户的信息及所有账户的存款余额。

【程序代码】

```
#include<iostream>
#include<string>
using namespace std;
enum REMIT{ remitByPost,remitByCable,other};          //信汇、电汇、其他
class Account
{
protected:
    string acntNum;
    double balance;
public:
```

```
    Account(string acnNo="",double balan=0);
    double get_balance() const{ return balance;}        //获取余额
    void deposit(double amount)                          //存款
    {
        balance+=amount;
    }
    bool operator==(const Account &a)                    //重载==,判断账户是否相等
    {
        return acntNum==a.acntNum;
    }
    virtual void setRemit(REMIT re){    }                //设置结算账户的汇款类型
    virtual void display()const;                         //显示账户信息
    virtual void withdrawal(double amount)=0;            //取款操作
};
Account::Account(string acnNo,double balan)
{
    acntNum=acnNo;balance=balan;
}
void Account::display()const
{
    cout<<"Acount "+acntNum+" = "<<balance<<endl;
}
//派生存款类
class Saving:public Account
{
private:
    static double minBalance;                            //存款账户有透支额度
public:
    Saving(string acnNo="",double balan=0):Account(acnNo,balan)
    {    }
    static void setminBalance(int amount)
    {
        minBalance=amount;
    }
    virtual void display() const;
    virtual void withdrawal(double amount);
};
double Saving::minBalance=0;
void Saving::display() const
{
    cout<<"Saving: ";
    Account::display();
}
void Saving::withdrawal(double amount)
{
    if(balance+minBalance<amount)
        cout<<"Insufficient funds withdrawal:"<<amount<<endl;
    else
        balance-=amount;
}
```

```
//派生类 Checking
class Checking:public Account
{
    REMIT remittance;
public:
     Checking (string   acnNo ="", double  balan = 0): Account (acnNo, balan),
remittance(other){    }
    void display()const;
    void withdrawal(double amount);
    void setRemit(REMIT re)
    {
        remittance=re;
    }
};
void Checking::display()const
{
    cout<<"Checking:";
    Account::display();
}
void Checking::withdrawal(double amount)                //汇款手续费
{
    if(remittance==remitByPost)
        amount+=30;
    if(remittance==remitByCable)
        amount+=60;
    if(balance<amount)
        cout<<"Insufficient funds withdrawal:"<<amount<<endl;
    else
        balance-=amount;
}
void show_Balance_sum(Account * a[],int n)              //普通函数
{
    double sum=0;
    int i;
    for(i=0;i<n;i++)
    {
        sum+=a[i]->get_balance();
        a[i]->display();
    }
    cout<<"all Acount's balance sum=:"<<sum;
}
int main()
{
    Account * a[3];             //抽象基类只能定义指针类型,各指针指向不同派生类对象
    a[0]=new Saving("622000123",500);
    a[1]=new Checking("622111245",10000);
    a[2]=new Saving("62200167",2000);
    cout<<"操作前:\n";
    show_Balance_sum(a,3);
    Saving::setminBalance(500);
```

```
    a[0]->withdrawal(800);
    a[1]->setRemit(remitByCable);
    a[1]->withdrawal(2000);
    a[2]->deposit(500);
    cout<<"\n操作后:\n";
    show_Balance_sum(a,3);
    return 1;
}
```

在本例中，展示了虚函数、纯虚函数、静态成员、const成员的使用和虚函数的调用规则，验证了部分函数功能。对算法还可以进一步补充和完善。

2. 运算符重载应用

封装定义日期类并完善类中成员的定义，从而简化日期对象的操作。利用运算符函数重载，扩充运算符对对象的运算。

【功能需求】

(1) 重载流插入运算符<<和流提取运算符>>，简化日期对象的输入和输出。

(2) 重载运算符++和--，实现求指定日期的前一天和后一天。

(3) 重载运算符-，实现两个日期相减，得到两个日期相隔的天数。

(4) 实现求指定年份的总天数的函数。

(5) 重载运算符+，实现日期加一个整数(正或负)，得到一个新日期。

(6) 其他功能函数因需定义。

【程序代码】

```
#include<iostream>
#include<math.h>
#include<string.h>
using namespace std;
class Tdate
{
public:
    Tdate(int=2022,int=12,int=1);
    Tdate(const Tdate& x);
    ~Tdate();
    void setdate(int,int,int);
    Tdate& operator++();                    //求后一天,前++
    Tdate operator++(int);                  //求后一天,后++
    Tdate& operator--();                    //求前一天,前--
    Tdate operator--(int);                  //求前一天,后--
    Tdate operator+(int n);                 //加n天
    int operator-(Tdate t);                 //日期相减
    int totalday();                         //求总天数
    bool isleap();                          //是否是闰年
    friend ostream& operator<<(ostream& ob,Tdate date);
    friend istream& operator>>(istream& ob,Tdate& date);
private:
    int year,month,day;
};
Tdate::Tdate(int y,int m,int d)
```

```
{
    year=y;month=m;day=d;                    //cout<<"constructure called\n";
}
Tdate::Tdate(const Tdate& x)
{
    year=x.year;
    month=x.month;
    day=x.day;
    //cout<<"copy_constructure called\n";
}
Tdate::~Tdate()
{
    //cout<<"destructure called\n";
}
void Tdate::setdate(int y1,int m1,int d1)     //对象值修改
{year=y1; month=m1; day=d1;}
Tdate& Tdate::operator++()                    //求后一天,前++
{
    //涉及日期的跨月、跨年的判断
    day++;
    switch(month)
    {
        case 1:
        case 3:
        case 5:
        case 7:
        case 8:
        case 10:if(day>31){month++;day=1;}  break;
        case 4:
        case 6:
        case 9:
        case 11:if(day>30){month++;day=1;}  break;
        case 12:if(day>31){year++;month=day=1;}  break;
        case 2:if(isleap()&&day>29){month++;day=1;}
            else if(!isleap()&&day>28){month++;day=1;}
    }
    return *this;
}
Tdate Tdate::operator++int i)                 //求后一天,后++
{
    //形参设置只是表示和前++函数定义的区别,无实际用途
    Tdate temp=*this;
    day++;
    switch(month)
    {
        case 1:
        case 3:
        case 5:
        case 7:
        case 8:
```

```
        case 10:if(day>31){month++;day=1;}  break;
        case 4:
        case 6:
        case 9:
        case 11:if(day>30){month++;day=1;}  break;
        case 12:if(day>31){year++;month=day=1;}  break;
        case 2:if(isleap()&&day>29){ month++;day=1;}
            else if(!isleap()&&day>28){month++;day=1;}
    }
    return temp;
}
Tdate& Tdate::operator--()                              //求前一天,前--
{
    day--;
    switch(month)
    {
        case 2:
        case 4:
        case 6:
        case 8:
        case 9:
        case 11:if(day==0){month--;day=31;}  break;
        case 5:
        case 7:
        case 10:
        case 12:if(day==0){month--;day=30;}  break;
        case 1:if(day==0){year--;month=12;day=31;}  break;
        case 3:if(isleap()&&day==0){month--;day=29;}
            else if(!isleap()&&day==0){month--;day=28;}
    }
    return *this;
}
Tdate Tdate::operator--(int i)                          ////求前一天,后--
{
    Tdate temp=*this;
    day--;
    switch(month)
    {
        case 2:
        case 4:
        case 6:
        case 8:
        case 9:
        case 11:if(day==0){month--;day=31;}  break;
        case 5:
        case 7:
        case 10:
        case 12:if(day==0){month--;day=30;}  break;
        case 1:if(day==0){year--;month=12;day=31;}  break;
        case 3:  if(isleap()&&day==0){month--;day=29;}
```

```
            else if(!isleap()&&day==0){month--;day=28;}
    }
    return temp;
}
bool Tdate::isleap()                                          //判断是否闰年
{
    if(year%4==0&&year%100!=0||year%400==0)
        return true;
    else return false;
}
Tdate Tdate::operator+(int n)                                 //加上 n 天
{
    int i;
        if(n>0)
            for(i=0;i<n;i++)
                ++ * this;
        else
            for(i=n;i<0;i++)
                -- * this;
        return * this;
}
int  Tdate::totalday()                                        //求总天数
{
    int a[13]={0,31,28,31,30,31,30,31,31,30,31,30,31};
    int n=0,i;
    for(i=1;i<month;i++)
        n+=a[i];
    n=n+day;
    if(month>2&&isleap( ))
        n++;
    return n;
}
int Tdate::operator-(Tdate t)                                 //同年日期相减
{
    int n1,n2;
    n1=totalday();
    n2=t.totalday();
    return abs(n1-n2);
}
ostream& operator<<(ostream& ob,Tdate date)
{
    ob<<"this date is:";
    ob<<date.year<<"-"<<date.month<<"-"<<date.day<<endl;
    return ob;
}
istream& operator>>(istream& ob,Tdate &date)
{
    cout<<"input date year,month,day:";
    ob>>date.year>>date.month>>date.day;
    return ob;
```

```
    }
    int main()
    {
        Tdate  d1;
        ++d1;
        cout<<d1;
        Tdate d2;
        d2=d1--;
        cout<<d1<<d2;
        d1=d1+50;
        cout<<d1;
        Tdate d3;
        cin>>d3;
        int n;
        n=d2-d3;
        cout<<"间隔天数是:"<<n<<endl;
        return 1;
    }
```

在本例中,注意前++和后++运算符函数定义的区别。上述算法还可以补充和完善。例如,日期加上一个整数问题能否将 d1=d1+50 更换为 d1=50+d1?为什么?怎么修正?

10.6.2 案例实训

实训 1:定义抽象基类 Shape,由它派生 Circle(圆类)、Square(正方形类)、Rectangle(矩形类)、Triangle(三角形类)和 Trapezoid(梯形类),使用虚函数分别计算图形的面积,写一个普通函数求它们的面积之和。要求基类指针数组各元素分别指向派生类对象。

实训 2:自定义字符串类,定义相关成员及成员函数,并重载运算符=实现字符串的复制,重载运算符+实现字符串的连接,重载运算符==实现字符串是否相等的判断,重载运算符<<和>>实现字符串的输出和输入等。

习题 10

1. 填空题

(1) 若派生类只继承自一个基类,则这种继承方式称为________;若继承自多个类,则这种继承方式称为________。

(2) 在公有继承关系下,派生类的对象可以访问基类中的________成员,派生类的成员函数可以访问基类中的________成员。

(3) 派生类析构函数的执行顺序与构造函数的执行顺序________,即先执行派生类的析构函数,然后执行子对象的析构函数,最后执行________的析构函数。

(4) 派生类对象占用的空间中,________的数据成员排列在前面,________的成员排列在后面。

(5) 派生类不会继承基类的________函数、________函数和赋值运算符函数,但是派生类可以调用父类的这些函数。

(6) 在派生类中定义与基类同名的函数时,基类函数会被________。

（7）虚基类的作用是消除派生类中来自________成员的二义性。

（8）在 C++ 中，设置虚基类的目的是________，通过关键字________标识虚基类。

（9）实现编译时的多态性的机制称为________，实现运行时的多态性的机制称为________。

（10）在 C++ 中，编译时多态是通过________和模板体现的，运行时多态性是通过________体现的。

（11）在基类中将一个成员函数说明成虚函数后，在其派生类中只要________和参数列表完全一样就认为是虚函数，而不必再加关键字________。

（12）如果基类析构函数不是虚析构函数，则只会调用________的析构函数，派生类的析构函数不被调用，此时________中申请的资源不被回收。

（13）虚函数只能是类中的函数，但不能是类中________成员函数。

（14）如果虚函数的函数体为________，称为纯虚函数；带有________的类称为抽象类，它只能作为基类使用。

（15）一个抽象类的派生类可以实例化的必要条件是实现了所有的________。

（16）运算符重载的形式有________和________两种。

（17）运算符重载时，不能改变运算符的________、________以及操作数的个数。运算符中只能重载为成员函数的有________、________、()和－＞。

2. 单项选择题

（1）下面关于基类与派生类的叙述中不正确的是（　　）。

A. 派生类一般都用公有派生

B. 对基类成员的访问必须是无二义性的

C. 赋值兼容规则适用于多重继承的组合

D. 基类的公有成员在派生类中仍然是公有的

（2）在 C++ 中，类与类之间的继承关系具有（　　）。

A. 自反性　　B. 对称性　　C. 传递性　　D. 反对称性

（3）下列关于继承的描述中错误的是（　　）。

A. 基类的构造函数和析构函数不可被继承

B. 派生类继承了基类除了构造函数、析构函数之外的全部数据成员和成员函数

C. 派生类可以舍弃继承自基类的成员，用于删除不需要的功能。

D. 多个派生类可以继承自同一个基类

（4）下列关于派生类的描述中错误的是（　　）。

A. 一个派生类可以作为另一个派生类的基类

B. 派生类至少应有一个基类

C. 基类中的成员访问权限继承到派生类中都保持不变

D. 派生类除了自己定义的成员外，还包含它的基类成员

（5）下列关于 public 继承的说法中错误的是（　　）。

A. 基类的公有成员和保护成员被公有继承后，会作为派生类的公有成员和保护成员

B. 派生类的其他对象可以直接访问基类的公有成员和保护成员

C. 派生类的对象可以访问基类的私有成员

D. 派生类的成员和对象都无法访问基类的私有成员

(6) 基类中的(　　)不允许外界访问,但允许派生类的成员访问。

A. 公有成员　　B. 私有成员　　C. 保护成员　　D. 成员函数

(7) 派生类对象可以访问它的基类成员中的(　　)。

A. 公有继承的公有成员　　B. 公有继承的私有成员

C. 公有继承的保护成员　　D. 私有继承的公有成员

(8) 在公有派生的前提下,下列说法中错误的是(　　)。

A. 在赋值语句中,等号的左边是基类对象时,右边可以是派生类对象

B. 若 B 是 A 的派生类,且有默认的构造函数,则 A &a 等价于 * new B

C. 在一个返回值为基类指针的函数中,可以返回一个派生类对象的地址

D. 在调用一个形参类型为派生类引用的函数时,可以将一个基类对象作为实参

(9) 下列函数能被派生类继承的是(　　)。

A. 构造函数　　B. 虚函数　　C. 友元函数　　D. 析构函数

(10) 派生类的构造函数的成员初始化列表中不能包含(　　)。

A. 基类的构造函数　　B. 派生类中子对象的初始化

C. 基类对象的初始化　　D. 派生类中一般数据成员的初始化

(11) 下列关于多继承的二义性的说法中错误的是(　　)。

A. 多个基类中的成员同名时,派生类对象中会有多个副本

B. 多个基类中的成员同名时,可以用作用域限定符标识调用哪个基类的成员

C. 派生类中定义了与基类同名的函数时,则基类函数将被隐藏

D. 多继承中派生类有多个基类,多个基类又可能由同一个基类派生,则在派生类中访问公共基类成员时就不会出现二义性

(12) 下列关于多继承二义性的描述中错误的是(　　)。

A. 一个派生类的两个基类中都有某个同名成员,在派生类中对这个成员的访问可能出现二义性

B. 解决二义性问题最常见的方法是对成员名的限定

C. 基类和派生类中同时出现的同名函数也存在二义性问题

D. 一个派生类是从两个基类派生来的,而这两个基类又有一个共同的基类,对该基类成员进行访问时,也可能出现二义性

(13) 带有虚基类的多层派生类构造函数的成员初始化列表中都要列出虚基类的构造函数,这样(　　)。

A. 对虚基类的子对象初始化的次数与虚基类派生的子类个数有关

B. 将对虚基类的子对象初始化多次

C. 将对虚基类的子对象初始化两次

D. 将对虚基类的子对象初始化一次

(14) 下列关于动态联编的描述中错误的是(　　)。

A. 动态联编以虚函数为基础

B. 动态联编在运行时确定所调用的函数代码

C. 动态联编调用函数操作要利用指向对象的指针或对象引用

D. 动态联编在编译时确定函数操作

(15) 下列关于虚析构函数的描述中错误的是(　　)。

A. 如果基类析构函数不是虚析构函数，则只会调用基类的析构函数，派生类的析构函数不被调用，此时派生类中申请的资源不被回收

B. 如果基类析构函数为虚析构函数，则释放基类指针指向的对象时会调用基类及派生类析构函数，派生类对象中的所有资源被回收

C. 虚析构函数的声明格式为～virtual 类名()；

D. 虚析构函数的声明格式是在析构函数名前使用 virtual 关键字

(16) 下列关于纯虚函数和抽象类的描述中错误的是(　　)。

A. 纯虚函数是一种特殊的虚函数，它没有具体的实现

B. 抽象类是指具有纯虚函数的类

C. 一个基类中声明了纯虚函数，该基类派生类一定不再是抽象类

D. 抽象类只能作为基类使用，其纯虚函数的实现由派生类给出

(17) 下面的描述中正确的是(　　)。

A. virtual 可以用来声明虚函数

B. 含有纯虚函数的类是不可以用来创建对象的，因为它是虚基类

C. 即使基类的构造函数没有参数，派生类也必须建立构造函数

D. 静态数据成员可以通过成员初始化列表进行初始化

3. 程序阅读题

(1) 下列程序的运行结果为________。

```
#include<iostream>
using namespace std;
class Base
{
private:
    int Y;
public:
    Base(int y=0) {Y=y;cout<<"Base("<<y<<")\n";}
    ~Base() {cout<<"~Base()\n";}
    void print() {cout <<Y<< "";}
};
class Derived:public Base
{
private:
    int Z;
public:
    Derived (int y, int z):Base(y)
    {
        Z = z;
        cout<<"Derived("<<y<<","<<z<<")\n";
    }
    ~Derived() { cout<<"~Derived()\n";}
    void print() {Base::print(); cout<<Z<<endl;}
```

```
};
int main()
{
    Derived d(10,20);
    d.print();
    return 0;
}
```

(2) 下列程序的运行结果为________。

```
#include<iostream>
using namespace std;
class Base
{
private:
    int i;
public:
    Base(int n){cout <<"Constucting base class" << endl;i=n;}
    ~Base(){cout <<"Destructing base class" << endl;}
    void showi()
    {
        cout << i<< ",";
    }
    int Geti(){return i;}
};
class Derived:public Base
{
private:
    int j;
    Base aa;
public:
    Derived(int n,int m,int p):Base(m),aa(p)
    {
        cout << "Constructing derived class" <<endl;
        j=n;
    }
    ~Derived()
    {
        cout <<"Destructing derived class"<<endl;
    }
    void show()
    {
        Base::showi();
        cout << j<<"," << aa.Geti() << endl;
    }
};
int main()
{
    Derived obj(8, 13, 24);
    obj.show();
    return 0;
}
```

（3）下列程序的运行结果为________。

```
#include<iostream>
#include<string>
using namespace std;
class Goods
{
    double price;
public:
    Goods(double p):price(p) { cout << "Goods(double)" << endl; }
    double getprice() { return price; }
};
class Phone: virtual public Goods
{
public:
    Phone(double p):Goods(p) { cout << "Phone(double)" << endl; }
};
class Mp3:virtual public Goods
{
public:
    Mp3(double p):Goods(p){ cout << "Mp3(double) " << endl; }
};
class Camera:virtual public Goods
{
public:
    Camera(double p):Goods(p){ cout << "Camera(double) " << endl; }
};
class CellPhone:public Phone, public Mp3, public Camera
{
public:
    CellPhone(double p1, double p2, double p3):Mp3(p1), Phone(p2), Camera(p3),
    Goods(p1 + p2 + p3){ cout << "CellPhone(d, d, d) " << endl; }
};
int main()
{
    CellPhone cp(200, 180, 500);
    cout << cp.getprice( ) << endl;
    cout << sizeof(cp) << endl;
    cout << sizeof(Phone) << endl;
    return 0;
}
```

（4）下列程序的运行结果为________。

```
#include<iostream>
#include<string>
using namespace std;
class Animal
{
public:
    virtual void eat() = 0;
    virtual void run() = 0;
```

```
    virtual void sleep() = 0;
};
class Dog: public Animal
{
public:
    virtual void eat() { cout << "狗吃骨头" << endl; }
    virtual void run() { cout << "狗奔跑" << endl; }
    virtual void sleep() { }
};
class Cat: public Animal
{
public:
    virtual void eat() { cout << "猫吃鱼" << endl; }
    virtual void run() { cout << "猫走路" << endl; }
    virtual void sleep() { }
};
class Feeder
{
public:
    void feed(Animal &a, string food) { cout << "吃" << food << ","; a.eat(); }
};
int main()
{
    Dog d;
    Cat c;
    Feeder f;
    f.feed(d, "骨头");
    f.feed(c, "鱼");
    return 0;
}
```

4. 程序设计题

(1) 由基类的设计和测试开始,完成各个类的设计,并且实现要求的功能。

① 设计一个 Point(点)类,包含数据成员 x、y(坐标点)。

② 以 Point 为基类,派生出 Circle(圆)类,增加数据成员 r(半径)。

③ 以 Circle 类为直接基类,派生出 Cylinder(圆柱体)类,再增加数据成员 h(高)。

要求编写程序,设计出各类中基本的成员函数,包括构造函数、析构函数、设置数据成员和获取数据成员的函数,以及计算圆的周长和面积、计算圆柱体的表面积和体积的函数。

(2) 设计 StudentInfo 类,它能保存学生姓名、学号(10 个字符)和专业名,成员函数自定义。再设计一个 Grades 类,继承 StudentInfo 类,能保存考试成绩,共 6 门课程,成员函数 getAverage 返回 6 门课程平均成绩,其他成员函数自定义。编程任务如下:

① 定义一个 Grades 类的对象数组,长度为 3,在程序运行时依次输入学生信息,保存到对象数组中,最后按平均成绩从高到低依次输出学生的个人信息和平均成绩。

② 检测输入数字有效性,保证输入的成绩是 [0, 100] 的实数。

(3) 定义时间类,包含时、分、秒;重载运算符++、--、<<、>>、+实现与时间相关的操作。例如,运算符+表示时间对象加上一个整数值(秒),得到一个新的时间对象。

(4) 定义矩阵类 Matrix,重载运算符+、-、* 实现矩阵的基本运算。

第 11 章　模板与标准模板库

引言

模板是一种能够适用于不同数据类型的行为，它可以实现函数或者类要处理的数据类型参数化，从而实现代码的可复用性。C++ 提供的模板机制体现了泛型编程思想，可以大幅度减少代码的冗余，提高代码的可复用性和可维护性。

模板可以自定义，也可以使用系统提供的标准模板库（Standard Template Library，STL）。标准模板库为程序员提供了一个可扩展的应用框架，包含了常用的基本数据结构和算法。编程时直接使用标准模板库，可以减少代码的冗余，节省大量的时间和精力，提高软件项目开发的质量和效率。

学习目标

了解：模板编程的优点，函数模板和类模板实例化过程。

熟悉：函数模板、类模板的定义与使用，标准模板库中的常用算法。

掌握：函数模板、类模板和标准模板库的编程。

课程思政

节约教育：由利用模板编程实现代码重用引入节约教育，引导学生节约资源，进行资源重复利用，培养学生形成勤俭节约的习惯，继承和弘扬传统美德。

11.1　函数模板

模板是 C++ 支持参数化多态的工具，它可以实现类型参数化，即把类型定义为参数，实现了代码的可重用性，减轻了编程及维护的工作量和难度。模板是事先定义的，在编译时自动定义所需处理和返回的数据类型，生成对应的类或者函数。模板并非一个实际的类或函数，而仅是一个类或函数的描述。

模板一般分为函数模板和类模板。函数模板并不是一个可以直接使用的函数，而是可以产生多个函数的模板。使用模板的目的就是要让程序的实现（即数据处理）与类型无关。

11.1.1　函数模板的定义

函数模板的定义由模板声明和函数定义组成，必须以关键字 template 开始。模板声明的作用是声明模板中使用的类型参数，并且类型参数必须在函数定义中至少出现一次。

定义函数模板的语法格式如下：

```
template<typename 形参名,typename 形参名,…>
返回值类型 函数名(参数列表)
```

```
{
    函数体
}
```

其中,template为模板声明的关键字,尖括号(<>)括起来的是类型参数表,每一个类型参数前都冠以关键字class或typename,多个类型参数要用逗号进行分隔。函数定义跟普通函数定义一样,只是相同的数据类型要用上面模板说明中的参数代替。

函数模板

例如,定义一个求最大值的函数模板如下:

```
Template<class T>
T max(T a,T b)
{
    T c;
    c=a>b?a:b;
    return c;
}
```

其中,T为类型参数,它可以是int、float、double等基本类型,也可以是指针、类等自定义类型。因为两个相同数据类型a、b的最大值与a、b的类型相同,所以函数返回值类型和返回的变量c的数据类型为T。

11.1.2 函数模板的使用

定义了函数模板,就可以在程序中通过函数名和实参直接调用。程序运行时,编译器根据实参的数据类型先将函数模板实例化成一个函数,再执行该函数。

【例11.1】 求最大值的函数模板的使用。

```
#include<iostream>
using namespace std;
//定义函数模板
template<typename T>
T add(T t1,T t2)
{
    return t1+t2;
}
int main()
{
    cout<<add(1,2)<<endl;                    //传入int类型参数
    cout<<add(1.2,3.4)<<endl;                //传入double类型参数
    system("pause");
    return 0;
}
```

在上面的程序中,用typename声明了类型参数T,函数模板add的形参和返回值类型为T,功能为求t1和t2的和。在主函数中,调用add(1,2)时,由于实参是int类型,传入模板中的参数T为int类型,此时函数的功能是求两个整数的和。同理,调用add(1.2,3.4)时,由于实参是double类型,传入模板中的参数T为double类型,此时函数的功能是求两个实数的和。

函数模板并不是一个真正的函数,它只是一个函数模型。定义了函数模板,后面可使用

不同类型的参数调用该函数，这样做可以减小代码的冗余，提高代码的可复用性。

11.1.3 函数模板的实例化

使用函数模板不会减少最终可执行程序的大小，因为在调用函数模板时，编译器会根据调用时的实参的数据类型进行相应的实例化。实例化是编译器用实参的数据类型替换模板中的模板形参，生成一个具体类型的函数的过程，实例化的函数称为模板函数。

实例化可分为隐式实例化与显式实例化。

1. 隐式实例化

隐式实例化是根据函数调用时传入的数据类型确定模板形参 T 的类型，模板形参的类型是隐式确定的。

例如，例 11.1 中定义了 add 函数模板。第一次调用 add(1,2)，编译器根据传入的实参推演出模板形参类型是 int，将函数模板实例化为一个 int 类型的函数，再将实参 1 和 2 传入该函数进行运算。实例化后的函数如下：

```
int add(int t1,int t2)
{ return t1+t2; }
```

同理，第二次调用 add(1.2,3.4)，实例化为如下形式的函数：

```
double add(double t1,double t2)
{ return t1+t2; }
```

函数模板每一次调用都会根据不同的实参类型实例化为不同类型的函数，程序最终可执行代码不会减少，而只是减少了代码的编写量，提高了代码的可复用性。

2. 显式实例化

隐式实例化有一个缺点，不能为同一个模板形参指定两种不同的类型。可以用显式实例化解决这个问题。显式实例化就是显式指定函数模板中的数据类型。

显式实例化的语法格式如下：

```
template 函数返回值类型 函数名<实例化的类型>(参数列表);
```

注意 显式实例化声明语句要以分号结束，尖括号中是显式实例化的数据类型，调用时把不是实例化的数据类型转换成实例化的类型。

【例 11.2】 函数模板显式实例化示例。

```
#include<iostream>
using namespace std;
template<typename T>
T add(T t1, T t2)
{
    return t1 + t2;
}
template int add<int>(int t1, int t2);          //显式实例化为 int 类型的声明语句
int main()
{
    cout << add<int>(10, 12.34) << endl;        //显式实例化调用
```

```
    cout << add(1.2, 3.4) << endl;                  //隐式实例化调用
    system("pause");
    return 0;
}
```

程序运行结果如下：

```
22
4.6
```

在上面的程序中，定义了一个函数模板 T add(T t1, T t2)，类型参数为 T。显式实例化声明语句为 template int add<int>(int t1, int t2);，将模板形参显式实例化为 int 类型，函数调用 add<int>(10, 12.34)，把不是 int 类型的数据 12.34 转换为 int 类型进行计算。

11.1.4 函数模板的重载

函数模板可以用来创建一个具有通用功能的函数，以支持不同类型的形参，函数调用就产生一系列重载函数。例如，定义了函数模板 T add(T t1, T t2)，函数调用 add(1,2)和 add(1.2,3.4)在编译时会根据传入参数的不同实例化为两个函数，如下所示：

```
int add(int t1,int t2)                              //int 类型的参数实例化的函数
{    return t1+t2;    }
double add(double t1,double t2)                     //double 类型的参数实例化的函数
{    return t1+t2;     }
```

在 C++ 中，函数可以重载，函数模板也可以重载。与函数重载类似，函数模板的重载也是根据形式参数列表进行区分，主要是形式参数的个数。

【例 11.3】 函数模板重载示例。

```
#include<iostream>
using namespace std;
template<typename T>                                //定义求两个任意类型数据中的大值
T max(const T& t1, const T& t2)
{
    return t1 > t2 ? t1 : t2;
}
template<typename T>                                //定义求 3 个任意类型数据中的最大值
T max(const T& t1, const T& t2, const T&t3)
{
    return max(max(t1, t2), t3);
}
int main()
{
    cout << max(1, 2, 3) << endl;                   //调用 3 个参数的函数模板
    cout << max('a', 'e') << endl;                  //调用两个参数的函数模板
    system("pause");
    return 0;
}
```

程序运行结果如下：

```
3
e
```

在上面的程序中，定义了求两个和 3 个任意类型数据的(最)大值的函数模板。在函数模板中，函数名相同，参数个数不同，是函数模板的重载。在主程序中，max(1, 2, 3)调用的是 3 个参数的函数模板，max('a', 'e')调用的是两个参数的函数模板。

11.2 类模板

函数可以定义函数模板，类也可以定义类模板。类模板是针对成员数据类型不同的类的抽象。类模板不代表一个具体的类，而是一个类型的类。一个类模板可以实例化成多个类。

11.2.1 类模板的定义

类模板的定义与函数模板定义相同，只是类中的成员类型为声明的类型参数。

定义类模板的格式如下所示：

```
template<typename 形参名,typename 形参名,…>
class 类名
{
    类体
}
```

类模板

类模板中的关键字 template 的含义与函数模板相同。类模板的模板形参不能为空。一旦声明了类模板，定义类时就可以用类模板的形参名声明类中的成员变量和成员函数，即，可以在类中使用数据类型的地方都可以使用模板形参名声明。

【例 11.4】 类模板定义示例。

```
template<typename T>
class A
{
public:
    T a;
    T b;
    T func(T a, T b);
};
```

在本例中，定义了类型参数 T。在类 A 中，用类型参数 T 定义了 a、b 变量，还定义了 func 函数，及其形参 a、b 和返回值类型(为类型参数 T)。

由于类模板包含类型参数，因此类模板也称为参数化类。如果说类是对象的抽象，对象是类的实例，那么也可以说类模板是类的抽象，类是类模板的实例。

11.2.2 类模板的使用

定义了类模板以后，就可以使用类模板创建对象以及实现类中的成员函数，这个过程其实也是类模板实例化的过程，实例化出的具体类称为模板类。

1. 对象的定义

用类模板创建类的对象时，需要在类名后面跟一对尖括号，并在里面表明相应的类型。例如，用例 11.4 定义的模板类 A 创建对象的格式如下：

```
A<int> a;
```

类 A 中凡是用到模板形参的地方都会被 int 类型所代替。如果类模板有两个模板形参，在创建对象时，两个数据类型之间要用逗号分隔。

【例 11.5】 类模板定义与使用示例。

```
template<typename T1, typename T2>
class B
{
public:
    T1 a;
    T2 b;
    T1 func(T1 a, T2& b);
};
B<int,string> b;                                  //创建模板类 B 的一个对象
```

本例中定义了有两个模板形参 T1、T2 的模板类 B，然后用模板类 B 创建类对象 b，模板类 B 中的 T1 为 int 类型，t2 为 string 类型。

注意

(1) 使用类模板时，必须为模板形参显式指定实参类型，即必须在类名后的尖括号中指定模板实参类型。

(2) 类模板的声明或定义只能在全局范围、命名空间或类范围内进行，不能在局部范围或函数内进行。例如，不能在 main 函数中声明或定义一个类模板。

2. 类模板成员函数的实现

类模板的成员函数可以在类模板内定义，也可以在类模板外定义。在类模板外定义成员函数的语法格式如下：

```
template<模板形参表>
函数返回类型 类名<模板形参名>::函数名(参数列表){…}
```

在类外定义成员函数时，必须用 template＜模板形参表＞进行类模板声明，在函数名前面要加上“类名＜模板形参名＞::”。

例如，定义了模板类 B，在模板类外定义类 B 的成员函数，如下所示：

```
template<typename T1, typename T2>
class B
{
public:
    T1 a;
    T2 b;
    T1 func(T1 a, T2& b);
};
template<typename T1, typename T2>
T1 B<T1,T2>::func(T1 a, T2& b) {  }
```

【例 11.6】 类模板程序示例。

```
#include<iostream>
using namespace std;
template<typename T>
class Compare
{
private:
    T t1, t2;
public:
    Compare(T a, T b):t1(a), t2(b){}
    T max(){ return t1 > t2 ? t1 : t2; }
    T min(){ return t1 < t2 ? t1 : t2; }
};
int main()
{
    Compare<int> c1(1, 2);                    //定义 int 类型的类的对象
    cout << "int max: " << c1.max() << endl;
    Compare<double> c2(1.2, 3.4);             //定义 double 类型的类的对象
    cout << "double min: " << c2.min() << endl;
    return 0;
}
```

程序运行结果如下：

```
int max: 2
double min: 1.2
```

在上面的程序中，类模板的类型参数为 T。在 Compare 类中定义了私有变量 t1、t2，还定义了公有的构造函数、最大值函数和最小值函数。在主程序中，用类模板定义了 c1 对象，类型实参为 int，同时调用构造函数对数据 t1、t2 进行初始化，然后调用 c1.max 输出最大值。另外，用类模板定义 c2 对象，类型实参为 double，然后调用 c2.min，输出最小值。

STL 与容器

11.3 STL 与容器

模板可以自定义，也可以使用系统提供的 STL 标准模板库。STL 是 C++ 极具特色的部分，包含了常用的基本数据结构和算法，它是系统提供的一个可扩展的应用框架，充分体现了软件的可复用性以及泛型编程的思想。

11.3.1 STL

STL 中包含了诸多在计算机科学领域常用的基本数据结构和算法，为程序员提供了一个可扩展的应用框架，极大地提高了编程的效率。

1. STL 的特点

STL 的一个重要特点是数据结构和算法的分离。例如，由于 STL 的 sort 函数是完全通用的，可以用它操作几乎任何数据集合，包括链表、容器和数组。从逻辑层次看，在 STL 中体现了泛型编程的思想。提倡使用现有模板开发应用程序，将算法和数据结构分离，大部分算法独立于与之对应的数据结构，是一种软件复用技术。从实现层次看，整个 STL 是以

一种类型参数化的方式实现的,是一个基于模板的标准类库。

2. STL 包含的主要内容

广义的 STL 主要包括容器、算法和迭代器 3 部分内容,如图 11.1 所示。容器就是通用的数据结构,用来承载不同类型的数据对象,如同现实中的容器用来装载各种物品一样。算法是独立于数据对象的常用数据处理方法,以函数模板实现,即泛型算法,适用于多种数据对象。迭代器即指向容器中数据对象的指针,通过迭代器访问数据元素,因此它是容器和算法连接的纽带。

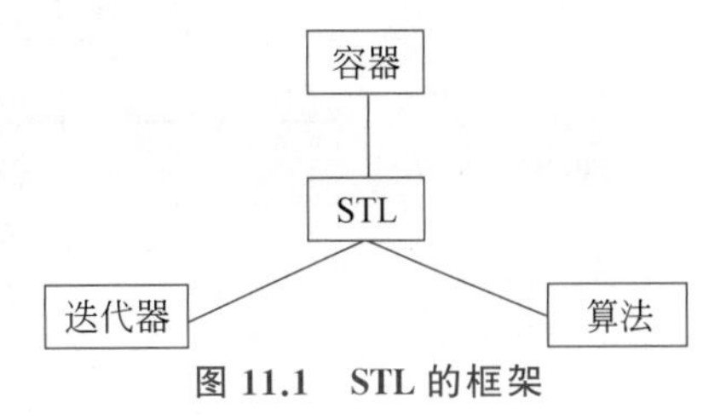

图 11.1 STL 的框架

11.3.2 容器

编程中涉及一些按特定方式排列的数据,一般称之为数据结构。这些数据结构可以配合算法解决相关的问题,有一些使用广泛的数据结构,如数组、队列、堆栈、树等。而 STL 中的容器就用来存放这些使用广泛的数据结构。简单理解,容器就是一些模板类的集合,它封装的是数据结构。

STL 的容器主要有 3 类:序列式容器、关联式容器和容器适配器。

1. 序列式容器

序列式容器也叫顺序容器,用于存储线性表类型的数据结构,有顺序存储和链式存储两种存储方式。顺序存储是逻辑上有序的元素依次存储在物理地址连续的内存空间里,其结构如图 11.2 所示。链式存储的内存空间不一定连续,其结构如图 11.3 所示。序列式容器主要有 3 种:向量、双端队列和列表。

图 11.2 顺序存储结构　　图 11.3 链式存储结构

向量(vector)的特点是将元素置于一个动态数组中加以管理。动态数组可以随机存取元素,即可以用数组下标运算符访问元素,在数组尾部添加或移除元素非常快速,但是在中部或头部安插元素比较费时。向量在使用时要包含头文件<vector>。

双端队列(deque)可以随机存取元素,在队列头部和尾部添加或移除元素都非常快速,但是在中部或头部安插元素比较费时。双端队列在使用时要包含头文件<deque>。

列表(list)也称双向链表,采用链式存储,不能随机存取,要访问某个元素只能从头遍历,插入和删除元素比较快速,只需要修改相应的指针。列表在使用时要包含头文件<list>。

下面重点探讨向量,另外两种序列式容器请自行拓展学习。向量的存储结构及基本函数的功能如图 11.4 所示。

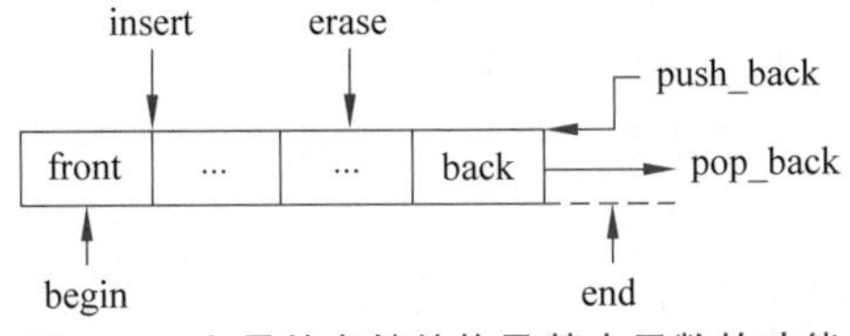

图 11.4 向量的存储结构及基本函数的功能

向量是一种顺序存储结构。向量的基本函数如表 11.1 所示。

表 11.1　向量的基本函数

函　数　名	功　　能
front，back	返回容器头部和尾部元素的引用
push_back	将元素插入尾部，无返回值
pop_back	删除尾部的元素，无返回值
begin，end	容器头部和尾部的迭代器（指针）
insert	向容器中插入元素
erase	删除容器中的元素

【例 11.7】 向量的基本函数使用示例。

```
#include<iostream>
#include<vector>
using namespace std;
int main()
{
    vector<char> v;                          //创建空的向量容器 v,存放的数据类型为 char
    v.insert(v.begin(), 'a');                //在头部插入元素 a
    v.insert(v.begin(), 'b');                //在头部插入元素 b
    v.insert(v.begin(), 'c');                //在头部插入元素 c
    v.insert(v.begin() + 1, 5, 't');         //在 v.begin()+1 位置插入 5 个元素 t
    for (int i = 0; i < 8; i++)              //输出容器 v 中的元素
        cout << v[i] << " ";
    v.erase(v.begin() + 1, v.begin() + 6);   //删除 5 个元素
    for (int i = 0; i <3; i++)               //输出容器 v 中的元素
        cout << v[i] << " ";
    return 0;
}
```

程序运行结果如下：

```
c t t t t t b a c b a
```

2. 关联式容器

关联式容器是非线性树状结构，更准确地说是二叉树结构。各元素之间没有严格的物理上的顺序关系，也就是说，元素在容器中并没有保持元素置入容器时的逻辑顺序。但是关联式容器提供了另一种根据元素特点排序的功能，这样迭代器就能根据元素的特点“有序地”获取元素。关联式容器一个显著的特点是以键值对的方式保存数据，即把关键字和值关联起来保存。有序式容器只能保存一种数据，可以认为它只保存关键字或者只保存值。

关联式容器的元素位置取决于特定的排序准则，和插入顺序无关。主要的关联式容器类有集合(set)、多重集合(multiset)、映射(map)、多重映射(multimap)等。

集合和多重集合相同的是它们内部的元素依据其值自动排序。两者不同的是：集合内相同数值的元素只能出现一次；而多重集合内可包含多个数值相同的元素，内部由二叉树实

现,便于查找。

映射和多重映射相同的是元素是成对的键值或实值,内部的元素依据其值自动排序。两者不同的是:映射内的相同数值的元素只能出现一次;而多重映射内的元素允许重复,内部由二叉树实现,便于查找。

注意 容器类自动申请和释放内存,无须执行 new 和 delete 操作。

3. 容器适配器

容器适配器实质上是容器,可以理解为容器的模板,或者理解为容器的接口。简单理解,容器适配器就是将不适用的序列式容器变得适用。

STL 提供了 3 个容器适配器,分别是栈(stack)、队列(queue)、优先队列(priority_queue)。下面主要介绍堆栈和队列。

1) 栈

栈是一种特殊的顺序存储结构,其中存储的元素具有后进先出的特点。栈的存储结构及基本函数的功能如图 11.5 所示。

栈的基本函数如表 11.2 所示。

表 11.2 栈的基本函数

函 数 名	功 能
top	返回栈顶元素的引用,即最后一个进入堆栈的元素
push	将新元素插入栈顶,无返回值
pop	删除栈顶的元素,无返回值
swap(s1,s2)	实现两个元素位置交换的功能

2) 队列

队列是一个先进先出的存储结构。该类容器适配器中的元素只能从一端使用 push 函数进行插入,从另一端使用 pop 函数进行删除,队列容器适配器不允许一次插入或删除多个元素,且不支持迭代器方法,如 begin、rbegin 等。队列存储结构及基本函数的功能如图 11.6 所示。

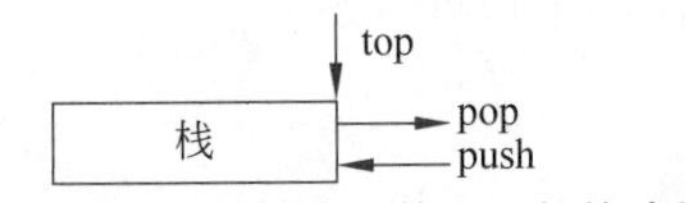

图 11.5 栈的存储结构及基本函数的功能

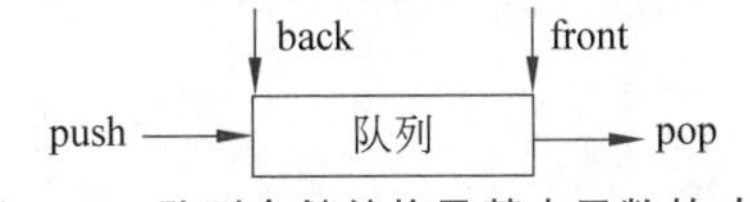

图 11.6 队列存储结构及基本函数的功能

【例 11.8】 舞会上有 n 名男士和 m 名女士,各自站成一排。跳舞开始时,依次从男队和女队的队头出一人配成一对舞伴。规定每支舞曲只能配一对舞伴。一曲结束后,跳完舞的人回到自己的队伍。舞会有 K 支舞曲,每曲参与跳舞的男女编号是多少?

```
#include<iostream>
#include<string>
#include<queue>
using namespace std;
int main()
```

```
{
    int c, d, k;
    queue<int>a, b;
    cout << "男士人数:";
    cin >> c;
    for (int i = 1; i < c + 1; i++)                   //为男士对象赋编号
        a.push(i);
    cout << "女士人数:";
    cin >> d;
    for (int i = 1; i < d + 1; i++)                   //为女士对象赋编号
        b.push(i);
    cout << "舞曲支数:";
    cin >> k;
    for (int i = 0; i < k; i++ )                      //输出男女舞会编号队列
    {
        cout << a.front() << " " << b.front() << endl;
        a.push(a.front()), b.push(b.front());
        a.pop(), b.pop();
    }
    return 1;
}
```

程序运行时,输入和运行结果如下:

```
男士人数:5
女士人数:7
舞曲支数:6
1 1
2 2
3 3
4 4
5 5
1 6
```

在上面的程序中,男女各自排成一队,跳舞者从队头出来,跳完舞回到自己的队尾,符合队列存储结构的特点(先进先出),一端插入,另一端删除。由此可见,针对一个具体问题,首先要分析数据存储结构的特点,然后再选用适宜的存储结构进行求解。

泛型算法

11.4 泛型算法

在传统的程序设计中,算法与数据类型、数据结构紧密耦合,缺乏通用性。那么,有什么办法提高算法的通用性呢?这就是本节探讨的内容。STL 倡导泛型编程,实现容器(数据结构)与算法分离,即同一算法适用于不同的容器和数据类型,成为通用算法,即泛型算法。泛型算法可以最大限度地节省源代码资源,因此比传统的函数库或类库更具有通用性。

11.4.1 头文件

STL 提供的算法通常包含在 3 个头文件中:algorithm、numeric 和 functional。

algorithm 是最大的一个头文件,它由很多函数模板组成,其中涉及的功能有比较、交换、查找、遍历、复制、修改、删除、合并、排序等。

numeric 很小，只包括几个在序列中进行简单数学运算的函数模板，以及加法和乘法在序列中的一些操作。

functional 中定义了一些类模板，用于声明一些函数对象。

11.4.2 常用算法

1. for_each 算法

for_each 算法逐个遍历容器中的元素，功能是对左闭右开区间[begin, end)的每个元素都调用 func 函数进行操作，它不改变区间内元素的值和顺序。它是 for 循环的一种替代方案。该算法的头文件为 algorithm。函数原型定义如下：

```
template<typename InputIterator, typename Function>
for_each(InputIterator begin, InputIterator end, Function func);
```

【例 11.9】 向量基本操作和 for_each 算法的使用。

```
#include<iostream>
#include<vector>
#include<algorithm>
using namespace std;
void func(int n)                                //输出 n * 2
{
    cout<<n * 2<< endl;
}
int main()
{
    vector<int> arr;                            //定义向量 arr,存放的元素为 int 类型
    arr.push_back(100);                         //100 入栈
    arr.push_back(200);                         //200 入栈
    for_each(arr.begin(), arr.end(), func);
    //(arr.begin(), arr.end())每个元素都调用 func 函数进行操作
    return 0;
}
```

程序运行结果如下：

```
200
400
```

2. find 算法

find 算法的功能是在左闭右开区间[begin, last)查找指定值的元素是否存在。如果存在，就返回该数据在容器中第一次出现的位置；如果不存在，就指向序列的尾部。该算法的头文件为 algorithm。函数原型如下：

```
template<typename InputIterator, typename T>
InputIterator find(InputeIterator first, InputIterator last, const T& value);
```

例如：

```
int a[3] = { 10,5,200 };
int * s=find(a, a + 3, 5);                      //返回元素 5 的地址
```

3. copy 算法

copy()算法实现将左闭右开区间[first, last)的元素复制到起始位置为 DestBeg 的区间。该算法的头文件为 algorithm。函数原型如下：

```
template<typename InputIterator, typename OutputIterator>
OutputIterator copy (InputIterator first, InputIterator last, OutputIterator DestBeg);
```

例如：

```
int a[3] = { 10,5,200,3,4,-3 },  b[5];
copy(a, a + 3, b);                          //把 a 数组中的前 3 个元素复制到 b 数组中
```

4. sort 算法

sort 算法属于可变序列算法，它支持对容器中的所有元素进行排序。该算法的头文件为 algorithm。函数原型有以下两种。

第一种形式对左闭右开区间[first,last)内的元素按升序排列。

```
template<typename RanIt>
void sort(RanIt first, RanIt last);
```

第二种形式对左闭右开区间[first,last)内的元素按照 op 规则进行排序，即可以进行升序或者降序排列。

```
template<typename RanIt, typename Pred>
void sort(RanIt first, RanIt last, Pred op);
```

注意　sort 算法只支持随机迭代器，只能适用于向量与双端队列容器；列表容器不支持随机迭代器，只能使用 sort 成员函数用于自身元素的排序。

【例 11.10】　sort 算法和 for_each 算法使用示例。

```
#include<iostream>
#include<algorithm>
using namespace std;
void func(int n)
{
    cout<<n<<"   ";
}
int cmp(int a, int b)
{
    return a > b;
}
int main()
{
    int a[] = { 10,5,200,-3,-34,353 };
    sort(a, a + 6);                          //默认为升序
    for_each (a, a + 6, func);               //每个元素都调用 func 函数进行操作
    sort(a, a + 6, cmp);                     //按照 cmp 规则进行排序
    cout << endl;
    for_each(a, a + 6, func);                //每个元素都调用 func 函数进行操作
    return 0;
}
```

程序运行结果如下：

```
-34   -3   5   10   200   353
353   200   10   5   -3   -34
```

5. accumulate 算法

accumulate 算法属于数值算法，其头文件为 numeric。函数原型有以下两种形式。

第一种形式是对左闭右开区间[first，last)内的数值进行累加，累加的初始值为 t，返回值是元素累加结果。

```
template<typename InputIterator, typename T>
T accumulate(InputIterator first, InputIterator last, T t);
```

第二种形式可以按照指定的规则 op 将元素累加。

```
template<typename InputIterator, typename T,typename Pred>
T accumulate(InputIterator first, InputIterator last, T t, Pred op);
```

注意 泛型算法容器中的数据区间都是左闭右开区间，即迭代器指针指向最后一个元素的下一个位置。

【例 11.11】 泛型算法综合应用示例。

```
#include<iostream>
#include<vector>
#include<algorithm>
#include<iterator>
#include<numeric>
using namespace std;
template<class T>
class Multi                                                 //类模板
{
private:
    T value;
public:
    Multi(const T& v) :value(v){}                           //构造函数
    void operator()(T& elem) const{ elem *= value; }        //重载()运算符
};
void print(int elem)                                        //打印元素
{
    cout << elem << " ";
}
int main()
{
    int arr[] = { 21, 4, 55, 22, 46, 79, 9, 5, 78, 34, 100 };
    vector<int> v;
    v.assign(arr, arr + sizeof(arr) / sizeof(int));         //用数组给 v 容器赋值
    for_each(v.begin(), v.end(), Multi<int>(2));
        //调用 for_each 算法将容器中的每个元素都乘以 2
    copy(v.begin(), v.end(), ostream_iterator<int>(cout, " "));
        //调用 copy 构造函数输出容器中的元素
    cout << endl;
```

```
    vector<int>::iterator it = find(v.begin(), v.end(), 200);
        //调用 find 算法查找容器中是否存在值为 200 的元素
    if ( * it == 200)
        cout << "容器中有值为 200 的元素" << endl;
    else
        cout << "容器中不存在值为 200 的元素" << endl;
    sort(v.begin(), v.end());              //调用 sort 算法将容器中的元素从小到大排列
    cout << "排序之后:" << endl;
    copy(v.begin(), v.end(), ostream_iterator<int>(cout, " "));
    cout << endl;
    int sum = accumulate(v.begin(), v.end(), 0);           //累加容器中的元素
    cout << "sum = " << sum << endl;
    return 0;
}
```

程序运行结果如下：

```
42 8 110 44 92 158 18 10 156 68 200
容器中有值为 200 的元素
排序之后:
8 10 18 42 44 68 92 110 156 158 200
sum = 906
```

在本例中，定义类模板使用 template＜class T＞，定义类型参数为 T，使用向量容器要包含头文件 vector，使用 for_each、copy、sort 要使用头文件 algorithm，使用 accumulate 要使用头文件 numric，使用 itertator 要使用头文件 irerator。

11.5 案例实战与实训

11.5.1 案例实战

编写数组元素输入函数模板、数组元素求和函数模板和数组元素输出函数模板，函数参数为数组名和长度。编写主函数，检验各种类型的输入、求和和输出。

【案例分析】

数组元素输入函数模板和数组元素输出函数模板不需要返回值，可以定义为 void 类型，函数参数为数组名和长度，数组元素为 T 类型，长度为整型，求和的结果为 T 类型。因此分析得到函数模板原型如下：

(1) 输入函数原型为 void input(T a[],int n);。

(2) 输出函数原型为 void ouput(T a[],int n);。

(3) 求和函数原型为 T sum(T a[],int i);。

【程序代码】

```
#include<iostream>
using namespace std;
//输入函数模板
template<class T>
void input(T a[], int n)
```

```
{
    cout << "\n 输入"<<n<<"个数组元素:\n";
    for (int i = 0; i < n; i++)
    cin >> a[i];
    return;
}
//输出函数模板
template<class T>
void output(T a[], int n)
{
    cout << "\n 输出数组中的元素:\n";
    for (int i = 0; i < n; i++)
        cout<< a[i]<<"    ";
    cout << endl;
    return;
}
//求和函数模板
template<class T>
T sum(T a[], int n)
{
    T s = 0;
    for (int i = 0; i < n; i++)
        s += a[i];
    return s;
}
//主程序
using namespace std;
int main()
{
    int n;
    cout << "请输入数组元素个数:" << endl;
    cin >> n;
    cout << "数组元素为整型的输入、求和和输出验证:";
    int *x;
    x = new int[n];
    input(x, n);
    cout << "sum=" << sum(x, n) << endl;
    output(x, n);
    delete[n]x;
    cout << "数组元素为实型的输入、求和和输出验证:";
    double* x1;
    x1 = new double[n];
    input(x1, n);
    cout << "sum=" << sum(x1, n) << endl;
    output(x1, n);
    delete[n]x1;
    return 1;
}
```

11.5.2 案例实训

实训 1：编写数组元素输入、排序和输出函数模板，函数参数为指针变量和数组长度，并编写主函数验证。

实训 2：编写一个数组类模板，实现数组元素输入、输出、排序和查找功能，并编写主函数验证。

习题 11

1. 填空题

(1) 模块参数主要是________参数。

(2) 声明模板的关键字是________，在其后是尖括号<>描述的模板形参，模板形参需要由关键字________说明。

(3) 模板一般分为________和________。

(4) 模板是 C++ 支持________多态的工具，它可以实现类型参数化，即把类型定义为参数，真正实现了代码的可复用性，减轻了编程及维护的工作量和难度。

(5) 声明模板的关键字是________，定义模板形参的关键字是________。

(6) 定义了类模板后，就要使用类模板创建对象以及实现类中的成员函数，这个过程称为类模板的实例化，实例化出的具体类称为________。

(7) 编译器生成具体类型函数的这一过程就称为实例化，生成的函数称为________。

(8) 模板可以实现程序设计中的________，体现了面向对象程序设计的________。

(9) STL 是泛型程序设计的一个良好的范例。标准 C++ 类库包含的组件既支持面向对象程序设计，又支持________设计。标准组件对这两种设计方法的支持赋予了 C++ 类库复合或双重特性。

2. 单项选择题

(1) 下列关于函数模板的描述中错误的是(　　)。

A. 函数模板必须由程序员实例化为可执行的函数模板

B. 函数模板的实例化由编译器实现

C. 一个类定义中，只要有一个函数模板，则这个类就是类模板

D. 类模板的成员函数都是函数模板，类模板实例化后，成员函数也随之实例化

(2) 下列关于模板的声明中正确的是(　　)。

A. template<typename T1,T2>

B. template<class T1,T2>

C. template<class T1,class T2>

D. template<typename T1,typename T2>

(3) 类模板的实例化(　　)。

A. 在编译时进行　　B. 属于动态联编

C. 在运行时进行　　D. 在链接时进行

(4) 类模板的使用实际上是将类模板实例化成一个(　　)。

A. 函数　　B. 对象　　C. 类　　D. 抽象类

(5) 下列有关模板的描述中错误的是(　　)。

A. 模板把数据类型作为一个设计参数,称为参数化程序设计

B. 使用时,模板参数与函数参数是按位置而不是按名称对应的

C. 模板参数列表中可以有类型参数和非类型参数

D. 类模板与模板类是同一个概念

(6) 建立类模板对象的实例化对象称为(　　)。

A. 基类派生类　　B. 构造函数对象

C. 模板类对象　　D. 模板类模板函数

(7) 类模板的模板参数(　　)。

A. 只可作为数据成员的类型　　B. 可作为成员函数的返回值类型

C. 可作为成员函数的参数类型　　D. 以上三者皆可

(8) 下列关于模板的说法中错误的是(　　)。

A. .用模板定义一个对象时,不能省略参数

B. 类模板只能有虚拟参数类型

C. 类模板的成员函数都是模板函数

D. 类模板在编译时不会生成任何代码

(9) 设有如下函数模板:

```
template <class Q>
Q Sum(Q x,Q y)
{  return (x)+(y); }
```

则下列语句中(　　)对该函数模板的使用是错误的。

A. Sum(10,2);　　B. Sum(5.0,6.7);

C. Sum(15.2f,16.0f);　　D. Sum("AB","CD");

(10) 下列模板声明中正确的是(　　)。

A. template<typename T1, typename T2>

B. template<class T1, T2>

C. template<T1, T2>

D. template<typename T1; typename T2>

(11) 设有函数模板定义如下:

```
template<typename T>
Max(T a, T b, T& c) { c = a + b; }
```

下列选项中正确的是(　　)。

A. float x, y; float z; Max(x, y, z);

B. int x; float y, z; Max(x, y, z)

C. int x, y; float z; Max(x, y, z);

D. float x; int y, z; Max(x, y, z);

(12) 下列选项中(　　)可以定义为对许多数据类型完成同一任务。

A. 函数模板　　B. 递归函数　　C. 模板函数　　D. 重载函数

(13) 模板函数的真正代码是在(　　)时产生的。

A. 源程序中声明函数　　B. 源程序中定义函数
C. 源程序中调用函数　　D. 运行函数

(14) 一个模板声明了多个形参,则每个参数都必须用关键字(　　)。

A. static　　B. const　　C. void　　D. class

3. 程序阅读题

(1) 下列程序的运行结果是________。

```
#include<iostream>
using namespace std;
template <class T>
T max(T x,T y)
{
    return (x>y? x:y);
}
int main( )
{
    cout<<max(2,5)<<","<<max(3.5,2.8)<<endl;
    return 0;
}
```

(2) 下列程序的运行结果是________。

```
#include<iostream>
using namespace std;
template <typename T>
T total(T *p)
{
    T sum=0;
    while(*p)
        sum+=*p++;
    return sum;
}
int main()
{
    int x[]={1,3,5,7,9,0,13,15,17};
    cout<<total(x);
    return 0;
}
```

(3) 下列程序的运行结果是________。

```
#include<iostream>
using namespace std;
template<class T>
class Sample
{
    T n;
    public:
    Sample( ) {  }
    Sample(T i) { n = i; }
```

```
    Sample<T>& operator+(const Sample<T>&);
    void disp(){ cout << "n=" << n << endl; }
};
template<class T>
Sample<T>& Sample<T>::operator+(const Sample<T>&s)
{
    static Sample<T> temp;
    temp.n = n + s.n;
    return temp;
}
int main( )
{
    Sample<int> s1(10), s2(20), s3;
    s3 = s1 + s2;
    s3.disp();
    system("pause");
    return 0;
}
```

(4) 下列程序的运行结果是________。

```
#include<iostream>
using namespace std;
template <class T>
class Sample
{
    T n;
    public:
    Sample(T i) { n = i; }
    void operator++( );
    void disp( ){ cout << "n=" << n << endl; }
};
template <class T>
void Sample<T>::operator++( )
{
    n += 1;                                    //不能用 n++;,因为 double 型不能用++
}
int main(  )
{
    Sample<char> s('a');
    s++;
    s.disp( );
    system("pause");
    return 0;
}
```

4. 程序设计题

(1) 编写程序,定义函数模板 lsEqual 比较两个数据的大小,将函数模板实例化为比较字符串的大小。

(2) 设计一个函数模板,其中包括数据成员 T a[n]以及对其进行排序的成员函数 sort,模板参数 T 可以实例化字符串。

（3）分别编写数组元素输入函数模板、数组元素求和函数模板和数组元素输出函数模板，函数参数为数组名和长度。编写完整的程序，检验各种类型的输入、求和和输出。

（4）编写求大值和求小值的函数模板，函数参数为两个数。编写完整的程序进行验证。

（5）以 STL 中的栈容器为资源，编程创建一个 double 栈，压入 100.0～2000 的 10 个随机浮点数，去掉最后压入的 3 个数，将栈中剩下的数输出。再创建一个 string 栈，压入 5 个朋友的名字，按相反的顺序输出。

第 12 章　输入输出流与文件

引言

流在计算机中就是对一种有序、连续、有方向性的数据的抽象描述。在 C++ 中，流是指数据从外部输入设备（如键盘）向计算机内部（如内存）输入和从内存向外部输出设备（显示器）输出的过程。C++ 是一种面向对象程序设计语言，输入输出流被定义为类，执行输入输出的类是流类，用流类定义的对象是流对象。流对象就是用来对数据进行输入输出操作的。

文件是指存储在计算机外部介质（如硬盘、U 盘）上的数据的集合。操作系统是以文件为单位对数据进行管理的。在进行程序设计时，有时需要对文件进行操作，实现对数据的读取或存储。C++ 提供的文件流操作是以外存文件作为输入输出流的数据传输操作，利用文件流可以对文件进行读取和写入操作。本章将要讨论 C++ 标准输入输出和对文件的相关操作。

学习目标

理解：C++ 输入输出流类。

掌握：文本文件和二进制文件的输入输出操作。

课程思政

环保教育：通过文件存储和利用引入环保教育，通过在线的“智慧生态眼”项目和垃圾管理系统视频进行环保知识讲解，培养学生的环保意识。

12.1　C++ 流及流库

12.1.1　C++ 流

流是一种抽象的概念，负责在数据的生产者和数据的使用者之间建立联系，并管理数据的流动。如图 12.1 所示，输入操作是数据流（此时为输入流）从输入设备（如键盘、磁盘）流向内存，输出操作是数据流（此时为输出流）从内存流向输出设备（如屏幕、打印机、磁盘）。数据流中的内容可以是 ASCII 字符、二进制形式的数据、图形图像、数字音频/视频或其他形式的数据。

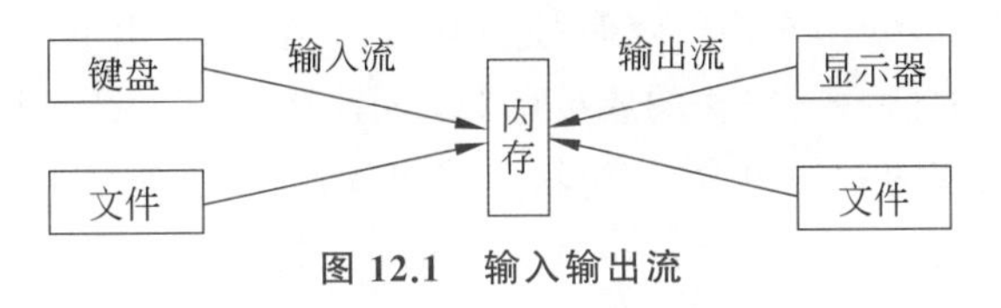

图 12.1　输入输出流

程序运行时，数据流从键盘或文件流向内存，系统就会为数据流开辟一个内存缓冲区。

这个内存缓冲区用来存放流中的数据，以提高处理输入输出的效率。同样，当用 cin 或 cout 进行输入输出时，系统会先将数据传送到程序中的输入缓冲区。对于键盘输入(cin)来说，C++ 程序通常在用户按下回车键时刷新输入缓冲区，然后使用流提取运算符>>从流中提取数据放到相应的内存空间中；对于屏幕输出(cout)来说，会使用流插入运算符<<将数据插入到流中，在遇到换行符 endl 时刷新输出缓冲区，把全部数据传送到显示器并显示。

12.1.2 C++ 流库

C++ 流体系是一个派生体系，ios 是抽象基类，所有派生都是公有派生。ios 类的继承关系如图 12.2 所示。

图 12.2 ios 类的继承关系

ios 提供了对流进行格式化输入输出和错误处理的函数。在 I/O 类库中包含许多用于输入输出的类，常用的流类如表 12.1 所示。

表 12.1 I/O 类库中常用的流类

类 名	头 文 件	作 用
ios	iostream	抽象基类
istream	iostream	通用输入流和其他输入流的基类
ostream	iostream	通用输出流和其他输出流的基类
iostream	iostream	通用输入输出流和其他输入输出流的基类
ifstream	fstream	输入文件流类
ofstream	fstream	输出文件流类
fstream	fstream	输入输出文件流类
istrstream	strstream	输入字符串流类
ostrstream	strstream	输出字符串流类
strstream	strstream	输入输出字符串类

从图 12.1 和表 12.1 可以看出，ios 是抽象基类，由它派生出 istream 类和 ostream 类，istream 类提供完成提取(输入)操作的成员函数，ostream 类提供完成插入(输出)操作的成员函数；iostream 类是前两者的组合，支持输入输出操作，该类是从 istream 类和 ostream 类通过多继承而来的派生类。

常用的 iostream 头文件中定义的类有 ios、istream、iostream 等，iostream 包含了对输入输出流进行操作所需的函数。同时，iostream 头文件对运算符<<和>>进行了重载，使得这两个运算符能用于标准类型数据的输入和输出操作。值得注意的是，如果要使用iostream类，必须用#include命令把iostream头文件包含到程序中。

12.2 输入输出流

12.2.1 标准输入流

标准输入流是从标准输入设备(例如键盘)流向计算机内存的数据。

1. cin 流对象

cin是istream类的对象，主要用于从键盘输入的数据中读取数据。注意，在用键盘输入数据时，需要按回车键才能将数据送入缓冲区，此时回车键信号会被转换成一个换行符('\n')放在缓冲区中并被当作一个字符进行处理。

注意 cin通过流提取运算符>>从流中提取数据，会自动跳过输入流中的空格、制表符、换行符等空白字符。

2. cin.get 成员函数读取一个字符

cin.get成员函数是从指定的输入流中提取一个字符，函数的返回值就是这个字符。该函数在istream类里进行了重载，主要表现形式有4种：无参数、一个参数、两个参数和3个参数。

1) 无参数的cin.get函数

函数原型：

```
int cin.get();
```

注意 返回值是int类型。若提取成功，则返回读取字符的ASCII码的值；若遇到文件结束符，则返回EOF，即−1。

【例12.1】 使用cin.get函数读入字符

```
#include<iostream>
using namespace std;
int main()
{
    char ch;
    while ((ch = cin.get())!= '\n')
        cout << ch;
    return 0;
}
```

程序运行时，从终端设备输入Hello World!，输出该字符串：

```
Hello World!
Hello World!
```

在本例中，从键盘输入一行字符Hello World!，用cin.get函数逐个读入字符并赋值给变量ch。如果ch的值不等于EOF，表示成功读入一个字符，然后通过cout输出相应的字符。

2) 有一个参数的get函数

函数原型：

```
istream& cin.get(char &ch);
```

其中，参数是一个字符型引用变量。该函数的作用是读取一个字符，赋给 ch，读取成功返回非 0 值，读取失败（如遇到文件结束符）返回 0。cin.get 函数如果执行成功，返回的是 cin 对象。

3）有两个参数的 get 函数

函数原型：

```
istream& cin.get(char * s, streamsize n);
```

其中，参数 s 为字符指针，指向字符串；参数 n 为读取字符个数。该函数作用是从输入流中读取 n－1 个字符或者换行符前的字符，赋值给指定的字符数组或者字符指针指向的数组。

4）有 3 个参数的 get 函数

函数原型：

```
istream& cin.get(char * s, streamsize n, char delim);
```

其中，参数 s 为字符指针，指向字符串；参数 n 为读取字符个数；参数 delim 为结束字符。该函数作用是从输入流中读取 n－1 字符或指定的结束符前的字符，赋给指定的字符数组或者字符指针指向的数组。

3. cin.getline 成员函数读取一行字符

函数原型：

```
istream& cin.getline(char * s, streamsize n, char delim)
```

其中，参数 s 为字符指针，指向第一个读取的字符的位置；参数 n 为读取的字符个数；参数 delim 为结束字符，此参数可以省略，默认以回车键结束。该函数的作用是从标准输入设备（即键盘）读取一行字符，直到读取到指定的最大字符数或者遇到按回车键输入的换行字符。

12.2.2　标准输出流

标准输出流就是数据从内存流向输出设备（例如显示器）。

1. cout 流对象

cout 是标准输出流对象，用于在计算机屏幕上显示信息，输出的是纯文本内容。在用 cout 进行标准类型输出时，用户不必通知计算机按何种类型输出，系统会自动判别输出数据的类型，使输出的数据按相应的类型输出。

2. cerr 流对象

cerr 是标准错误输出流对象，用于显示错误消息。cerr 默认情况下被关联到标准输出流，但它不被缓冲，即错误消息可以直接发送到显示器上。

3. clog 流对象

clog 也是标准错误输出流对象，其作用和 cerr 是一样的，但 clog 中的消息存放在缓冲区中，直到缓冲区满或者遇到 endl 时才输出。

12.2.3　输入输出格式控制

1. 输入格式控制

cin 输入数据时会自动忽略所有的空格、换行符等字符，而自动匹配相应的字符和数字。

【例 12.2】 cin 输入不同数据的示例。

```
#include<iostream>
using namespace std;
int main()
{
    int a;
    char ch;
    char str[10];
    cin >> a >> ch >> str;
    cout << a << '\t' << ch <<'\t'<< str << endl;
    return 0;
}
```

程序运行时，从键盘输入 123　C chongqing，这 3 个值以默认格式在一行中输出：

```
123 C chongqing
123     C       chongqing
```

2. 输出格式控制

C++ 输出格式控制有以下两种方式。

1）使用控制符

C++ 提供了输入输出流中使用的控制符，如表 12.2 所示。注意，如果使用控制符，在程序开头除了要包含 iostream 头文件外，还要包含 iomanip 头文件。另外，在设置了一次控制符后，后面的输出内容都会按照设置进行输出，除非对取消或更改输出格式。

表 12.2　输入输出流中使用的控制符

控　制　符	作　　用
hec	设置整数的基数为 10(即十进制)
dec	设置整数的基数为 16(即十六进制)
oct	设置整数的基数为 8(即八进制)
setfill(c)	设置填充字符 c，c 可以是字符常量或字符变量
setprecision(n)	设置实数的精度为 n 位
setw(n)	设置字段宽度为 n 位
setiosflags(ios::fixed)	设置浮点数以固定的小数位数显示
setiosflags(ios::scientific)	设置浮点数以科学记数法显示
setiosflags(ios::left)	输出数据左对齐
setiosflags(ios::right)	输出数据右对齐
setiosflags(ios::skipws)	忽略前导的空格
setiosflags(ios::uppercase)	数据以十六进制形式输出时字母以大写表示
setiosflags(ios::lowercase)	数据以十六进制形式输出时字母以小写表示
setiosflags(ios::showpos)	输出正数时前面加上＋

【例 12.3】 使用控制符控制输出格式示例。

```
#include<iostream>
#include<string>
#include<iomanip>
using namespace std;
int main()
{
    int a;
    cout << "请输入一个整数:";
    cin >> a;
    cout << "dec" << dec << a << endl;
    cout << "hex:" << hex << a << endl;
    string p= "China!";
    cout << setw(10) << p << endl;
    cout << setfill('*') << setw(10) << p << endl;
    double f = 22.0 / 7.0;
    cout << setiosflags(ios::scientific) << setprecision(8);
    cout << "f=" << f << endl;
    cout << "f=" << setprecision(4) << f << endl;
    return 0;
}
```

程序运行时,输入和运行结果如下：

```
请输入一个整数:123
dec123
hex:7b
    China!
****China!
f=3.14285714e+00
f=3.1429e+00
```

2）使用流对象的成员函数

除了可以用控制符控制输出格式外,还可以通过调用流对象 cout 中用于控制输出格式的成员函数控制输出格式。控制输出格式的常用成员函数如表 12.3 所示。

表 12.3　控制输出格式的常用成员函数

成员函数	与之作用相同的控制符	作　用
precision(n)	setprecision(n)	设置浮点数的精度为 n 位
width(n)	setw(n)	设置字段宽度为 n 位
fill(c)	setfil(c)	设置填充字符 c
setf()	setiosflags()	设置输出格式状态,括号中应给出格式状态,内容与控制符 setiosflags 括号中的内容相同
ubsetf()	resetiosflags()	终止已设置的输出格式状态

12.3 文件操作

12.3.1 文件的概念

文件是以计算机的硬盘或其他外部介质为载体,存储在计算机上的信息集合,文件可以是文本文档、图片、程序等。当文件被使用时,文件的输入输出就等同于文件的读写。输入指的是从文件中取出数据送入内存,输出指的是将内存的数据取出送入文件,如图 12.3 所示。

图 12.3 文件的输入输出操作

根据文件中数据的组织形式,可以将文件分为两种:文本文件和二进制文件。所谓文本文件是把文件看作一个一个字符组成的字符序列,C++ 中存放对应的 ASCII 码。例如,数字字符序列 1234 的存储形式如图 12.4 所示,它在内存中共占 4 字节。文本文件的优点是编码方式公开,可以将文件在文本编辑器(如记事本)中打开;其缺点是效率比较低,信息冗余度高。所谓二进制文件是把数据按其在内存中的二进制形式原样存储的文件。例如,数字字符序列 1234 的二进制存储形式为 00000100 11010010,在内存中只占 2 字节。二进制文件的优点是存储效率比较高。

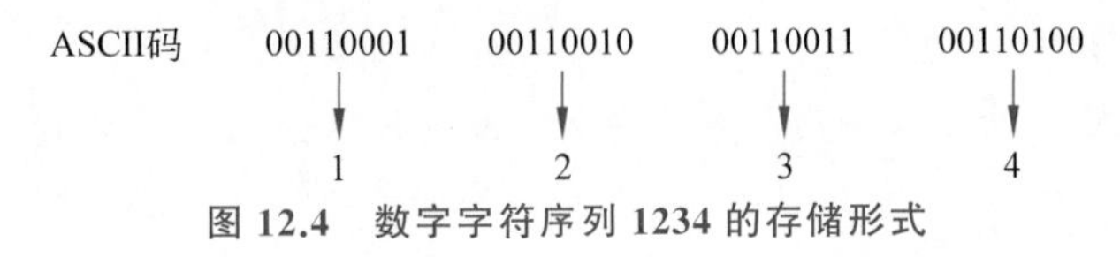

图 12.4 数字字符序列 1234 的存储形式

12.3.2 文件流与文件流对象

在 C++ 中,文件流是以外存文件为输入输出流对象的数据流。输入文件流是从内存流向外存文件的数据,输出文件流是从内存流向外存文件的数据。C++ 对外存文件进行输入输出操作时都必须定义输入输出流对象。注意,文件流本身不是文件,如图 12.5 所示,输入文件流是输入缓冲区中的内容,输出文件流是输出缓冲区中的内容。这里使用缓存区的目的是为了解决外存和内存中处理数据速度不匹配的问题,从而大大提高文件操作的速度。

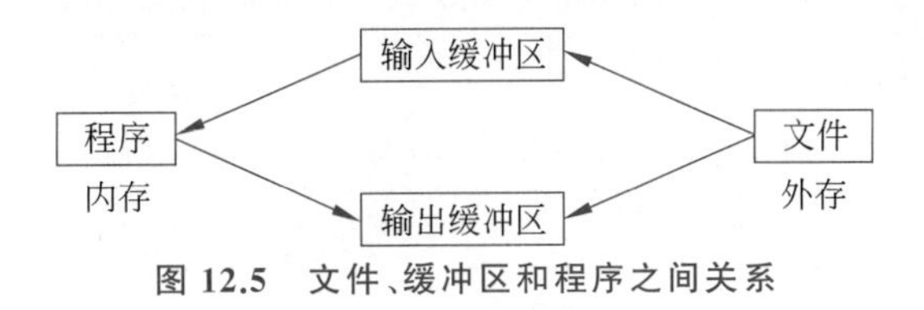

图 12.5 文件、缓冲区和程序之间关系

读文件时,系统将外存文件的内容读入输入缓冲区,然后程序从输入缓冲区将文件内容接收到内存的变量中,完成读文件操作;写文件时,程序将内存中的数据写入输出缓冲区,然后由系统将输出缓冲区的内容写入外存文件。

在 C++ 标准库 fstream 中已经定义了 3 个类:

(1) ifstream 类。从 istream 类派生,用来支持从外存文件输入。

（2）ofstream 类。从 ostream 类派生，用来支持向外存文件输出。

（3）fstream 类。从 iostream 类派生，用来支持对外存文件的输入输出。

在读写文件时，必须定义一个文件流对象，通过该对象将数据从内存输出到外存文件，或者通过该对象将数据从外存文件输入到内存。文件流对象的定义方法如下：

```
ifstream infile;                                    //定义文件流对象 infile,用来读文件
ofstream outfile;                                   //定义文件流对象 outfile,用来写文件
```

12.3.3 文件的打开与关闭

1. 打开文件

在对文件进行读写操作之前，先要打开文件。这里打开文件主要有两个目的：首先，通过指定文件名，实现文件和文件流对象的关联，后面要对文件操作时，就可以直接使用关联的流对象；其次，指明文件的使用方式，包括只读、只写、读写等。

打开文件有两种方式。

1）调用流对象的 open 成员函数打开文件

open 函数原型如下：

```
void open(const char * filename, int mode);
```

其中，参数 filename 是指向文件名的指针，通常可以用含有文件路径和文件名的字符串表示；参数 mode 是文件打开方式。

注意 这里文件打开方式既可以单独使用，也可以组合使用。文件打开方式如表 12.4 所示。

表 12.4 文件打开方式

文件打开方式	作　用
ios::in	以输入方式打开文件
ios::out	以输出方式打开文件(默认方式)。若该文件已存在，则将其原有内容全部清除
ios::app	以输出方式打开文件，写入的数据添加在文件末尾
ios::ate	打开已存在的文件，文件位置指针指向文件末尾
ios::trunc	打开文件。若该文件已存在，则删除其中的全部数据；若该文件不存在，则打开新文件
ios::binary	以二进制方式打开文件
ios::nocreate	打开已存在的文件。如文件不存在，则打开失败
ios::noreplace	若文件不存在，则建立文件；若文件已存在，则操作失败

注意 ios::binary 可以和其他打开方式标记组合使用。例如：

- ios::in | ios::binary 表示以二进制方式和输入方式打开文件。
- ios::out | ios::binary 表示以二进制方式和输出方式打开文件。

【例 12.4】 通过 open 成员函数打开一个文件。

```
#include<iostream>
```

```
#include<fstream>
using namespace std;
int main( )
{
    ofstream outfile;
    outfile.open("d:\\test.txt", ios::out);        //打开文件
    if (!outfile)
    {
        cout<<"文件打开失败!"<<endl;
        exit(0);                                   //程序终止
    }
    else
    {
        cout<<"文件打开成功!";
    }
    outfile.close();                               //关闭文件
    return 0;
}
```

2）定义文件流对象时通过构造函数打开文件

定义流对象时，在构造函数中给出文件名和打开方式也可以打开文件。以 ifstream 类为例，它有如下的构造函数：

```
ifstream::ifstream(const char * filename, int mode);
```

根据例 12.4，打开文件可以写成

```
ofstream outfile("d:\\test.txt", ios::out);                    //打开文件
```

2. 关闭文件

当打开的文件完成读写操作后，应关闭文件。关闭文件使用文件流对象的成员函数 close()，例如例 12.4 中的 outfile.close()。注意，close()的功能仅是切断文件流与文件之间的关联，该文件流并未被销毁，后续还可用于关联其他的文件。

12.3.4 文件的操作

1. 文本文件的读写操作

对于已经打开的文件，最常用的操作就是读和写。文本文件的读写操作主要有两种方法：

(1) 使用流插入运算符<<和流提取运算符>>读写内置数据类型的数据。<<和>>都已经在 iostream 里被重载，所以通过这两个运算符可以实现对文本文件的读写。

(2) 使用 get、getline 等成员函数进行读写操作。注意，这些函数只能用于处理字符型数据。

【例 12.5】 文本文件的写入。

```
#include<iostream>
#include<fstream>
using namespace std;
```

```
int main()
{
    ofstream outfile("student.txt", ios::out);   //打开文件
    if (!outfile)
    {
        cout<<"文件打开失败!"<<endl;
        exit(0);                                  //程序终止
    }
    outfile<<"学号"<<" "<<"10001"<<endl;
    outfile<<"姓名"<<" "<<"张三"<<endl;
    cout<<"文件写入成功!";
    outfile.close( );                            //关闭文件
    return 0;
}
```

程序运行结果如下：

```
文件写入成功!
```

打开源文件所在目录，找到 student.txt 文件，打开文件可以看到以下内容：

```
学号 1001
姓名 张三
```

【例 12.6】 读取 student.txt 的内容，并输出到显示器上。

```
#include<iostream>
#include<fstream>
#include<string>
using namespace std;
int main()
{
    ifstream infile("student.txt", ios::in);     //打开文件
    if (!infile)
    {
        cout<<"文件打开失败!"<<endl;
        exit(0);                                  //程序终止
    }
    string stu_num, stu_name;
    string num, name;
    cout<<"文件打开成功!"<<endl;
    infile>>num>>stu_num;
    infile>>name>>stu_name;
    cout<<num<<" "<<stu_num<<endl;
    cout<<name<<" "<<stu_name<<endl;
    infile.close( );                             //关闭文件
    return 0;
}
```

程序运行结果如下：

```
文件打开成功!
```

```
学号 10001
姓名 张三
```

2. 二进制文件的读写操作

使用文本方式存储信息不但浪费空间，而且不利于检索。例如，一个图书管理系统需要记录所有图书的书号、书名，并且使用户能按照自己的需求查找所需的图书信息。由于每本图书的信息在内存中所占的字节数不同，因此在查找文件中图书的信息时，就需要把全部的图书信息都读入到内存后再进行查找。当图书信息比较大时，这样把全部信息都读入内存是不现实的。这时可以采用二进制的方式存储图书信息。二进制文件存储的不是ASCII码，而是跟内存一样的存储形式。因此，这样可以实现将文件部分数据读入内存。

对二进制文件的操作跟文本文件一样，包括打开文件、读写文件和关闭文件。注意，这里打开二进制文件一定要注明以 ios::binary 方式打开。这里要使用 ifstream 和 fstream 的 read 成员函数读取二进制文件中的数据，使用 ofstream 和 fstream 的 write 成员函数向二进制文件写入数据。

1）用 ostream::write 成员函数写文件

ofstream 和 fstream 的 write 成员函数都继承自 ostream 类。

函数原型：

```
ostream &write(char * buffer, int count);
```

其中，参数 buffer 为要输出的数据在内存中的地址，参数 count 为一次输出的字节数。该函数返回输出流对象的引用。该函数的功能是从内存中 buffer 所指的 count 字节的内容写入文件。

【例 12.7】 将学生的信息写入二进制文件。

```
#include<iostream>
#include<fstream>
#include<string>
using namespace std;
struct Student
{
    int stu_num;
    string stu_name;
};
int main()
{
    Student stu[3];
    int i;
    for(i=0; i<3; i++)
    {
        cout<<"请输入第"<<i+1<<"个学生的学号:"<<endl;
        cin>>stu[i].stu_num;
        cout<<"请输入第"<<i+1<<"个学生的姓名:"<<endl;
        cin>>stu[i].stu_name;
    }
    ofstream outfile("student.dat", ios::out | ios::binary ); //打开文件
    if (!outfile)
```

```
    {
        cout<<"文件打开失败"<<endl;
        exit(0);                                        //程序终止
    }
    for(i=0; i<3; i++)
    {
        outfile.write((char *) &stu[i], sizeof(stu[i]));
    }
    outfile.close();                                    //关闭文件
    return 0;
}
```

程序运行结果如下：

```
请输入第 1 个学生的学号:
10001
请输入第 1 个学生的姓名:
张三
请输入第 2 个学生的学号:
10002
请输入第 2 个学生的姓名:
李四
请输入第 3 个学生的学号:
10003
请输入第 3 个学生的姓名:
王五
```

2）用 istream::read 成员函数读文件

ifstream 和 fstream 的 read 成员函数继承自 istream 类。

函数原型：

```
istream &read(char * buffer, int count);
```

其中，参数 buffer 为数据进入的内存地址，count 为一次读入的字节数。该函数返回输入流对象的引用。该函数的功能是从文件中读取 count 字节的内容，存放到 buffer 所指向的内容缓冲区中。

【例 12.8】 从二进制文件中读取学生信息。

```
#include<iostream>
#include<fstream>
#include<string>
using namespace std;
struct Student
{
    int stu_num;
    string stu_name;
};
int main()
{
    Student stu[3];
```

```
    int i;
    ifstream infile("student.dat", ios::in | ios::binary);     //打开文件
    if (!infile)
    {
        cout<<"文件打开失败!"<<endl;
        exit(0);                                                //程序终止
    }
    for(i=0; i<3; i++)
    {
        infile.read((char *) &stu[i], sizeof(stu[i]));
        cout<<"第"<<i+1<<"个学生的学号和姓名:"<<endl;
        cout<<stu[i].stu_num<<" "<<stu[i].stu_name<<endl;
    }
    infile.close();                                             //关闭文件
    return 0;
}
```

程序运行结果如下：

```
第 1 个学生的学号和姓名:
10001  张三
第 2 个学生的学号和姓名:
10002 李四
第 3 个学生的学号和姓名:
10003 王五
```

3. 二进制文件随机访问

在流中有一个位置指针，表示下一次输入输出操作开始读或者写的位置。在文件输入时每次从文件中读一字节，该指针就会向后移动一字节。在文件输出时每次向文件中写一字符，该指针也会向后移动一字节。对于二进制文件，由于文件和内存里存放的数据形式是一样的，允许对位置指针进行控制，使得该指针可以根据用户的意图移动到要进行读写的位置，以更高效地读写文件。在C++中，文件流使用的位置指针成员函数，如表12.5所示。

表12.5　文件流使用的位置指针成员函数

成员函数	作　用
gcount()	返回最后一次输入的字节数
tellg()	返回输入文件位置指针的当前位置
seekg(文件中的位置)	将输入文件中的位置指针移动到指定位置
seekg(位移量,参照位置)	以参照位置为基础移动到指定位置
tellp()	返回输出文件位置指针的当前位置
seekp(文件中的位置)	将输出文件中的位置指针移动到指定位置
seekp(位移量,参照位置)	以参照位置为基础移动到指定位置

表12.5中的函数说明如下：

(1) 在这些函数的函数名中如果带有字母g，表示该函数是用于输入的函数；如果带有

字母 p，表示该函数是用于输出的函数。

(2) tellg 和 tellp 函数分别用于返回当前流位置指针。如果函数调用失败，则返回－1。

(3) 在这些函数的参数中，“文件中的位置”和“偏移量”为 long 型整数，以字节为单位。参照位置可以使用下面三者之一：ios::beg 表示文件开头(默认)，ios::cur 表示位置指针当前的位置，ios::end 表示文件末尾。以 seekg(位移量，参照位置)为例：

```
file.seekg(3);                          //位置指针移动到第 3 个字符的位置
file.seekg(0, iso::beg);                //位置指针定位到文件开头
file.seekg(10, ios::cur);               //位置指针从当前位置向文件尾移动 10 字节
file.seekg(-10, ios::cur);              //位置指针从当前位置向文件开头移动 10 字节
```

【例 12.9】 向文件 student.dat 中输入 3 个学生的数据。在输入完毕后，从该文件中读出第二个学生的数据，并显示在屏幕上。

```
#include<iostream>
#include<fstream>
#include<string>
using namespace std;
struct Student
{
    int stu_num;
    string stu_name;
};
int main()
{
    Student stu;
    int i;
    ofstream outfile("student.dat", ios::out | ios::binary);  //打开文件
    if (!outfile)
    {
        cout<<"文件打开失败!"<<endl;
        exit(0);                                               //程序终止
    }
    for(i=0; i<3; i++)
    {
        cout<<"请输入第"<<i+1<<"个学生的学号:"<<endl;
        cin>>stu.stu_num;
        cout<<"请输入第"<<i+1<<"个学生的姓名:"<<endl;
        cin>>stu.stu_name;
        outfile.write((char *) &stu, sizeof(stu));
    }
    outfile.close();                                           //关闭文件
    cout<<"******从文件中读数据******"<<endl;
    ifstream infile("student.dat", ios::in | ios::binary);    //打开文件
    if (!infile)
    {
        cout<<"文件打开失败!"<<endl;
        exit(0);                                               //程序终止
    }
    infile.seekg(sizeof(stu), ios::beg);
```

```
    infile.read((char *) &stu, sizeof(stu));
    cout<<"第二个学生的学号、姓名:"<<endl;
    cout<<stu.stu_num<<" "<< stu.stu_name<<endl;
    infile.close();
    return 0;
}
```

程序运行结果如下：

```
请输入第 1 个学生的学号:
10001
第输入第 1 个学生的姓名:
Zhang
请输入第 2 个学生的学号:
10002
请输入第 2 个学生的姓名:
Liu
请输入第 3 个学生的学号:
10003
请输入第 3 个学生的姓名:
Wang
******从文件中读数据******
第二个学生的学号、姓名:
10002 Liu
```

12.4 案例实战与实训

12.4.1 案例实战

通过读写文件实现简单的学生信息管理系统。要求定义一个日期类和一个学生类。日期类定义年、月、日 3 个数据成员变量，成员函数实现设置日期以及返回年月日。学生类定义学号、姓名和出生日期 3 个数据成员，并对文件中保存的学生信息实现输入、浏览、查找、修改和删除等功能。

【案例分析】

(1) 定义日期类。日期信息包括私有数据成员 month、day 和 year，基本操作包括设置日期以及返回年月日。

(2) 定义学生类。学生信息包括学号、姓名和出生日期，基本操作包括输入、浏览、查找、修改和删除学生信息。

(3) 创建一个学生信息文件。该文件用于保存学生的基本信息。

(4) 定义普通函数。菜单函数实现功能选项的显示。功能选择函数创建对象，选择相应的功能，并用函数递归实现重复操作。

(5) 定义主函数，调用菜单函数和功能选择函数。

【程序代码】

```
#include<iostream>
#include<fstream>
```

```
#include<string>
#include<cstdlib>
using namespace std;
//定义日期类表示学生的出生日期
class Date
{
public:
    void setDate();
    int getYear();
    int getMonth();
    int getDay();
private:
    int year;
    int month;
    int day;
};
void Date::setDate()
{
    cout<<"请输入出生年份:"<<endl;
    cin>>year;
    cout<<"请输入出生月份:"<<endl;
    cin>>month;
    cout<<"请输入出生日:"<<endl;
    cin>>day;
}
int Date::getYear()
{
    return year;
}
int Date::getMonth()
{
    return month;
}
int Date::getDay()
{
    return day;
}
//定义学生类
class Student
{
public:
    void setStuValues(Date &birthday);
    void setNum();
    int getNum();
    void setName();
    string getName();
    void setBirthday(Date &birthday);
    int getBirYear(Date &birthday);
    int getBirMonth(Date &birthday);
    int getBirDay(Date &birthday);
```

```
    void inPut(Date &birthday);
    void outPut();
    void findByNum();
    void deleteByNum();
    void alterNameByNum();
private:
    int num;
    string name;
    Date birthday;
};
void Student::setStuValues(Date &birthday)
{
    cout<<"请输入学生的学号:"<<endl;
    cin>>num;
    cout<<"请输入学生的姓名:"<<endl;
    cin>>name;
    birthday.setDate();
}
void Student::setNum()
{
    cin>>num;
}
int Student::getNum()
{
    return num;
}
void Student::setName()
{
    cin>>name;
}
string Student::getName()
{
    return name;
}
void Student::setBirthday(Date &birthday)
{
    birthday.setDate();
}
int Student::getBirYear(Date &birthday)
{
    return birthday.getYear();
}
int Student::getBirMonth(Date &birthday)
{
    return birthday.getMonth();
}
int Student::getBirDay(Date &birthday)
{
    return birthday.getDay();
}
```

```
void Student::inPut(Date &birthday)
{
    char ch;
    cout<<"请输入学生信息"<<endl;
    ofstream outfile("student.txt",ios::app);
    if(!outfile)
    {
        cout<<"文件打开失败!"<<endl;
        exit(0);
    }
    setStuValues(birthday);
    outfile <<getNum()<<" "<<getName()<<" "<<birthday.getYear()<<" "
            <<birthday.getMonth()<<" "<<birthday.getDay()<<endl;
    cout<<"是否继续输入学生信息? 输入 y(继续)或者 n(停止):";
    cin>>ch;
    if(ch='y')
    {
        inPut(birthday);
    }
    outfile.close();
    system("pause");
}
void Student::outPut()
{
    int year, month, day;
    ifstream infile("student.txt", ios::in);
    if(!infile)
    {
        cout<<"文件打开失败!"<<endl;
        exit(0);
    }
    while(!infile.eof())
    {
        infile>>num>>name>>year>>month>>day;
        cout<<num<<" "<<name<<" "<<year<<" "<<month<<" "<<day<<endl;
        infile.get();
        if(infile.peek()=='\n')
            break;
    }
    infile.close();
    system("pause");
}
void Student::findByNum()
{
    int year, month, day;
    int findnum;
    bool flag=false;
    cout<<"请输入要查找学生的学号:";
    cin>>findnum;
    ifstream infile("student.txt", ios::in);
```

```
    if(!infile){
        cout<<"文件打开失败!"<<endl;
        exit(0);
    }
    while(!infile.eof())
    {
        infile>>num>>name>>year>>month>>day;
        if (num==findnum)
        {
            cout<<num<<" "<<name<<" "<<year<<" "<<month<<" "<<day<<endl;
            flag=true;
        }
        infile.get();
        if(infile.peek()=='\n')
            break;
    }
    if(!flag)
    {
        cout<<"查无此人!"<<endl;
    }
    infile.close();
    system("pause");
}
void Student::deleteByNum()
{
    int year, month, day;
    int findnum;
    bool flag=false;
    cout<<"请输入要删除学生的学号:";
    cin>>findnum;
    ifstream infile("student.txt", ios::in);
    if(!infile){
        cout<<"文件打开失败!"<<endl;
        exit(0);
    }
    ofstream outfile("studentcpy.txt", ios::app);
    if(!outfile){
        cout<<"文件打开失败!"<<endl;
        exit(0);
    }
    while(!infile.eof())
    {
        infile>>num>>name>>year>>month>>day;
        if (num != findnum)
        {
            outfile << num << " " << name << " " << year << " " << month << " "
                    << day << endl;
        }
        else
        {
```

```
            cout << num << " " << name << " " << year << " " << month << " " <<
                day << endl;
            flag = true;
            cout << "已删除该学生信息!" << endl;
        }
        infile.get();
        if(infile.peek()=='\n')
            break;
    }
        if(!flag)
        {
            cout<<"查无此人!"<<endl;
        }
        infile.close();
        outfile.close();
        remove("student.txt");
        rename("studentcpy.txt","student.txt");
}
void Student::alterNameByNum()
{
    int year, month, day;
    int findnum;
    string altername;
    bool flag=false;
    cout<<"请输入要修改学生的学号:";
    cin>>findnum;
    cout<<"请输入要修改学生的姓名:";
    ifstream infile("student.txt", ios::in);
    if(!infile)
    {
        cout<<"文件打开失败!"<<endl;
        exit(0);
    }
    ofstream outfile("studentcpy.txt", ios::app);
    if(!outfile)
    {
        cout<<"文件打开失败!"<<endl;
        exit(0);
    }
    while(!infile.eof())
    {
        infile>>num>>name>>year>>month>>day;
        if (num != findnum)
        {
            outfile << num << " " << name << " " << year << " "
            << month << " " << day << endl;
        }
        else
        {
            outfile << num << " " << name << " " << year << " "
```

```
            << month << " " << day << endl;
            flag = true;
            cout << "已修改该学生信息!" << endl;
        }
        infile.get();
        if(infile.peek()=='\n')
            break;
    }
    if(!flag)
    {
        cout<<"查无此人!"<<endl;
    }
    infile.close();
    outfile.close();
    remove("student.txt");
    rename("studentcpy.txt","student.txt");
}
void menu()
    {
    cout<<"\t\t****学生信息管理系统****"<<endl;
    cout<<"\t\t****1.输入学生信息****"<<endl;
    cout<<"\t\t****2.浏览全部学生信息****"<<endl;
    cout<<"\t\t****3.按学号查找学生信息****"<<endl;
    cout<<"\t\t****4.按学号删除学号信息****"<<endl;
    cout<<"\t\t****5.按学号修改学生的姓名****"<<endl;
    cout<<"\t\t****6.退出系统****"<<endl;
}
void select()
{
    int num;
    Student stu;
    Date birthday;
    cout<<"请选择功能"<<endl;
    cin>>num;
    switch(num)
    {
        case 1:
            stu.inPut(birthday);
            menu();
            select();
            break;
        case 2:
            stu.outPut();
            menu();
            select();
            break;
        case 3:
            stu.findByNum();
            menu();
            select();
```

```
            break;
        case 4:
            stu.deleteByNum();
            menu();
            select();
            break;
        case 5:
            stu.alterNameByNum();
            menu();
            select();
            break;
        case 6:
            cout<<"系统结束!"<<endl;
            exit(0);
            break;
    }
}
int main()
{
    menu();
    select();
    return 0;
}
```

12.4.2 案例实训

实训 1：通过读写文件实现学生成绩管理系统。要求学生类定义学号、姓名和数学、英语及C++ 程序设计等成绩，成员函数对学生信息实现输入、浏览、查找、修改、删除及按总分排序等功能。

实训 2：通过文件读写实现职工信息管理系统。要求(1)按职工号由小到大的顺序将 5 个员工的数据(包括号码、姓名、年龄、工资)输出到磁盘文件中保存；(2)从键盘输入两个员工的数据(职工号大于已有的职工号)，增加到文件的末尾；(3)输出文件中全部职工的数据；(4)从键盘输入一个号码，在文件中查找有无此职工号，如有则显示此职工是第几个职工，以及此职工的全部数据。如没有，就输出"无此人"。可以反复多次查询，如果输入查找的职工号为 0，就结束查询。

习题 12

1. 单项选择题

(1) 在文件操作中，表示以追加方式打开文件的是(　　)。

A. iso::ate　　B. ios::app　　C. ios::out　　D. ios::trunc

(2) 下列打开文件的语句中错误的是(　　)。

A. ofstream ofile;
ofile.open("abc.txt", ios::binary);

B. fstream iofile;
   iofile.open("abc.txt", ios::ate);

C. ifstream ifile("abc.txt");

D. cout.open("abc.txt", ios::binary);

(3) 以下关于文件操作的叙述中不正确的是(　　)。

A. 打开文件的目的是使文件对象与磁盘文件建立联系

B. 在文件的读写过程中,程序将直接与磁盘文件进行数据交换

C. 关闭文件的目的之一是保证输出的数据写入硬盘文件

D. 关闭文件的目的之一是释放内存中的文件对象所占的空间

(4) 以下不能准确创建输出文件对象并使其与磁盘文件相关联的语句是(　　)。

A. ofstream myfile;
   myfile.open("d: \\ofile.txt");

B. ofstream * myfile=new ofstream;
   myfile->open("d: \\ofile.txt");

C. ofstream myfile("d: \\ofile.txt");

D. ofstream * myfile=new ofstream("d: \\ofile.txt");

(5) 下列关于 getline 函数的描述中错误的是(　　)。

A. 该函数用来从键盘读取字符串

B. 该函数读取的字符串长度是受限的

C. 该函数读取字符串时遇到终止符就停止

D. 该函数使用的终止符只能是换行符

(6) 下列关于 read 函数的描述中正确的是(　　)。

A. 该函数用来从键盘输入中读取字符串

B. 该函数读取的字符串长度是不受限制的

C. 该函数只能用于文件操作中

D. 只能按规定读取指定数目的字符

(7) 下列关于 write 函数的描述中正确的是(　　)。

A. 该函数可以写入任意数据类型的数据

B. 该函数只能写二进制文件

C. 该函数只能写字符串

D. 该函数可以使用"(char *)"的方式写数组

(8) 已定义结构体类型 Score,并用 Score 定义结构体变量 grade。已知用二进制方式打开输出文件流 ofile,下列写入 grade 的方式中正确的是(　　)。

A. ofile.write((char *) & Score, sizeof(grade));

B. ofile.write((char) & Score, sizeof(grade));

C. ofile.write((char *) grade, sizeof(grade));

D. ofile.write((char *) & grade, sizeof(grade));

2. 程序设计题

(1) 编写程序,从键盘输入一段文字,在C盘上建立新文件 test.dat,并把从键盘输入的

文字输出到该文件中。

(2) 编写程序，从键盘任意输入 10 个浮点数并存入二进制文件 binary.dat 中，从此二进制文件中读取数据并计算其总和与平均值。

(3) 编写程序，从键盘输入学生姓名、学号和语文、数学、英语考试成绩，计算总成绩，将原有数据和计算出的总成绩存放在磁盘文件 result.dat 中。将该文件中的数据读出，按总成绩由高到低排序，并将排序后的数据存入新文件 sort.dat 中。

(4) 假定文件 stu_sort.dat 中存有学生的序号、姓名、学号、年龄、性别、总成绩等数据，输出指定序号的学生数据。

(5) 假定一个文件中存有职工的有关数据，每个职工的数据包括序号、姓名、性别、年龄、工种、住址、工资、健康状况、文化程度、奖惩记录、备注等信息。要求用读取顺序文件的方式和读取随机文件的方式向屏幕输出序号、姓名和工资数据。

附录 A　ASCII 码表

ASCII 码值		字符	ASCII 码值		字符	ASCII 码值		字符
十进制	十六进制		十进制	十六进制		十进制	十六进制	
0	00	NUL	29	1D	GS	58	3A	：
1	01	SOH	30	1E	RS	59	3B	；
2	02	STX	31	1F	US	60	3C	＜
3	03	ETX	32	20	(space)	61	3D	＝
4	04	EOT	33	21	!	62	3E	＞
5	05	ENQ	34	22	"	63	3F	?
6	06	ACK	35	23	#	64	40	@
7	07	BEL	36	24	$	65	41	A
8	08	BS	37	25	%	66	42	B
9	09	HT	38	26	&	67	43	C
10	0A	LF	39	27	'	68	44	D
11	0B	VT	40	28	(	69	45	E
12	0C	FF	41	29	)	70	46	F
13	0D	CR	42	2A	*	71	47	G
14	0E	SO	43	2B	+	72	48	H
15	0F	SI	44	2C	,	73	49	I
16	10	DLE	45	2D	—	74	4A	J
17	11	DCI	46	2E	.	75	4B	K
18	12	DC2	47	2F	/	76	4C	L
19	13	DC3	48	30	0	77	4D	M
20	14	DC4	49	31	1	78	4E	N
21	15	NAK	50	32	2	79	4F	O
22	16	SYN	51	33	3	80	50	P
23	17	TB	52	34	4	81	51	Q
24	18	CAN	53	35	5	82	52	R
25	19	EM	54	36	6	83	53	X
26	1A	SUB	55	37	7	84	54	T
27	1B	ESC	56	38	8	85	55	U
28	1C	FS	57	39	9	86	56	V

续表

ASCII 码值		字符	ASCII 码值		字符	ASCII 码值		字符
十进制	十六进制		十进制	十六进制		十进制	十六进制	
87	57	W	101	65	e	115	73	s
88	58	X	102	66	f	116	74	t
89	59	Y	103	67	g	117	75	u
90	5A	Z	104	68	h	118	76	v
91	5B	[	105	69	i	119	77	w
92	5C	\	106	6A	j	120	78	x
93	5D	]	107	6B	k	121	79	y
94	5E	^	108	6C	l	122	7A	z
95	5F	_	109	6D	m	123	7B	{
96	60	`	110	6E	n	124	7C	|
97	61	a	111	6F	o	125	7D	}
98	62	b	112	70	p	126	7E	~
99	63	c	113	71	q	127	7F	DEL
100	64	d	114	72	r			

附录B　运算符优先级、功能及结合性

优先级	运算类型	运　算　符	说　　明	结　合　性
1	单、双目	::	作用域解析	自左向右
2		++　--	后置自增、后置自减	
		()	括号	
		[]	数组元素下标	
		.	成员选择(对象)	
		->	成员选择(指针)	
3	单目	++　--	前置自增、前置自减	自右向左
		+　-	取正、取负	
		!　~	逻辑非、按位取反	
		(type)	强制类型转换	
		*	指针间接引用运算符	
		&	取地址运算符	
		sizeof	取占内存大小运算符	
		new/new[ ]	动态内存分配/动态数组内存分配	
		delete/delete[ ]	动态内存释放/动态数组内存释放	
4	双目	.*、->*	成员对象选择、成员指针选择	自左向右
5	双目	*、/、%	乘法、除法、取余运算符	
6		+、-	加号/减号	
7	双目	<<、>>	位左移/位右移	
8	双目	<、<=	小于/小于或等于	
		>、>=	大于/大于或等于	
9		==、!=	等于/不等于	
10	双目	&	按位与	
11	双目	^	按位异或	
12	双目	|	按位或	
13	双目	&&	与运算	
14		||	或运算	

续表

<table>
<tr><th>优先级</th><th>运算类型</th><th>运 算 符</th><th>说 明</th><th>结 合 性</th></tr>
<tr><td>15</td><td>三目</td><td>?：</td><td>三目运算符</td><td rowspan="7">自右向左</td></tr>
<tr><td rowspan="5">16</td><td rowspan="5">双目</td><td>=</td><td>赋值</td></tr>
<tr><td>+=　-=</td><td>相加后赋值/相减后赋值</td></tr>
<tr><td>*=　/=　%=</td><td>相乘后赋值/相除后赋值/取余后赋值</td></tr>
<tr><td><<=　>>=</td><td>位左移赋值/位右移赋值</td></tr>
<tr><td>&=　^=　|=</td><td>位与运算后赋值/位异或运算后赋值/位或运算后赋值</td></tr>
<tr><td>17</td><td></td><td>throw</td><td>抛出异常</td></tr>
<tr><td>18</td><td>顺序求值</td><td>,</td><td>逗号</td><td>自左向右</td></tr>
</table>

附录C 课程设计

C.1 课程设计要求

为了使学生将所学的C++程序设计基础知识应用到具体项目中，提高知识的综合应用能力和工程实践能力，应依据课程教学大纲要求进行课程设计综合训练。课程设计基本要求如下。

1. 项目名称

××系统设计与实现。一人一题，项目名称由老师指定或者由学生和老师商议确定。

2. 项目任务要求

- 项目具有一定应用场景需求，主题明确，功能完善。
- 系统分析：项目介绍与功能需求分析描述。要求两种角色以上，实现增改插删等功能。
- 系统设计：总体设计给出功能模块结构图，模块设计给出函数或者类的描述说明。实现代码分层，提交函数或者类声明头文件、函数或者类实现源程序、主程序和运行界面。
- 系统实现：程序代码和运行界面，程序代码给出必要的注释。
- 数据存储：用数组、文件或者数据库存储。
- 技术要求：知识运用科学、合理，知识技术不局限于教材所学。

3. 提交要求

- 提交课程设计文档，包括封面、目录和正文。
- 提交项目工程文件，包括头文件、源程序和数据存储文件等。
- 项目答辩讲解并回答有关问题。
- 按照任课教师具体要求提交。

C.2 课程设计示例

(1) 面向过程编程课程设计示例，扫描二维码获取。

(2) 面向对象编程课程设计示例，扫描二维码获取。

C.3 课程设计封面

××大学

C ++ 程序设计课程设计

项目名称：××系统设计与实现

专业年级：______

学生姓名：______ 学号：______

指导教师：______

C.4 课程设计目录

目　　录

参 考 文 献

[1] 齐建玲,邓振杰.C++ 程序设计[M].3 版. 北京：人民邮电出版社,2017.

[2] 传智播客高教产品研发部. C++ 程序设计教程[M]. 北京：人民邮电出版社,2018.

[3] 钱能.C++ 程序设计教程(通用版)[M]. 3 版. 北京：清华大学出版社,2020.

[4] 杨进才,沈显君. C++ 语言程序设计教程[M]. 北京：清华大学出版社,2022.

[5] 邱晓红,李渤. C/C++ 程序设计[M]. 2 版. 北京：清华大学出版社,2020.

[6] 温秀梅,丁学钧.Visual C++ 面向对象程序设计教程与实验[M]. 3 版. 北京：清华大学出版社,2014.

[7] 聚慕课教育研发中心.C++ 从入门到项目实践(超值版)[M]. 北京：清华大学出版社,2019.